普通高等教育"十三五"规划教材

大学计算机基础及实训教程
——Windows 7+Office 2010

岳　莉　于秀霞　主编

科学出版社

北　京

内 容 简 介

本书根据高等学校计算机基础教学大纲，结合学生计算机能力培养要求组织内容。全书分两部分，第 1 部分为基础理论，不仅包括计算机基础知识、操作系统、计算机网络与安全、算法与数据结构、数据库基础等，还新增了计算思维、云计算技术等基础理论及概念。第 2 部分为应用实训，内容包括 Windows 7 基本操作、Internet 基础、Word 应用、Excel 应用、PowerPoint 应用、多媒体基础等。

本书可作为普通高等学校非计算机专业大学计算机基础课程的教材，也可作为全国计算机等级考试相关科目的参考教材。

图书在版编目（CIP）数据

大学计算机基础及实训教程：Windows 7+Office 2010/岳莉，于秀霞主编. —北京：科学出版社，2018.9

普通高等教育"十三五"规划教材

ISBN 978-7-03-058255-3

Ⅰ. ①大… Ⅱ. ①岳… ②于… Ⅲ. ①Windows 操作系统-高等学校-教材②办公自动化-应用软件-高等学校-教材 Ⅳ. ①TP316.7②TP317.1

中国版本图书馆 CIP 数据核字（2018）第 157779 号

责任编辑：戴 薇 王 惠/ 责任校对：王万红
责任印制：吕春珉 / 封面设计：东方人华平面设计部

科 学 出 版 社 出版
北京东黄城根北街 16 号
邮政编码：100717
http://www.sciencep.com

三河市骏杰印刷有限公司印刷
科学出版社发行 各地新华书店经销
*
2018 年 9 月第 一 版 开本：787×1092 1/16
2021 年 7 月第四次印刷 印张：17 3/4
字数：468 000
定价：54.00 元
（如有印装质量问题，我社负责调换〈骏杰〉）
销售部电话 010-62136230 编辑部电话 010-62135397-2052

前　　言

教育部高等学校大学计算机基础教学指导委员会提出计算机基础教学的指导性方案,指出计算机基础课程是一门或一组必修的基础课,其教学内容应适合各种专业领域;提出非计算机专业计算机基础教学应达到基本要求,包括系统了解和掌握计算机软硬件基础知识、数据库技术、多媒体技术、网络技术及程序设计等方面的基础概念与原理,了解信息技术的发展趋势,熟悉典型的计算机、网络操作环境及工作平台,具备使用常用软件工具处理日常事务的能力和培养学生良好的信息素养等,为专业学习奠定必要的计算机基础。

本书包括基础理论和应用实训两部分内容。基础理论部分以培养学生计算思维为目标,侧重于计算机技术基础性理论、原理及概念的讲解。应用实训部分以培养和提高大学生的计算机应用和操作能力为目标,以操作技能点为知识要点,重点突出计算机基础应用操作技能的培养。基础理论部分涵盖了计算机基础知识、操作系统、计算机网络与安全、算法与数据结构、数据库基础等内容,还新增了计算思维、云计算技术等基础理论及概念。应用实训部分的内容包括常用系统软件及应用软件等,以实训任务为实施方式,采用“实训目的+实训内容”的二位一体编写模式组织内容,内容设置与大学生的学习、生活及就业密切相关,使其能够做到学以致用。

根据非计算机专业学生的认知特点,基础理论部分内容丰富,深入浅出,层次清晰,图文并茂,通俗易懂,易教易学。应用实训部分从计算机最基本的操作入手,引导学生由浅入深、循序渐进地学习,注重培养学生应用计算机进行学习、工作及解决实际问题的能力。

本书由岳莉、于秀霞担任主编,郭南楠、李克玲、李柯景、徐志伟、庄天舒和高鹏等分别承担了不同章节的编写工作。全书由岳莉统稿和定稿。

本书的编写还得到了长春大学计算机科学技术学院领导及课程组全体老师的大力支持和帮助,在此表示衷心的感谢。

由于编者水平有限,书中难免存在疏漏和不妥之处,恳请广大师生在使用过程中及时提出宝贵意见与建议,以便我们对本书进行不断修改与完善。

编　者

2018 年 6 月

目　　录

第 1 部分　基 础 理 论

第 2 部分　应 用 实 训

第 1 部分 基 础 理 论

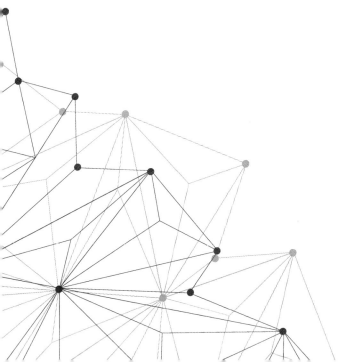

第1章 计算机基础知识

- ➤ 了解计算机的发展、特点、分类及其应用领域。
- ➤ 掌握计算机系统的组成，了解计算机系统的基本工作原理。
- ➤ 了解数制的基本概念。
- ➤ 了解计算思维的定义、特征。

1.1 计算机概述

1946 年，世界上第一台通用电子计算机 ENIAC 诞生，标志着计算机时代的到来。随着计算机软、硬件技术的不断发展，计算机及其应用已经渗透到社会生活的各个领域，有力地推动了整个社会信息化的发展。21 世纪，掌握以计算机为核心的信息技术基础知识和应用是大学生必备的基本素质。

1.1.1 计算机的概念

电子计算机是一种能高速、精确、自动处理信息的现代化电子设备，简称计算机。它所接收和处理的对象是信息，处理的结果也是信息。信息是以声音、图像、文字、颜色、符号等形式表现出来的一切可以传递的知识内容。计算机接收信息之后，不仅能极为迅速、准确地对其进行运算，还能进行推理、分析、判断等，从而帮助人类完成部分脑力劳动，所以，人们又称其为"电脑"。

随着信息时代的到来，以及信息高速公路的兴起，全球信息化进入了一个新的发展时期。人们越来越认识到计算机强大的信息处理能力，计算机已成为信息产业的基础和支柱。人们物质需求不断得到满足的同时，对信息的需求也日益增强，这就是信息业和计算机业发展的社会基础。

1.1.2 计算机的发展

1. 计算工具的发展历程

计算机的诞生源于人类对计算工具的需求。计算是人类与自然做斗争过程中的一项重要活动。我们的祖先在史前时期就已经知道用石子和贝壳进行计数。随着生产力的发展，人类创造了简单的计算工具。在两千多年前的春秋战国时代，由中国人发明的算筹是有实物作证的人类最早的计算工具。我国唐、宋时期开始使用算盘，在当时算盘是一种高级的计算工具。

17 世纪，天文学家承受着大量繁重的计算工作，这促使人们致力于计算工具的改革。1642 年，法国科学家帕斯卡制造出世界上第一台机械式计算机，它可做 8 位数的加减运算，在用于计算法国的税收时取得了很大成功，这是人类第一次用机器来模拟人脑处理数据信息。1673 年，德国数学家莱布尼茨在前人研究的基础上，制造出一台可以做四则运算和开平方的机械式计算机。

图 1-1-1　ENIAC

在第二次世界大战中，美国陆军为了编制弹道特性表，向该项目投入了 40 万美元资金。1946 年，由美国宾夕法尼亚大学莫尔电工学院与阿伯丁弹道研究所合作研制的世界上第一台通用电子计算机 ENIAC（electronic numerical integrator and calculator，电子数字积分计算机，图 1-1-1）诞生。该电子计算机共用了 18 000 个电子管、1500 个继电器，重达 30t，占地约 170m^2，耗电 150kW，每秒能进行 5000 次加法运算或 400 次乘法运算，1946 年 2 月正式交付使用，从此开始了电子计算机发展的时代。

2．电子计算机的发展阶段

从电子计算机诞生至今，计算机得到了飞速的发展。其中，无数的科学家为其做出了卓越的贡献，现介绍两位杰出的代表人物：英国科学家阿兰·图灵（图 1-1-2）和美籍匈牙利科学家冯·诺依曼（图 1-1-3）。

图灵是计算机科学的奠基人，他对计算机的主要贡献是建立了图灵机的理论模型，发展了可计算性理论；提出了图灵测试，阐述了机器智能的概念。人们为了纪念这位伟大的科学家，将计算机界的最高奖定名为"图灵奖"，图灵奖最早设立于 1966 年，是美国计算机协会在计算机技术方面所授予的最高奖项，被喻为"计算机界的诺贝尔奖"。

图 1-1-2　阿兰·图灵　　图 1-1-3　冯·诺依曼

冯·诺依曼历来被誉为"电子计算机之父"，他对计算机的主要贡献是确立了计算机的基本结构，即冯·诺依曼体系结构；与同事研制了性能优于 ENIAC 的 EDVAC。

人们根据组成计算机的电子器件的不同将计算机的发展分为以下几个阶段：

（1）第一代计算机（1946～1957 年）

第一代计算机是电子管数字计算机。其采用电子管组成基本逻辑电路，电子管如图 1-1-4 所示；主存储器采用延迟线、磁芯，外存储器采用磁鼓、磁带；输入/输出装置落后，主要使用穿孔卡片，速度慢，并且使用不便；没有系统软件，使用机器语言和汇编语言编制程序，主要用于科学计算。

（2）第二代计算机（1958～1964 年）

第二代计算机是晶体管数字计算机。其采用晶体管组成基本逻辑电路，晶体管如图 1-1-5 所示。晶体管体积小，而且可靠、省电、发热量少、寿命长。

（3）第三代计算机（1965～1970 年）

第三代计算机的逻辑元件采用中小规模集成电路，如图 1-1-6 所示。集成电路是将晶体管、电阻器、电容器等电子元器件构成的电路微型化，并集成在一块如同指甲大小的硅片上。

（4）第四代计算机（1971 年至今）

第四代计算机的逻辑元件和主存储器都采用大规模或超大规模集成电路（very large scale integration，VLSI），如图 1-1-7 所示。在这一时期，一方面出现了以运算速度超过每秒十亿次为标志的巨型计算机，另一方面又出现了体积很小、价格低廉、使用灵活方便的微型计算机。此外，计算机网络、多媒体技术的发展正在把人类社会带入一个新的时代。软件的发展也很迅速，随着对高级语言的编译系统、操作系统、数据库管理系统及应用软件的研究更加深入、日趋完善，软件行业已成为一个重要的现代工业部门。第四代计算机的特点是微型化、耗电少、可靠性更高、运算速度更快、成本更低。

图 1-1-4　电子管　　图 1-1-5　晶体管　　图 1-1-6　集成电路　　图 1-1-7　超大规模集成电路

（5）新型计算机

硅芯片技术的高速发展也意味着硅技术越来越接近其物理极限，为此，世界各国的研究人员正在加紧研究开发新型计算机，计算机从体系结构的变革到器件与技术革命都要产生一次量的乃至质的飞跃。新型的量子计算机、光子计算机、生物计算机、纳米计算机等将遍布各个领域。

1）量子计算机。量子计算机是基于量子效应基础开发的，它利用一种链状分子聚合物的特性来表示开与关的状态，利用激光脉冲来改变分子的状态，使信息沿着聚合物移动，从而进行运算。量子计算机中的数据用量子位存储。由于量子叠加效应，一个量子位可以是 0 或 1，也可以既存储 0 又存储 1。因此一个量子位可以存储 2 个数据，同样数量的存储位，量子计算机的存储量比通常计算机大许多。目前正在开发中的量子计算机有 3 种类型：核磁共振（nuclear magnetic resonance，NMR）量子计算机、硅基半导体量子计算机、离子阱量子计算机。预计 2030 年将普及量子计算机。

2）光子计算机。1990 年初，美国贝尔实验室制成世界上第一台光子计算机。光子计算机是一种由光信号进行数字运算、逻辑操作、信息存储和处理的新型计算机。光子计算机的基本组成部件是集成光路，要有激光器、透镜和棱镜。由于光子比电子速度快，光子计算机的运行速度可高达每秒 1 万亿次。它的存储量是现代计算机的几万倍，还可以对语言、图形和手势进行识别与合成。许多国家投入巨资进行光子计算机的研究。随着现代光学与计算机技术、微电子技术相结合，在不久的将来，光子计算机将成为人类普遍应用的工具。

3）生物计算机（分子计算机）。生物计算机的运算过程就是蛋白质分子与周围物理化学介质相互作用的过程。计算机的转换开关由酶来充当，而程序则在酶合成系统本身和蛋白质的结构中极其明显地表示出来。

20 世纪 70 年代，人们发现脱氧核糖核酸（DNA）处于不同状态时可以代表信息的有或无。DNA 分子中的遗传密码相当于存储的数据，DNA 分子间通过生化反应，从一种基因代码转变为另一种基因代码。反应前的基因代码相当于输入数据，反应后的基因代码相当于输出数据。如果能控制这一反应过程，就可以制作成功 DNA 计算机。

蛋白质分子比硅芯片上的电子元器件要小得多，彼此相距甚近，生物计算机完成一项运算，所需的时间仅为 10^{-15}s，比人的思维速度快 100 万倍。DNA 分子计算机具有惊人的存储容量，$1m^3$ 的 DNA 溶液可存储 1 万亿亿的二进制数据。DNA 计算机消耗的能量非常少，只有电子计算机的十亿分之一。由于生物芯片的原材料是蛋白质分子，生物计算机既有自我修复的功能，又可直接与生物活体相连。

4）纳米计算机。"纳米"（nm）是一个计量单位，$1nm=10^{-9}m$，大约是氢原子直径的 10 倍。纳米技术是从 20 世纪 80 年代初迅速发展起来的前沿科研领域，其最终目标是人类按照自己的意志直接操纵单个原子，制造出具有特定功能的产品。

现在纳米技术正从 MEMS（micro electro mechanical system，微电子机械系统）起步，把传感器、电动机和各种处理器都放在一个硅芯片上而构成一个系统。应用纳米技术研制的计算机内存芯片，其体积不过数百个原子大小，相当于人的头发丝直径的千分之一。纳米计算机不仅几乎不需要耗费任何能源，而且其性能要比今天的计算机强大许多倍。

2013 年 9 月 26 日美国斯坦福大学宣布，人类首台基于碳纳米晶体管技术的计算机已成功测试运行。该项实验的成功证明了人类有望在不远的将来摆脱当前硅晶体技术，以生产新型计算机设备。

3. 计算机的发展趋势

21 世纪是人类走向信息化社会的时代，那么在 21 世纪的今天，计算机的发展趋势是什么呢？计算机的发展将更加趋于微型化、巨型化、网络化、智能化和多媒体化。

（1）微型化

由于超大规模集成电路技术的进一步发展，微型机的发展日新月异，每 3～5 年换代一次；一个完整的计算机已经可以集成在火柴盒大小的硅芯片上。新一代的微型计算机由于具有体积小、价格低、对环境条件要求低、性能迅速提高等优点，大有取代中、小型计算机之势。

（2）巨型化

在某些领域，运算速度要求超过每秒万亿次，这就必须发展功能特强、运算速度极快的巨型计算机。巨型计算机体现了计算机科学的最高水平，反映了一个国家科学技术的实力。为了提高速度而设计的多处理器并行处理的巨型计算机已经商品化，如多处理器按超立方结构连接而成的巨型计算机。

（3）网络化

计算机网络是计算机的又一发展方向。所谓计算机网络，就是把分布在各个地区的许多计算机通过通信线路互相连接起来，以达到资源共享的目的。这是计算机技术和通信技术相结合的产物，它能够有效地提高计算机资源的利用率，同时形成一个规模大、功能强、可靠性高的信息综合处理系统。目前，计算机网络在交通、金融、管理、教育、商业和国防等各行各业都得到了广泛应用，覆盖全球的 Internet 已进入普通家庭，正在日益深刻地改变着世界的面貌。

（4）智能化

智能化是让计算机模拟人类的智能活动。人工智能是一门探索和模拟人的感觉和思维规律的科学，它研究如何利用机器来执行某些与人的智能有关的复杂功能，如判断、推理、学习、识别、自学习等。智能计算机是指具有人工智能的计算机系统。

（5）多媒体化

多媒体技术是将计算机系统与图形、图像、声音、视频等多种信息媒体综合于一体进行处理的技术。它扩充了计算机系统的数字化声音、图像输入/输出设备和大容量信息存储装置，能以多种形式表达和处理信息，使人们能以耳闻、目睹、口述、手触等多种方式与计算机交流信息，使人与计算机的交互更加方便、友好和自然。多媒体计算机已进入人们生产、生活的各个领域，为计算机技术的发展和应用开创了一个新的时代。

1.1.3　计算机的特点

计算机已应用于社会的各个领域，成为现代社会不可缺少的工具。它之所以具备如此强大的生命力，并得以飞速发展，是因为计算机本身具有很多特点，具体体现在以下 5 个方面：

（1）运算速度快

电子计算机出现以前，在一些科技部门中，虽然人们从理论上已经找到了一些复杂的计算公式，但由于计算工作太复杂，其中不少公式实际上仍无法应用。落后的计算技术拖了这些学科的"后腿"。例如，人们早就知道可以用一组方程来推算天气的变化，但是，采用这种公式预报 24h 以内的天气，如果用手工计算，一个人要算几十年，这样，就失去了预报的意义。而用一台小型电子计算机，则只需 10min 就能算出一个地区 4 天以内的天气预报数据。

（2）计算精确度高

电子计算机在进行数值计算时，其结果的精确度在理论上不受限制。一般的计算机可保留 15 位有效数字，这是其他计算工具达不到的。

计算机不像人那样工作时间稍长就会疲劳。现代技术进步，特别是大规模、超大规模集成电路的应用，使计算机具有极高的可靠性，可以连续工作几个月甚至十几年而不出差错。

（3）记忆能力惊人

计算机能把运算步骤、原始数据、中间结果和最终结果等牢牢记住。人们把计算机的这种记忆能力的大小称为存储容量。

（4）具有逻辑判断能力

计算机在处理信息时，还能做逻辑判断。例如，判断两数的大小，并根据判断的结果自动完成不同的处理。计算机可以做出非常复杂的逻辑判断。数学中的"4 色问题"是著名的难题，是一位英国人在 1852 年提出来的。他在长期绘图着色的工作中发现，不论多么复杂的地图，要想使相邻区域的颜色不同，最多只要 4 种颜色就够了，于是就公开提出这个猜想，并希望能在理论上得到证明。正是在计算机的帮助下，人们证明了"4 色问题"。

（5）自动工作的能力

电子计算机具有记忆能力和逻辑判断能力，这是与其他计算工具之间的本质区别。正是因为它具有上述能力，所以，只要将解决某一问题所需要的原始数据和处理步骤预先存储在计算机内，一旦向计算机发出指令，它就能自动按规定步骤完成指定的任务。

1.1.4 计算机的分类

在时间轴上,"分代"代表了计算机纵向的发展,是以制造计算机使用的元器件来划分的。而"分类"可用来说明横向的发展,从计算机的使用范围可以将计算机分为通用计算机和专用计算机;从计算机处理数据的方式可以将计算机分为电子数字计算机、电子模拟计算机和数模混合计算机。目前常用的分类方法是从计算机的规模和处理能力分类,可以分为巨型机、大型机、中型机、小型机、微型机及工作站。

1)巨型机:运算速度快,存储容量大,可达 1 亿次/s 以上的运算速度,主存储器容量在几百兆至几千兆字节,字长可达 64 位。

2)大型机:运算速度一般在 100 万次/s～几千万次/s,字长 32 位或 64 位,主存储器容量在几百兆字节以上。它有比较完善的指令系统、丰富的外部设备(简称外设)和功能齐全的软件系统。

3)中型机:中型机规模介于大型机和小型机之间。

4)小型机:规模较小,结构简单,成本较低,操作简便,维护容易,从而得以广泛推广应用。

5)微型机:采用微处理器、半导体存储器和输入/输出接口等芯片组装,具有体积更小、价格更低、通用性更强、灵活性更好、可靠性更高、使用更加方便等优点。

6)工作站:工作站实际上就是一台高档微机,其运算速度快,主存储器容量大,易于联网,特别适用于 CAD(computer aided design,计算机辅助设计)、CAM(computer aided manufacturing,计算机辅助制造)和办公自动化。

1.1.5 计算机的应用领域

计算机的高速发展,使信息产业以史无前例的速度持续增长。在世界第一产业大国——美国,信息产业已跃居产业规模首位。归根结底,这是由社会对计算机应用的需求决定的,随着计算机文化的推广,用户不断为计算机开辟新的应用领域;反过来,应用的扩展又持续地推动信息产业的新增长,应用与生产相互促进,形成了良性循环。

以下将首先说明计算机在科学计算、数据处理和实时控制 3 个方面的传统应用,然后简要叙述它在近 20 年来取得较大进展的新的应用领域(如办公自动化、生产自动化、数据库应用、网络应用和人工智能等),以便读者对计算机在现代社会中的作用有比较全面的印象。

(1)科学计算

科学计算是计算机最早的应用领域,计算机最初取名 Calculator,以后又改称 Computer,就是因为它们当时全都被用作快速计算的工具,同人工计算相比,计算机不仅速度快,而且精度高。有些要求限时完成的计算,使用计算机可以赢得宝贵的时间。例如,包含着大量运算的天气预报、人造卫星轨迹计算、工程抗震强度计算等。

(2)数据处理

早在 20 世纪 50 年代,人们就开始把登记账目等单调的事务工作交给计算机处理。60 年代初期,银行、大型企业和政府机关纷纷用计算机来处理账册、管理仓库或统计报表,从数据的收集、存储、整理到检索统计,应用的范围日益扩大,很快就超过了科学计算,成为计算机最大的应用领域。直到今天,数据处理在所有计算机应用中仍稳居第一位,耗用的机时约占全部计算机应用的 2/3。

（3）实时控制

由于计算机不仅支持高速运算，且具有逻辑判断能力，从 20 世纪 60 年代起，就在冶金、机械、电力、石油化工等产业中用计算机进行实时控制。其工作过程是：首先用传感器在现场采集受控制对象的数据，求出它们与设定数据的偏差；接着由计算机按控制模型进行计算；然后产生相应的控制信号，驱动伺服装置对受控对象进行控制或调整。它实际上是自动控制原理在生产过程中的应用，所以有时也称为"过程控制"。

（4）办公自动化

办公自动化简称 OA（office automation），是 20 世纪 70 年代中期从发达国家发展起来的一门综合性技术。其目的在于建立一个以先进的计算机和通信技术为基础的高效人-机信息处理系统，使办公人员能充分利用各种形式的信息资源，全面提高管理、决策和事务处理的效率。

（5）生产自动化

生产自动化包括计算机辅助设计、计算机辅助制造和计算机集成制造系统（computer integrated manufacturing system，CIMS）等内容，它们是计算机在现代生产领域特别是制造业中的应用，不仅能提高自动化水平，而且使传统的生产技术发生了革命性的变化，提高了生产效率，缩短了生产周期。

（6）数据库应用

数据库的应用在计算机现代应用中占有十分重要的地位。以上介绍的办公自动化和生产自动化，都离不开数据库的支持。事实上，今天在任何一个发达国家，大到国民经济信息系统和跨国的科技情报网，小到个人的亲友通信和银行储蓄账户，无一不需要与数据库打交道。了解数据库，已成为学习计算机应用的一项基本内容。

（7）网络应用

计算机网络是计算机技术和通信技术相结合的产物，是当今计算机科学和工程中迅速发展的新兴技术之一，也是计算机应用中一个空前活跃的领域。其主要功能是实现通信、资源共享，并提高计算机系统的可靠性，广泛应用于办公自动化、企业管理与生产过程控制、金融与电子商务、军事、科研、教育信息服务、医疗卫生等领域。随着 Internet 技术的迅速发展，计算机网络正在改变着人们的工作方式与生活方式。

（8）人工智能

人工智能简称 AI（artificial intelligence），有时也译作"智能模拟"，就是用计算机来模拟人脑的智能行为，包括感知、学习、推理、对策、决策、预测、直觉和联想等。计算机模拟人脑智能，可替代人类解决生产、生活中的具体问题，从而提高人类改造自然的能力。其应用主要表现在机器人、专家系统、模式识别、智能检索、自然语言处理、机器翻译、定理证明等方面。

1.1.6　计算机新热点

回顾计算机技术的发展历史，从大、中、小型机时代，到微型计算机、互联网时代，再到如今的云计算、移动互联、物联网时代，技术革命一直是整个 IT 产业发展的驱动力。目前，在新技术、新思想、新应用的驱动下，云计算、移动互联网、物联网等产业呈现出蓬勃发展的态势，全球 IT 产业正经历着一场深刻的变革。

1. 云计算

云计算（cloud computing）是信息技术的一个新热点，更是一种新的思想方法。它将计算任务分布在大量计算机构成的资源池上，使各种应用系统能够根据需要获取计算能力、存储空间和信息服务。云计算中的"云"是一个形象的比喻，人们以云可大可小、可以飘来飘去的特点来形容云计算中服务能力和信息资源的可伸缩性，以及后台服务设施位置的透明性。

Google 公司在 2006 年首次提出"云计算"的概念，其后开始在大学校园推广云计算计划，将这种先进的大规模快速计算技术推广到校园，并希望能降低分布式计算技术在学术研究方面的成本，随后云计算延伸到商业应用、社会服务等多个领域。目前云计算按部署方式大致分为两种，即公共云和私有云。公共云是指云计算的服务对象没有特定限制，即它是为外部客户提供服务的云。私有云是指组织机构建设的专供自己使用的云，它所提供的服务外部人员和机构无法使用。在实际使用中还有一些衍生的云计算形态，如社区云、混合云等。

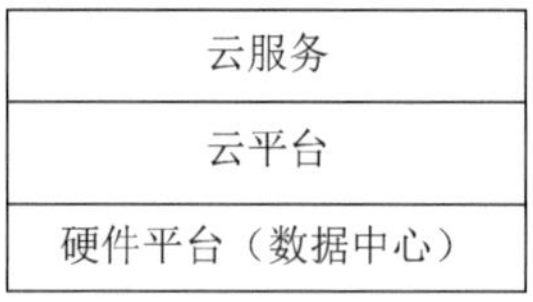

总体来说，云计算主要包括 3 个层次，如图 1-1-8 所示。

| 云服务 |
| 云平台 |
| 硬件平台（数据中心） |

图 1-1-8　云计算的 3 层结构

底层是硬件平台，包括服务器、网络设备、CPU、存储器等所有硬件设施，它是云计算的数据中心。现在的虚拟技术可以让多个操作系统共享一个大的硬件设施，可提供各类云平台的硬件需求。中间层是云平台，提供类似操作系统层次的服务与管理，如数据库、分布式操作系统等。另外，它也是云服务的运行平台，具有如 Java 运行库、Web 2.0 应用运行库、中间件等功能。顶层是云服务，指可以在互联网上使用一种标准接口来访问一个或多个软件服务功能，如库存管理服务、人力资源管理服务等。

云计算有很多优点，对于个人用户，它提供了最可靠、最安全的数据存储中心，不用担心数据丢失、病毒入侵等问题；对用户端的终端设备要求低，可以轻松实现不同设备间的数据与应用共享。另外，它为人们使用网络提供了无限多的可能。对于中小企业来说，"云"为它们送来了大企业级的技术，并且升级方便，使商业成本大大降低。简单地说，当今最强大、最具革新意义的技术已不再为大型企业所独有。"云"让每个普通人都能以极低的成本接触到顶尖的 IT 技术。

2. 移动互联网

移动互联网，简单来说就是将移动通信和互联网结合起来成为一体。移动通信与互联网相结合是历史的必然，因为越来越多的人希望随时随地高速地接入互联网。在最近几年里，移动通信和互联网已成为当今世界发展较快、市场潜力较大的两大产业。据统计，2017 年，全球移动用户已经超过 50 亿，占总人口的 2/3。2018 年，互联网用户也已逾 40 亿。2017 年，中国移动通信用户总数超过 9 亿，互联网用户总数则超过 7.7 亿。这一历史上从来没有过的高速增长现象，充分反映了随着时代与技术的进步，人类对移动性和信息的需求急剧上升。

移动互联网是一个全国性的、以宽带 IP 为技术核心的，可同时提供语音、传真、数据、图像、视频等高品质电信服务的新一代开放的电信基础网络，是国家信息化建设的重要组成部分。移动互联网的应用特点是"小巧轻便"与"通信便捷"，它正逐渐渗透到人们生活、工作与学习等各个领域。移动环境下的网页浏览、文件下载、位置服务、在线游戏、电子商务等丰富多彩的移动互联网应用迅猛发展，正在深刻改变信息时代的社会生活。

3. 物联网

物联网被称为继计算机和互联网之后，世界信息产业的第三次浪潮，代表着当前和今后相当一段时间内信息网络的发展方向。从一般的计算机网络到互联网，从互联网到物联网，信息网络已经从人与人之间的沟通发展到人与物、物与物之间的沟通，功能和作用日益强大，对社会的影响也越发深远。

物联网的概念于 1999 年由美国 MIT Auto-ID 中心提出，即在计算机互联网的基础上，利用射频识别技术（radio-frequency identification，RFID）、无线数据通信技术等构造一个实现全球物品信息实时共享的实物互联网，当时也称为传感器网。2005 年，国际电信联盟发布《ITU 互联网报告 2005：物联网》报告，将物联网的定义和覆盖范围进行较大的拓展，传感器技术、纳米技术、智能嵌入技术等得到更加广泛的应用。2009 年，IBM 提出"智慧地球"概念，即新一代的智慧型基础设施建设。2009 年 8 月温家宝总理在视察中国科学院无锡物联网产业研究院时，提出"感知中国"，物联网被正式列为国家五大新兴战略性产业之一，写入政府工作报告，物联网在中国受到了极大的关注。

物联网英文名称是 Internet of Things，顾名思义，"物联网就是物物相连的互联网"。这里有两层含义：第一，物联网的核心和基础仍然是互联网，是在互联网的基础上延伸和扩展的网络；第二，其用户端延伸和扩展到任何物品与物品之间都可以进行信息交换和通信。因此，物联网是一个基于互联网、传统电信网等信息承载体，让所有能够被独立寻址的普通物理对象实现互联互通的网络，可实现对物品的智能化识别、定位、跟踪、监控和管理。它具有普通对象设备化、自治终端互联化和普适服务智能化的重要特征。应用创新是物联网发展的核心，以用户体验为核心的创新是物联网发展的灵魂，现在的物联网应用领域已经扩展到了智慧交通、仓储物流、环境保护、智慧家居、个人健康等多个领域。

1.2　计算机系统概述

计算机系统是由硬件系统和软件系统两部分组成的。硬件系统是计算机进行工作的物质基础；软件系统是指在硬件系统上运行的各种程序及有关资料，用于管理和维护计算机，方便用户，使计算机系统更好地发挥作用。图 1-1-9 描绘了计算机系统的组成。

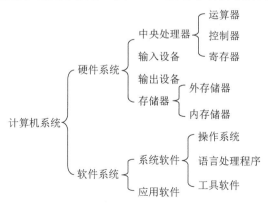

图 1-1-9　计算机系统的组成

1.2.1　计算机硬件系统

计算机硬件系统是指构成计算机的物理实体和物理装置的总和。不管计算机为何种机型，也不论它的外形、配置有多大的差别，计算机的硬件系统都是由五大部分组成的，分别为运算器、控制器、存储器、输入设备和输出设备，即冯·诺依曼体系结构。

计算机的五大部分通过系统总线完成指令所传达的任务。系统总线由地址总线、数据总线和控制总线组成。计算机在接收指令后，由控制器指挥，将数据从输入设备传送到存储器存储起来；再由控制器将需要参加运算的数据传送到运算器，由运算器进行处理，处理后的结果由输出设备输出，其过程如图 1-1-10 所示。

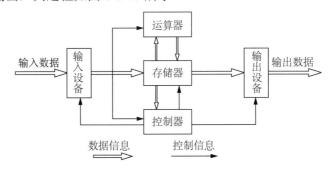

图 1-1-10　计算机硬件系统的工作流程

下面简单介绍构成计算机硬件系统的五大部件。

（1）运算器

运算器又称为算术逻辑部件（arithmetic logic unit，ALU），它的主要功能是完成各种算术运算、逻辑运算和逻辑判断。运算器主要由一个加法器、几个寄存器和一些控制线路组成。加法器的作用是接收寄存器传来的数据并进行运算，并将运算结果传送到某寄存器；寄存器的作用是存放即将参加运算的数据及计算的中间结果和最后结果，以减少访问存储器的次数。

（2）控制器

控制器是计算机的指挥系统，主要由指令寄存器、译码器、时序节拍发生器、操作控制部件和指令计数器组成。指令寄存器存放由存储器取得的指令，由译码器将指令中的操作码翻译成相应的控制信号，再由操作控制部件将时序节拍发生器产生的时序脉冲和节拍电位同译码器的控制信号组合起来，周期性地、顺序地控制各个部件完成相应的操作；指令计数器的作用是指出下一条指令的地址。就这样，在控制器的控制下，计算机就能够自动、连续地按照人们编制好的程序，实现一系列指定的操作，以完成一定的任务。

控制器和运算器通常集成在一块芯片上，构成中央处理器。中央处理器是计算机的核心部件，是计算机的心脏。微型计算机的中央处理器又称为微处理器。

（3）存储器

存储器是计算机存储数据的部件，根据存储器的组成介质、存取速度的不同又可以分为内存储器（简称内存）和外存储器（简称外存）两种。内存是由半导体器件构成的存储器，是计算机存放临时数据和程序的地方，计算机所有正在执行的程序指令，都必须先调入内存中才能执行，其特点是存储容量较小，存取速度快；外存是由磁性材料构成的存储器，用于长时间存放程序和数据。其特点是存储容量大，存取速度相对较慢。

存储容量的基本单位是字节（B），还有 KB（千字节）、MB（兆字节）、GB（吉字节）

等，它们之间的换算关系是

$$1KB=1024B，1MB=1024KB，1GB=1024MB$$

（4）输入设备

输入设备是计算机用来接收用户输入的程序和数据的设备。输入设备由两部分组成：输入接口电路和输入装置。

常见的输入装置有键盘和鼠标，另外还有扫描仪、跟踪球和光笔等。

（5）输出设备

输出设备是将计算机处理后的最后结果或中间结果，以某种人们能够识别或其他设备所需要的形式表现出来的设备。输出设备也可以分为输出接口电路和输出装置两部分。

常见的输出设备有显示器、打印机等。

1.2.2　计算机软件系统

软件是指程序运行所需要的数据及相关文档资料的集合。

程序是一系列有序的指令的集合。计算机之所以能够自动而连续地完成预定的操作，就是运行特定程序的结果。计算机程序通常由计算机语言来编制，编制程序的工作被称为程序设计。

对程序进行描述的文本称为文档。因为程序是用抽象的计算机语言编写的，如果不是专业的程序员很难看懂它们，所以就需用自然语言对程序进行解释说明，形成程序的文档。

综上所述，从广义上讲，软件是程序和文档的集合体。

计算机的软件系统可以分为系统软件和应用软件两大部分，下面分别对它们进行介绍。

1.　系统软件

系统软件是管理、监控和维护计算机资源，使计算机能够正常高效工作的程序及相关数据的集合。它主要由下面几部分组成：

1）操作系统（是控制和管理计算机的平台）。

2）各种程序设计语言及其解释程序和编译程序。

3）各种服务性程序（如监控管理程序、调试程序、故障检查和诊断程序等）。

4）各种数据库管理系统。

系统软件的核心部分是操作系统、程序设计语言及各种服务程序，这些一般是作为计算机系统的一部分提供给用户的。

2.　应用软件

应用软件是为了解决用户的各种问题而编制的程序及相关资源的集合，因此应用软件都是针对某一特定的问题或需要而编制的软件。

现在市面上应用软件的种类非常多，如各种财务软件、统计软件、用于科学计算的软件、用于进行人事管理的管理系统、用于对档案进行管理的档案系统等。应用软件的丰富与否、质量的好坏，都直接影响计算机的应用范围与实际经济效益。

人们通常用以下几个方面来衡量一个应用软件的质量：

1）占用存储空间的大小。

2）运算速度。

3）可靠性和可移植性。

以系统软件作为基础和桥梁，用户就能够使用各种各样的应用软件，让计算机完成各种工作，而这一切都是由作为系统软件核心的操作系统来管理和控制的。

1.2.3 硬件系统与软件系统的关系

计算机硬件系统与软件系统存在着相辅相成、缺一不可的关系。

1. 硬件是软件的基础

计算机系统包含着硬件系统和软件系统。只有硬件的计算机称为"裸机"，不能直接为用户所使用。任何软件都是建立在硬件基础上的。离开硬件，软件则无法栖身，无法工作。

2. 软件是硬件功能的扩充与完善

如果没有软件的支持，那么硬件配置再高，也无法发挥作用。因为硬件提供了一种工具，而软件则提供了使用这种工具的方法和途径。有了软件的支持，硬件才能运转并提高运转效率。系统软件支持着应用软件的开发，操作系统支撑着应用软件和系统软件的运行。各种软件通过操作系统的控制和协调，完成对硬件系统各种资源的利用。

3. 硬件和软件相互渗透、相互促进

从功能上讲，计算机硬件和软件之间并不存在一条固定的或一成不变的界限。从原则上讲，一个计算机系统的许多功能，既可以用硬件实现，也可以用软件实现。用硬件实现，往往可以提高速度和简化程序，但将使硬件的结构复杂，造价提高；用软件实现，可以降低硬件造价，但会使程序变得复杂，运行速度降低。

软、硬件功能的相互渗透，也促进了硬、软件技术的发展。一方面，硬件的发展、硬件性能的改善，为软件的应用提供了广阔的前景，促进了软件的进一步发展，也为新软件的产生奠定了基础；另一方面，软件技术的发展，给硬件提出了新的要求，促进了新硬件的产生和发展。

1.2.4 指令和程序设计语言

计算机软件着重研究如何管理计算机和使用计算机的问题，也就是研究怎样通过软件的作用更好地发挥计算机的能力、扩展计算机的功能、提高计算机的效率。计算机软件是一种逻辑实体，而不是物理实体，因而它具有抽象性。这一特点使它与计算机硬件有着明显的差别。

如前所述，只有硬件，计算机还不能工作，要使计算机解决各种实际问题，必须有软件的支持。

1. 指令和指令系统

人类利用语言进行交流，但那是"自然语言"，是人类在生产实践中为了交流思想逐渐演变形成的。人们要使用计算机就要向其发出各种命令，使其按照人的要求完成所规定的任务。

指令是指示计算机执行某种操作的命令。每条指令都可完成一个独立的操作。指令是硬件能理解并能执行的语言。一条指令就是机器语言的一个语句，是程序员进行程序设计的最小语言单位。

一条指令通常应包括两个方面的内容：操作码和操作数。操作码表示计算机要执行的基本操作；操作数则表示运算的数值或该数值存放的地址。在微机的指令系统中，通常使用单地址指令、双地址指令和三地址指令。

指令系统是指一台计算机所能执行的全部指令的集合。指令系统决定了一台计算机硬件的主要性能和基本功能。指令系统是根据计算机的使用要求设计的，一旦确定了指令系统，硬件上就必须保证指令系统的实现，所以指令系统是设计一台计算机的基本出发点。

2. 程序设计语言

（1）机器语言

早期的计算机不配置任何软件，这时的计算机称为"裸机"。裸机只能识别"0"和"1"两种代码，程序员只能用一连串的"0"和"1"构成的机器指令码来编写程序，这就是机器语言程序。机器语言具有如下特点：

1）采用二进制代码，指令的操作码（如+、-、×、÷等）和操作数地址均用二进制代码表示。

2）指令随机器而异（称为"面向机器"），不同的计算机有不同的指令系统。

众所周知，计算机采用二进制。因此，用二进制代码表示的程序，不经翻译就能够被计算机直接理解和执行。效率高、执行速度快是机器语言的最大优点。然而，机器语言存在着严重的缺点，表现为以下几个方面：

1）易出错：用机器语言编写程序，程序员要熟练地记忆所有指令的机器代码，以及数据单元地址和指令地址，出错的可能性比较大。

2）编程烦琐：工作量大。

3）不直观：人们不能直观地看出机器语言程序所要解决的问题。读懂机器语言程序的工作量是非常大的，有时比编写这样一个程序还难。

（2）汇编语言

为了克服机器语言的缺点，人们想出了用符号（称为助记符）来代替机器语言中的二进制代码的方法，设计了汇编语言。这些符号都由英语单词或其缩写组成，容易记忆和辨别。汇编语言又称符号语言，其指令的操作码和操作数地址全都用符号表示，大大方便了记忆，但它仍然具有机器语言所具有的那些缺点（如缺乏通用性、烦琐、易出错、不够直观等），只不过程度不同罢了。

用汇编语言书写的程序（称为汇编语言源程序）保持了机器语言执行速度快的优点。但它送入计算机后，必须被翻译成机器语言形式表示的程序（称为目标程序），才能被计算机识别和执行。完成这种翻译工作的程序（软件）称为汇编程序（assembler）。图 1-1-11 所示为汇编语言源程序的执行过程。

图 1-1-11　汇编语言源程序的执行过程

（3）高级语言

汇编语言比机器语言前进了一大步，但程序员仍需记住许多助记符，加上程序的指令数很多，所以编制汇编语言程序仍是一件烦琐的工作。为克服汇编语言的缺点，高级语言应运而生，并迅速推广。与汇编语言相比，高级语言有三大优点：

1）更接近于自然语言，一般采用英语单词表达语句，便于理解、记忆和掌握。

2）高级语言的语句与机器指令并不存在一一对应关系，一个高级语言语句通常对应多个机器指令，因而用高级语言编写的程序（称为高级语言源程序）短小精悍，不仅便于编写，而且易于查找错误和修改。

3）基本上与具体的计算机无关，即通用性强。程序员不必了解具体机器的指令系统就能编制程序，而且所编的程序稍加修改或不用修改就能在不同的机器上运行。但高级语言源程序也是不能被计算机直接识别和执行的，所以必须先翻译成用机器指令表示的目标程序才能执行。翻译的方法有两种：一是解释方式，二是编译方式。

解释方式使用的翻译软件是解释程序（interpreter）。它把高级语言源程序一句句地翻译为机器指令，每译完一句就执行一句，当源程序翻译完后，目标程序也即执行完毕。

编译方式使用的翻译软件是编译程序（compiler）。它将高级语言源程序翻译成用机器指令表示的目标程序，使目标程序和源程序在功能上完全等价，然后执行目标程序，得出运算结果。

图 1-1-12 所示为高级语言源程序执行的编译过程。

图 1-1-12　高级语言源程序执行的编译过程

解释方式和编译方式各有优缺点。解释方式的优点是灵活、占用的内存少，但比编译方式占用更多的机器时间，并且执行过程一步也离不开翻译程序。编译方式的优点是执行速度快，但占用内存多，且不灵活，若源程序有错误，必须修改后重新编译，从头执行。

1.3　微型计算机的硬件组成

人们日常所见的计算机大多是微型计算机（简称微机）。它由微处理器、存储器、接口电路、输入/输出设备组成。从微机的外观看，它是由 4 个部分组成的：主机、显示器、键盘、鼠标。微机的外观如图 1-1-13 所示。

下面分别介绍这 4 个部分的组成和使用。

1.3.1　主机

图 1-1-13　微机的外观

主机是一台微机的核心部件。通常主机箱的正面有 Power 和 Reset 按钮。Power 按钮为电源开关，可用于开关机；Reset 按钮用来重新热启动计算机系统。此外，机箱正面还会有 USB 接口，用于连接 USB 接口的外部设备。

主机箱的背面配有电源插座，用来给主机及其他的外设提供电源；还会有 VGA 接口、串行接口、并行接口、USB 接口、音频接口等，可以连接显示器、打印机、鼠标、键盘、音箱等外部设备。

1. 主板

主板（mainboard）就是主机箱内最大的那块印制电路板，也称为母板（motherboard），是微机的核心部件之一，是 CPU 与其他部件相连接的桥梁。主板上通常有 CPU 插座、内存插槽、CMOS 芯片、时钟芯片、各种扩展槽、各种接口、电池及各种开关和跳线。某型号主板的外观如图 1-1-14 所示。

图 1-1-14　主板

为了实现 CPU、存储器和输入/输出设备的连接，微机系统采用了总线结构。总线（bus）就是系统部件之间传送信息的公共通道。总线通常由 3 部分组成：数据总线（data bus，DB）、控制总线（control bus，CB）和地址总线（address bus，AB）。

数据总线：用于在 CPU 与内存或输入/输出接口电路之间传送数据。

控制总线：用于传送 CPU 向内存或外设发送的控制信号，以及由外设或有关接口电路向 CPU 送回的各种信号。

地址总线：用于传送存储单元或输入/输出接口的地址信息。地址总线的根数与内存容量有关。例如，如果 CPU 芯片有 16 根地址总线，那么可寻址的内存范围为 2^{16}（=65 536）B，即内存容量为 64KB；如果有 20 根地址总线，那么内存容量就可以达到 1MB（2^{20}B）。

2. 中央处理器

中央处理器（CPU）如图 1-1-15 所示，是整台微机的核心部件，微机的所有工作都要通过 CPU 来协调处理，完成各种运算、控制等操作，而且 CPU 芯片型号直接决定着微机档次的高低。

图 1-1-15　中央处理器

几十年来，CPU 技术飞速发展，具有代表性的品牌是 Intel 和 AMD 的微处理器系列。以 Intel 为例，先后有 4004、4040、8080、8085、8088、8086、80286、80386、80486、Pentium（奔腾）系列和 Itanium（安腾）系列产品。2006 年，双核处理器问世。2009 年，四核处理器问世。目前应用的主流为 Core（酷睿）系列。CPU 功能越来越强，速度越来越快，器件的集成度越来越高。随着 CPU 型号的不断更新，微机的性能也不断提高。

相对于快速的 CPU 来说，内存的存取速度较慢，使 CPU 存取内存时经常等待，降低了整个机器的性能。在解决内存速度这个瓶颈问题时，通常采用的一种有效方法是使用高速缓冲存储器（Cache）。目前主流的 CPU 通常带有三级高速缓冲存储器。

3. 内存储器

内存储器（简称内存）又称主存储器，是微机的记忆中心，用来存放当前计算机运行所需要的程序和数据。内存的大小是衡量计算机性能的主要指标之一。根据作用的不同，内存可以分为以下几种类型：

（1）随机存取存储器

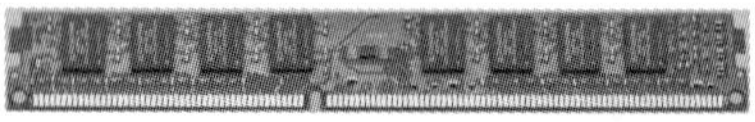

图 1-1-16　随机存取存储器

随机存取存储器（random access memory，RAM）用于暂存程序和数据，如图 1-1-16 所示。RAM 具有的特点是，用户既可以对它进行读操作，也可以对它进行写操作；RAM 中的信息在断电后会消失，也就是说它具有易失性。

通常所说的内存大小就是指 RAM 的大小，目前以 GB 为单位，一般为 4GB、8GB 或更多。

（2）只读存储器

只读存储器（read-only memory，ROM）存储的内容是由厂家装入的系统引导程序、自检程序、输入/输出驱动程序等常驻程序。ROM 具有的特点是，只能对 ROM 进行读操作，不能进行写操作；ROM 中的信息在写入后就不能更改，在断电后也不会消失，也就是说它具有非易失性。

4. 磁盘存储器

磁盘存储器简称为磁盘，分为软盘（已淘汰）和硬盘两种。

硬盘（图 1-1-17）位于主机箱内，硬盘的盘片通常由金属、陶瓷或玻璃制成，上面涂有磁性材料。硬盘的种类很多，按盘片的结构可以分为可换盘片和固定盘片两种。整个硬盘装置都密封在一个金属容器内，这种结构把磁头与盘面的距离减少到最小，从而增加了存储密度，加大了存储容量，并且可以避免外界的干扰。

硬盘具有的特点是存储容量大、可靠性高。

图 1-1-17　硬盘

1.3.2　显示器、键盘和鼠标

1. 显示器

显示器是计算机系统最常用的输出设备，由监视器（monitor）和显示控制适配器（adapter）两部分组成。显示控制适配器又称为适配器或显示卡，不同类型的监视器应配备相应的显示卡。人们习惯直接将监视器称为显示器。显示器的分辨率越高，颜色种数越多，字符点阵数越大，所显示的字符或图形就越清晰，效果也更逼真。

2. 键盘

键盘是人们向微机输入信息的主要设备，各种程序和数据都可以通过键盘输入微机中。

3. 鼠标

鼠标是一种易于操作的输入设备，在某些环境下，使用鼠标比键盘更直观、方便。鼠标有些功能是键盘所不具备的。例如，在某些绘图软件下，利用鼠标可以随心所欲地绘制出线条丰富的图形。

1.4　计算机中的信息表示

计算机要进行大量的数据运算和数据处理，而所有的数据信息在计算机中都是以数字编码形式表示的。因此，人们就会产生这样的问题：这些数字编码是以什么形式表示的？机器中表示的数与日常生活中表示的数有什么不同？字符又是如何表示的？等等。这些问题的解决将有助于人们更好地使用计算机。

1.4.1　进位计数制

人们的生产和生活离不开数，人类在长期的实践中创造了各种数的表示方法，人们把数的表示系统称为数制。在进位计数制中，表示数值大小的数码与它在数中所处的位置有关。例如，每数到 10 就向前一位进一，这就是我们最熟悉的十进制；每小时是 60 分钟，每分钟是 60 秒，这就是六十进制；每周有 7 天，这就是七进制；每天有 24 小时，这就是二十四进制；等等。计算机使用二进制。

1. 十进制数表示

人们最熟悉、最常用的数制是十进制。一个十进制数有两个主要特点：

1）它有 10 个不同的数字符号，即 0，1，2，…，9。

2）它是"逢十进一"的。

因此，同一个数字符号在不同位置（或数位）代表的数值是不同的。例如，在 666.66 这个数中，小数点左侧第 1 位的 6 代表个位，就是它本身的数值 6，或写成 6×10^0；小数点左侧第 2 位的 6 代表十位，它的值为 6×10^1；小数点左侧第 3 位的 6 代表百位，它的值为 6×10^2；而小数点右侧第 1 位的 6 代表十分位，它的值为 6×10^{-1}；小数点右侧第 2 位的 6 代表百分位，它的值为 6×10^{-2}，所以，十进制数 666.66 可以写成

$$666.66 = 6 \times 10^2 + 6 \times 10^1 + 6 \times 10^0 + 6 \times 10^{-1} + 6 \times 10^{-2}$$

一般地，任意一个十进制数 $D = d_{n-1}d_{n-2}\cdots d_1 d_0 . d_{-1}\cdots d_{-m}$ 都可以表示为

$$D = d_{n-1} \times 10^{n-1} + d_{n-2} \times 10^{n-2} + \cdots + d_1 \times 10^1 + d_0 \times 10^0 + d_{-1} \times 10^{-1} + \cdots + d_{-m} \times 10^{-m} \qquad （1\text{-}1\text{-}1）$$

式（1-1-1）称为十进制数的按权展开式，其中：$d_i \times 10^i$ 中 i 表示数的某一位；d_i 表示第 i 位的数码，它可以是 0～9 中的任一个数字，由具体的 D 确定；10^i 称为第 i 位的权（或数位值），数位不同，其权的大小也不同，表示的数值也就不同；m 和 n 为正整数，n 为小数点左侧的位数，m 为小数点右侧的位数；10 为计数制的基数，所以称它为十进制数。

2. 二进制数表示

与十进制数类似，二进制数也有两个主要特点：

1）它有两个不同的数字符号，即 0 和 1。

2）它是"逢二进一"的。

因此，同一数字符号在不同的位置（或数位）所代表的数值是不同的。例如，二进制数 1001.01 可以写成

$$1001.01 = 1 \times 2^3 + 0 \times 2^2 + 0 \times 2^1 + 1 \times 2^0 + 0 \times 2^{-1} + 1 \times 2^{-2}$$

一般地，任意一个二进制数 $B = b_{n-1}b_{n-2}\cdots b_1 b_0 . b_{-1}\cdots b_{-m}$ 都可以表示为

$$B=b_{n-1}\times2^{n-1}+b_{n-2}\times2^{n-2}+\cdots+b_1\times2^1+b_0\times2^0+b_{-1}\times2^{-1}+\cdots+b_{-m}\times2^{-m} \qquad (1\text{-}1\text{-}2)$$

式（1-1-2）称为二进制数的按权展开式，其中：$b_i\times2^i$ 中 b_i 只能取 0 或 1：由具体的 B 确定；2^i 称为第 i 位的权；m、n 为正整数，n 为小数点左侧的位数，m 为小数点右侧的位数；2 是计数制的基数，所以称为二进制数。十进制数与二进制数的对应关系如表 1-1-1 所示。

表 1-1-1   十进制数与二进制数的对应关系

十进制数	二进制数	十进制数	二进制数
0	0	5	101
1	1	6	110
2	10	7	111
3	11	8	1000
4	100	9	1001

3．八进制数和十六进制数表示

八进制数的基数为 8，使用 8 个数字符号（0，1，2，…，7），"逢八进一，借一当八"。一般地，任意的八进制数 $Q=q_{n-1}q_{n-2}\cdots q_1q_0.\,q_{-1}\cdots q_{-m}$ 都可以表示为

$$Q=q_{n-1}\times8^{n-1}+q_{n-2}\times8^{n-2}+\cdots+q_1\times8^1+q_0\times8^0+q_{-1}\times8^{-1}+\cdots+q_{-m}\times8^{-m} \qquad (1\text{-}1\text{-}3)$$

十六进制数的基数为 16，使用 16 个数字符号（0，1，2，…，9，A，B，…，F），"逢十六进一，借一当十六"。一般地，任意的十六进制数 $H=h_{n-1}h_{n-2}\cdots h_1h_0.h_{-1}\cdots h_{-m}$ 都可以表示为

$$H=h_{n-1}\times16^{n-1}+h_{n-2}\times16^{n-2}+\cdots+h_1\times16^1+h_0\times16^0+h_{-1}\times16^{-1}+\cdots+h_{-m}\times16^{-m} \qquad (1\text{-}1\text{-}4)$$

4．进位计数制的基本概念

归纳以上讨论，可以得出进位计数制的一般概念。

若用 j 代表某进制的基数，k_i 表示各位数的数符，则 j 进制数 N 可以写成如下多项式之和：

$$N=k_{n-1}\times j^{n-1}+k_{n-2}\times j^{n-2}+\cdots+k_1\times j^1+k_0\times j^0+k_{-1}\times j^{-1}+\cdots+k_{-m}\times j^{-m} \qquad (1\text{-}1\text{-}5)$$

式（1-1-5）称为 j 进制的按权展开式，其中，$k_i\times j^i$ 中 k_i 可取 0～j-1 范围内的值，取决于 N；j^i 称为第 i 位的权；m 和 n 为正整数，n 为小数点左侧的位数，m 为小数点右侧的位数。

1.4.2　计算机中数的表示

从前面的讨论已经知道，所有数据无论是数值数据还是非数值数据均表现为二进制的形式，所以在讨论计算机中数的表示之前，先介绍一下有关数据的存储单位。

1．数据的单位

1）位（也称比特，bit）：计算机存储数据的最小单位，也就是二进制数的一位。一个二进制位只能表示两种状态，可用 0 和 1 来表示一个二进制数位。

2）字节（byte）：计算机进行数据处理的基本单位，规定 1 字节等于 8 位。存放在 1 字节中的数据所能表示的值的范围是 00000000～11111111，其变化最多有 256 种。通常用 2^{10} 来计算存储容量，把 2^{10}（即 1024）字节记为 1KB；把 2^{20}（即 1024KB）字节记为 1MB；2^{30}（即 1024MB）字节记为 1GB；把 2^{40}（即 1024GB）字节记为 1TB（太字节）；把 2^{50}（即

1024TB）字节记为 1PB（拍字节）。

3）字（word）：在计算机中作为一个整体进行运算和处理的一组二进制数码，一个字由若干字节组成。计算机中每个字所包含的二进制位数称为字长。它直接关系到计算机的计算精度、功能和速度。字长越大，计算机处理速度就越快，精度越高，功能越强。常见的微型计算机的字长有 8 位、16 位、32 位和 64 位之分。

2. 定点数与浮点数

在日常生活中，人们习惯于用正负号加绝对值表示数的大小，这种按一般书写形式表示的原值在计算机技术中称为真值。但是，计算机所能表示的数或其他信息都是数码化了的，正号或负号同样要用数码 0 或 1 表示。通常约定数的一位（定点数中常约定为最高位）为符号位，正数的符号用 0 表示，负数的符号用 1 表示。

1.4.3　二进制编码

由于二进制数有很多优点，计算机内部都采用二进制数。因而，要在计算机中表示的数、字符都要用特定的二进制码来表示，这就是二进制编码。

1. 数字编码

二进制数实现容易、可靠，而且运算规律十分简单。然而，二进制数很不直观，书写起来很长，读起来也不方便。考虑到人们的习惯，通常在计算机输入和输出时，还是采用十进制表示。这就要求在输入时将十进制数转换成二进制数，输出时将二进制数转换成十进制数。为便于机器识别与转换，通常是将人们习惯的十进制数每一位变成二进制形式输给机器。这种以二进制形式表示一位十进制数的方法称为十进制数的二进制编码，简称二-十进制编码或 BCD（binary-coded decimal）编码。

最常用的二-十进制编码就是 8421 编码。它用 4 位二进制数表示一位十进制数，每一位对应的权分别是 8、4、2、1。8421 码有 10 个不同的数字符号，它是"逢十进位"的十进制数。

2. 字符编码

字符与字符串是控制信息和文字信息的基础。字符的表示涉及选择哪些常用的字符，采用什么编码表示。目前字符编码多采用美国标准信息交换代码（American Standard Code for Information Interchange，ASCII 码）。我国的 GB/T 1988—1998《信息技术　信息交换用七位编码字符集》与此基本相同。ASCII 码包括 26 个大写英文字母、26 个小写英文字母、0~9 的数字，还有一些运算符号、标点符号和一些基本专用符号及一些控制符号。ASCII 码是 7 位代码，即用 7 位二进制表示，1 字节是 8 位二进制位，用 1 字节存放一个 ASCII 码，只占用低 7 位，而最高位为 0，一般空闲不用，现在最高位也用于奇偶检验位、用于扩展的 ASCII 码、用作汉字代码的标记。

1.5　计算思维概述

1.5.1　科学与思维

1. 科学与思维的含义

1888 年，达尔文曾给科学下过一个定义：科学就是整理事实，从中发现规律，作出结论。

达尔文的定义指出了科学的内涵，即事实与规律。科学要发现人所未知的事实，并以此为依据，实事求是，而不是脱离现实的纯思维的空想。至于规律，则是指客观事物之间内在的本质的必然联系。因此，科学是建立在实践基础上，经过实践检验和严密逻辑论证的，关于客观世界各种事物的本质及运动规律的知识体系。

科学一般包括自然科学、社会科学和思维科学。

思维最初是人脑借助于语言对客观事物的概括和间接的反应过程。思维以感知为基础又超越感知的界限。通常意义上的思维，涉及所有的认知或智力活动。它探索与发现事物的内部本质联系和规律性，是认识过程的高级阶段。

思维对事物的间接反应，是指它通过其他媒介作用认识客观事物及借助于已有的知识和经验、已知的条件推测未知的事物。思维的概括性表现在它对一类事物非本质属性的摒弃和对其共同本质特征的反应。

思维即人脑对现实事物进行概括、加工，揭露本质特征。人脑对信息的处理包括分析、抽象、综合、概括等。

2. 人类文明进步和科学发现的三大支柱

理论科学、实验科学和计算科学作为科学发现的三大支柱，正推动着人类文明进步和科技发展。

理论科学是提出论题，如经济问题、技术问题的发现与解决的办法和方向的设想；实验科学则是组织好实际的物质条件，按照理论科学提出的论题进行反复实验，最终得到该理论是否成立的结论；计算科学则是在理论研究、实验进行的过程中用数学的手段去论证与修正，若理论成立，则实验通过，计算科学还能将这些结论和过程转化成实际模型，进而转化为实际应用。

3. 科学思维

一般而论，3 种科学对应着 3 种思维。

（1）理论科学——理论思维

理论思维又称推理思维，是通过判断、推理去解答问题。它也是一种逻辑思维。先要对一个事物进行分析、判断，得出结论，再以此类推。理论源于数学，理论思维支撑着所有的学科领域。正如数学一样，定义是理论思维的灵魂，定理和证明是它的精髓。公理化方法是最重要的理论思维方法。理论思维以推理和演绎为特征，以数学学科为代表。

（2）实验科学——实验思维

实验思维又称实证思维，是用自己掌握的知识和经验去验证某一个结论的思维。实验思维的结构包括论题、论据和论证方式。每个人每天都会用到实验思维。实验思维以观察和总结自然规律为特征，以物理学科为代表。实验思维的先驱是意大利科学家伽利略，被人们誉为"近代科学之父"。与理论思维不同，实验思维往往需要借助于某些特定的设备，并用它们来获取数据以供以后的分析。

（3）计算科学——计算思维

计算思维又称构造思维，以设计和构造为特征，以计算机科学为代表。计算思维是运用计算机科学的基础概念进行问题求解、系统设计及人类行为理解，涵盖了计算机科学之广度的一系列思维活动。

1.5.2　计算思维

1. 计算思维的定义

计算思维（computational thinking，CT）是运用计算的基础概念求解问题、设计系统和理解人类行为的一种方法。计算思维的本质是抽象和自动化。所有人除具备"读、写、算"（reading，writing，arithmetic，简称 3R）能力外，还必须具备计算思维能力。

2. 计算思维的内涵

1）计算思维是通过约简、嵌入、转化和仿真等方法，把一个困难的问题阐释成如何求解它的思维方法。

2）计算思维是一种递归思维，它是并行处理的，它能把代码译成数据又能把数据译成代码，是一种多维分析推广的类型检查方法。

3）计算思维是一种采用抽象和分解的方法来控制复杂的任务或进行巨型复杂系统的设计，是基于关注点分离的方法（SOC 方法）。

4）计算思维是一种选择合适的方式陈述一个问题，或对一个问题的相关方面建模使其易于处理的思维方法。

5）计算思维是按照预防、保护及通过冗余、容错、纠错的方式，从最坏情况进行系统恢复的一种思维方法。

6）计算思维是利用启发式推理寻求解答，即在不确定情况下的规划、学习和调度的思维方法。

3. 计算思维的特征

（1）是概念化，不是程序化

计算机科学不是计算机编程。像计算机科学家那样去思维意味着不仅仅能为计算机编程，还要求能够在抽象的多个层次上思维。计算机科学不仅仅是关于计算机，就像音乐产业不仅仅是关于麦克风一样。

（2）是根本的，不是刻板的技能

计算思维是一种根本技能，是每一个人为了在现代社会中发挥职能所必须掌握的。刻板的技能意味着简单的机械重复。

（3）是人的，不是计算机的思维

计算思维是人类求解问题的一条途径，但绝非要使人类像计算机那样思考。计算机枯燥且沉闷，人类聪颖且富有想象力。人类赋予计算机激情，计算机赋予人类强大的计算能力，人类应该好好地利用这种力量去解决各种需要大量计算的问题。

（4）是思想，不是人造品

计算思维不只是将人们生产的软硬件等人造物呈现到生活中，更重要的是计算的概念，它被人们用来进行问题求解、日常生活的管理，以及与他人进行交流和互动。

（5）数学和工程思维的互补与融合

计算机科学在本质上源自数学思维，它的形式化基础建筑于数学之上。计算机科学又从本质上源自工程思维，因为人们建造的是能够与实际世界互动的系统。所以计算思维是数学和工程思维的互补和融合。

（6）面向所有的人、所有地方

当计算思维真正融入人类活动的整体时，它作为一个问题解决的有效工具，人人都应当掌握。

4. 计算思维对其他学科的影响

事实上，人们已经见证了计算思维对其他学科的影响。例如，计算生物学正在改变着生物学家的思考方式，计算博弈理论正在改变着经济学家的思考方式，纳米计算正在改变着化学家的思考方式，量子计算正在改变着物理学家的思考方式等。

计算思维正在渗透到各个学科中，诸如"算法"和"数据结构"这样的术语将成为不同学科领域工作者的日常用语，把树倒过来画已经习以为常，"非确定随机算法""垃圾收集"这样的术语已经司空见惯。

1.5.3 计算思维与科学发现和技术创新

1. 对计算思维的进一步理解

1）计算思维是利用泛指的计算的基础概念求解问题、设计系统、理解人类行为的一种方法，是一类分析思维（analytical thinking）。它综合应用了数学思维（求解问题的方法）、工程思维（设计、评价大型复杂系统）和科学思维（理解可计算性、智能、心理和人类行为）。

2）计算的抽象概念比数学、物理科学中的意义要丰富和复杂，抽象是分层的，抽象最终要在受限的物理世界中实现。

3）计算是抽象的自动执行，自动化隐含着需要某类计算机（可以是机器或人，或两者的组合）去解释该抽象。

4）从操作层面上，计算涉及回答"如何让一台计算机去求解问题"，隐含地回答此问题就是确定合适的抽象，选择合适的某类计算机去解释执行该抽象，后者的过程就是自动化。所以，计算思维的本质就是抽象与自动化。

5）计算的 3 种驱动力是科学、技术和社会，三者互相作用：科学的发现催生技术发明，促进社会应用；反之，技术发明产生新的社会应用，促进新的科学发现。

2. 问题求解中的计算思维

1）利用计算的手段求解问题的过程。

① 把实际应用问题转换为数学问题［可能是一组偏微分方程（partial differential equation，PDE）］。

② 将 PDE 离散化为一组代数方程组。

③ 建立模型、设计算法、编程实现。

④ 在具体的计算机上运行求解。

2）求解问题过程中的计算思维。

① "利用计算的手段求解问题的过程"中的前两步可谓是计算思维中的抽象。

② "利用计算的手段求解问题的过程"中的后两步可谓是计算思维中的自动。

3. 设计系统中的计算思维

1）Karp 的观点：任何自然系统和社会系统都可视为一个动态演化系统，演化伴随着物质、能量和信息的交换，这种交换可映射（也就是抽象）为符号交换，使之能利用计算机进行离散的符号处理。

2）当动态演化系统抽象为离散符号系统之后，就可采用形式化的规范描述，建立模型、设计算法、开发软件，来揭示演化的规律，并实时控制系统的演化，自动执行，这就是计算思维中的自动化。

4. 理解人类行为中的计算思维

1）利用计算的手段来研究人类的行为，可视为社会计算，即通过各种信息技术手段，设计、实施和评估人与环境之间的交互。

2）社会计算涉及人们的交互方式、社会群体的形态及其演化规律等问题。研究生命的起源与繁衍，理解人类的认知能力，了解人类与环境的交互，研究传染病毒的结构与传播，以及国家的福利与安全等都属于社会计算的范畴，这些都与计算思维科学密切相关。

3）使用计算思维的观点对当前社会计算中的一些关键问题进行分析与建模，尝试从计算思维的角度重新认识社会计算，找出新问题、新观点和新方法等。

本 章 小 结

本章主要内容如下：

1）对计算机的相关基础知识进行了概述。按照组成计算机的电子器件的不同，计算机的发展共分为 4 代，分别是电子管计算机、晶体管计算机、中小规模集成电路计算机、大规模和超大规模集成电路计算机。所有的计算机都符合冯·诺依曼的设计思想，因此，均可被称为"冯·诺依曼"式的计算机。计算机系统由硬件系统和软件系统组成。硬件系统是指组成计算机的各种物理器件的总称，分为主机和外设。其中，主机包括运算器、控制器和存储器，外设包括输入设备和输出设备。软件系统由系统软件和应用软件组成。

2）数制与计算机编码。信息在计算机中都是以二进制的形式存在的，除了二进制之外，在计算机这门学科中，人们还经常用到八进制、十六进制。

3）简单介绍了科学与思维的概念、两者的关系，以及科学思维是一切科学与技术创新的灵魂；详细介绍了计算思维的定义、特征及其对其他科学发展的影响。

第2章 操作系统简介

学习目的
- 了解操作系统的概念、发展历史、功能、分类、特征。
- 了解常用的操作系统。

2.1 操作系统概述

2.1.1 操作系统的概念

操作系统（operating system，OS）是一组用于管理和控制计算机系统中所有软、硬件资源，合理组织计算机工作流程，方便用户使用计算机的程序集合；是用户与计算机之间的接口；是直接运行在"裸机"上的最基本的系统软件，任何其他软件都必须在操作系统的支持下才能运行。操作系统管理计算机中所有的资源，并为用户使用计算机提供一个方便灵活、安全可靠的工作环境。

2.1.2 操作系统的发展

操作系统并不是和计算机硬件一起诞生的，它是在人们使用计算机的过程中，为了更好地管理计算机，提高资源利用率，充分发挥计算机系统性能，并伴随着计算机硬件的更新换代，而逐步形成和发展起来的。

1. 人工操作阶段

在 1946 年至 20 世纪 50 年代中期，人们采用手工操作的方式使用计算机，首先将程序和数据记录在穿孔纸带上，操作员将纸带装到输入机上，把程序和数据输入计算机，当程序运行完毕时，用户取出纸带和计算结果，才让下一个用户使用计算机。在整个过程中，计算机系统中的所有资源都被这个程序和数据占用，资源利用率低；人工操作慢，CPU 运行速度快，CPU 等待着人工操作，CPU 利用率低。

2. 批处理阶段

批处理技术是指计算机能够自动地、成批地处理一个或多个用户的作业（作业包括程序、数据和命令）。

（1）联机批处理系统

最先出现的是联机批处理系统，即作业的输入/输出由 CPU 来处理。主机与输入机之间增加一个存储设备——磁带，在运行于主机上的监督程序的自动控制下，计算机可自动成批地将输入机上的用户作业读入磁带，依次将磁带上的用户作业读入主机内存并执行，最后将计算结果向输出机输出。一批作业读取运行完毕，再读取下一批作业。这减少了作业的手工操作时间，提高了计算机的利用率，但是 CPU 运行速度快，一直在等待数据的输入。

（2）脱机批处理系统

为了提高 CPU 的利用率，又引入了脱机批处理系统，增加了一台不与主机直接相连而专门用于控制输入/输出设备的卫星机。输入/输出作业都由卫星机管理和控制，主机与卫星机可并行工作，两者分工明确，可以充分发挥主机的高速计算能力。其缺点是主机内存中每次仅存放一道作业，致使 CPU 大多数时间是空闲状态。

3. 多道程序系统阶段

所谓多道程序设计技术，就是同时让多个程序进入内存并运行，即同时把多个程序放入内存，并允许它们交替使用 CPU，它们共享系统中的各种硬、软件资源。当一道程序因 I/O 请求而暂停运行时，CPU 便立即转去运行另一道程序。

4. 分时系统阶段

由于 CPU 速度不断提高和采用分时技术，一台计算机可同时连接多个用户终端，而每个用户可在自己的终端上输入和运行程序，系统采用对话的方式为各个终端上的用户服务，便于程序的动态修改和调试，各个终端用户感觉就像自己独占机器一样。分时技术就是把处理机的运行时间分成很短的时间片，按时间片轮流把处理机分配给各联机作业使用。多用户分时系统是当今计算机操作系统中使用最普遍的一类操作系统。

5. 实时系统阶段

在 20 世纪 60 年代中期，计算机进入集成电路时代，由于计算机的性能提高，计算机被应用到各行各业，但其不能满足工业生产过程、导弹发射等实时控制和预订机票、银行系统等实时信息处理这两个应用领域的需求，于是就产生了实时系统，即系统能够及时响应随机发生的外部事件，并在严格的时间范围内完成对该事件的处理。

6. 现代操作系统

20 世纪 70 年代至今，操作系统随着计算机硬件的不断发展和计算机技术的提高，在计算机世界的多方面取得了很大的发展，又出现了许多新型的操作系统。针对计算机网络的发展，为了有效地管理网络中的资源，出现了网络操作系统和分布式操作系统；随着家庭和商用微型计算机的普及，研制了微机操作系统；根据科学和军事领域的大型计算机的需求，需要安装多个处理器，出现了多处理机操作系统；随着智能手机、掌上型计算机、智能家用电器、机器人等领域的发展，出现了嵌入式操作系统。

2.1.3 操作系统的功能

如果从资源管理和用户接口的观点看，通常可把操作系统的功能分为以下几种。

（1）处理机管理

在单道作业或单用户的情况下，处理机为一个作业或一个用户所独占，对处理机的管理十分简单。但在多道程序或多个用户的情况下，进入内存等待处理的作业通常有多个，要组织多个作业同时运行，就要依靠操作系统的统一管理和调度，来保证多个作业的完成和最大限度地提高处理机的利用率。

（2）存储管理

存储管理是指对内存空间的管理，内存中除了操作系统，可能还有一个或多个程序，这就要求内存管理功能应完成以下几个方面的任务：

1）内存分配：当有作业申请内存时，操作系统就根据当时的内存使用情况分配内存或使申请内存的作业处于等待内存资源的状态，以保证系统及各用户程序的存储区互不冲突。

2）存储保护：系统中有多个程序在同时运行，这样就必须采用一定的措施，以保证一道程序的执行不会影响另一道程序，保证用户程序不会破坏系统程序。

3）内存扩充：采用覆盖、交换和虚拟存储等技术，为用户提供一个足够大的地址空间。

（3）设备管理

设备管理功能的主要任务是根据一定的分配策略，把通道、控制器和输入/输出设备分配给申请资源的操作程序，并启动设备完成实际的输入/输出操作。为了尽可能发挥设备和主机的并行工作能力，常采用虚拟技术和缓冲技术。此外，设备管理程序为用户提供了良好的界面，而不必去涉及具体设备特性，以使用户能方便、灵活地使用这些设备。

（4）文件管理（信息管理）

计算机中所有数据都是以文件的形式存储在磁盘上的，操作系统中负责文件管理的模块是文件系统。它的主要任务是解决文件在存储空间的存放位置、存放方式，存储空间的分配与回收等有关文件操作的问题。此外，信息的共享、保密和保护也是文件系统所要解决的问题。

（5）作业管理

每个用户请示计算机系统完成的一个独立任务称为作业。作业管理功能主要完成作业的调度和作业的控制。一般来说，操作系统提供两种方式的接口为用户服务：一种用户接口是系统级的接口，即提供一级广义指令供用户去组织和控制自己作业的运行；另一种用户接口是"作业控制语言"，用户使用它来书写控制作业执行的操作说明书，然后将程序和数据交给计算机，操作系统就按说明书的要求控制作业的执行，不需要人为干预。

2.1.4 操作系统的分类和特征

1. 操作系统的分类

1）按计算机的机型分类，可分为大型机操作系统，中型机、小型机操作系统和微型机操作系统。

2）按计算机用户数目的多少分类，可分为单用户操作系统和多用户操作系统。

3）按操作系统的功能分类，可分为批处理操作系统、实时操作系统和分时操作系统。

随着计算机技术和计算机体系结构的发展，又出现了许多新型的操作系统，如通用计算机操作系统、微机操作系统、多处理机操作系统、网络操作系统及分布式操作系统等。

2. 操作系统的特征

1）并发性：在多道程序环境下，并发性是指宏观上在一段时间内有多道程序同时运行。

2）共享性：指多个并发运行的程序共享系统中的资源。资源共享分为互斥共享和同时访问两种。

3）异步性：又称随机性，在多道程序环境中，虽然允许多个进程并发执行，但由于资源有限，进程的执行并不是一次性完成的，而是断断续续、走走停停。

2.2 常用的操作系统

1. DOS

DOS（disk operating system）最初是 Microsoft 公司为 IBM 个人计算机开发的操作系统。它是在 8 位操作系统 CP/M-80 的基础上，结合 UNIX 的很多特点开发出来的 16 位操作系统。DOS 主要有两种版本，分别是 PC-DOS 和 MS-DOS。PC-DOS 指的是 IBM 开发的 DOS 版本，MS-DOS 则是 Microsoft 公司的 DOS 版本。DOS 是一种单用户、单任务的操作系统，对内存的管理局限在 640KB 范围内。

2. Windows 操作系统

Windows 操作系统是 Microsoft 公司于 1985 年推出的，其以友好的图形界面及对多任务和扩展内存的支持，很快在个人计算机上获得普及。Microsoft 公司 1990 年推出了 Windows 3.x；1995 年推出了 Windows 95；2000 年推出了 Windows 2000；2001 年发布了 Windows XP；2007 年又推出了 Windows Vista； 2009 年 10 月 23 日在中国正式发布了 Windows 7，用于替代 Windows Vista，当前应用比较广泛；2015 年 7 月 29 日发布 Windows 10。

3. UNIX 和 XENIX 操作系统

UNIX 最早由美国电报电话公司（AT&T）的贝尔（Bell）实验室开发。1980 年，Microsoft 公司基于当时的 UNIX 第七版，推出相对简洁的 UNIX 微机版本，称为 XENIX。1986 年，Microsoft 公司发布了 XENIX V，SCO 公司也发布了它的 XENIX V 版本。1987 年，AT&T 公司和 Intel 公司联合推出 UNIX 系统 V/386 3.0 版。

UNIX 是一种相对复杂的操作系统，具有多任务、多用户特点。多年来，UNIX 操作系统已在大型主机、小型机及工作站上成为一种工业标准操作系统。

4. Linux 操作系统

Linux 操作系统是一套免费使用、自由开发和传播的类 UNIX 操作系统，其主要用于基于 Intel x86 系统 CPU 的计算机上。这个系统诞生于网络，成长于网络，世界各地成千上万的程序员参与了它的设计和实现。它不受任何商品化软件的版权制约，是全世界用户都能自由使用的 UNIX 兼容产品。

通常所说的 Linux 操作系统，指的是 GNU/Linux 操作系统，即采用 Linux 内核的 GNU 操作系统。GNU 代表的既是一个操作系统，也是一种规范。Linux 最早由 Linus Torvalds 在 1991 年开始编写。在此之前，Richard Stallman 创建了 Free Software Foundation（FSF）组织及 GNU 项目，并不断地编写创建 GNU 程序［程序的许可方式均为 GPL（general public license）］。采用 Linux 内核的 GNU/Linux 操作系统使用了大量的 GNU 软件，包括 Shell 程序、工具、程序库、编译器及工具，还有许多其他程序。

简单地说，Linux 具有以下主要特性：

（1）源码公开

Linux 操作系统是免费的、开源的，用户可以自由下载，无偿使用，可以根据自己的需要对其进行修改，并继续传播。

（2）多用户

多用户是指系统资源可以被不同用户拥有和使用，即每个用户对自己的资源（如文件、设备）有特定的权限，互不影响。

（3）多任务

多任务是现代计算机操作系统的主要特点。它是指计算机同时执行多个程序，而且各个程序的运行互相独立。Linux 系统调度每一个进程平等地访问 CPU。由于 CPU 的处理速度非常快，从 CPU 执行一个应用程序的一组指令，到 Linux 调试 CPU 再次运行这个程序，之间只有很短的时间延迟，用户感觉不到，因而启动的应用程序好像在并行运行。

（4）良好的用户界面

Linux 向用户提供了两种界面，即用户界面和系统调用。Linux 的传统用户界面是基于文本的命令行界面，即 Shell，它既可以联机使用，又可存储为文件脱机使用。Shell 有很强的程序设计能力，用户可方便地用它编制程序，从而扩充系统功能。可编程 Shell 是指将多条命令组合在一起，形成一个 Shell 程序，这个程序可以单独运行，也可以与其他程序同时运行。Linux 还为用户提供了图形用户界面，利用鼠标、菜单、窗口、滚动条等，给用户呈现一个直观、易操作、交互性强、友好的图形化界面。

系统调用为用户提供编程时使用的界面。用户可以在编程时直接使用系统提供的系统调用命令。系统通过这个界面为用户程序提供底层的、高效率的服务。

（5）设备独立性

设备独立性是指操作系统把所有外设统一视为文件，只要安装它们的驱动程序，任何用户都可以像使用文件一样操纵、使用这些设备，而不必知道它们的具体存在形式。

具有设备独立性的操作系统通过把每一个外设看作一个独立文件来简化增新设备的工作。当需要增加新设备时，系统管理员在内核中增加必要的连接。这种连接（也称为设备驱动程序）保证每次调用设备提供服务时，内核以相同的方式来处理它们。当新的或更好的外设被开发并被用户使用时，只要这些设备连接到内核，就能不受限制地立即被访问。设备独立性的关键在于内核的适应能力。其他操作系统只允许连接一定数量或一定类别的外设，而具有设备独立性的操作系统能够容纳任何类别及任意数量的设备，这是因为每一个设备都是通过其与内核的专用连接独立进行访问的。

Linux 是具有设备独立性的操作系统，它的内核具有高度的适应能力，随着更多的程序员利用 Linux 编程，会有更多的硬件设备加入各种 Linux 内核和发行版本中。另外，由于用户可以免费得到 Linux 的内核源代码，因此，用户也可以修改内核源代码，以便适应新增加的外设。

（6）丰富的网络功能

完善的内置网络是 Linux 的一大特点。Linux 在通信和网络方面的功能优于其他操作系统。它的联网能力与内核紧密地结合在一起，并具有内置的灵活性。Linux 为用户提供了完善、强大的网络功能。

（7）可靠的系统安全性

Linux 采取了许多安全技术措施，包括对读/写进行权限控制、带保护的子系统、审计跟踪、核心授权等，这为网络多用户环境中的用户提供了必要的安全保障。人们普遍认为，Linux 是目前最安全的操作系统。

（8）良好的可移植性

可移植性是指将操作系统从一个平台转移到另一个平台时它仍然能按其自身的方式运行的能力。

Linux 是一种可移植的操作系统，能够在从微型计算机到大型计算机的任何环境和任何平台上运行。可移植性为运行 Linux 的不同计算机平台与其他计算机进行准确而有效的通信提供了手段，不需要另外增加特殊和昂贵的通信接口。

5. Mac OS 操作系统

Mac OS 是一套运行于苹果 Macintosh 系列计算机上的操作系统。Mac OS 是基于 UNIX 内核的图形化操作系统。一般情况下，在普通 PC 上无法安装 Mac OS，因为它仅支持由苹果公司自行开发的设备。

6. FreeBSD 操作系统

FreeBSD 操作系统是由许多人参与开发和维护的一种先进的 BSD UNIX 操作系统。其突出特点是提供先进的联网、负载能力，卓越的安全和兼容性。

7. 几个国产操作系统

1）SPG 思普操作系统：有桌面版和服务器版两种。它将办公、娱乐、通信等开源软件一同封装到办公系统中，实现了一次安装即可满足多种需求；支持多文件系统格式，解决了异构系统间文件兼容与交换的问题；支持多语言界面；实现了灾难自动恢复功能；能兼容 Windows 应用软件的运行；是源代码开放的国产操作系统。

2）Deepin 操作系统：一个基于 Linux 的操作系统，具有全新桌面环境、系统设置中心，以及音乐播放器、视频播放器、软件中心等一系列面向日常使用的应用软件，易于安装和使用，还能够很好地代替 Windows 系统进行工作与娱乐。

3）银河麒麟（Kylin）操作系统：由国防科技大学研制的开源服务器操作系统。此操作系统是 863 计划重大攻关科研项目，目标是打破国外操作系统的垄断，研发一套具有中国自主知识产权的服务器操作系统。它有以下几个特点：高安全性、高可靠性、高可用性、跨平台，具有强大的中文处理能力。

8. 主流手机操作系统

1）iOS：由苹果公司开发的手持设备操作系统。苹果公司于 2007 年 1 月 9 日的 Macworld 大会上公布了这个系统。iOS 与苹果的 Mac OS X 一样，它也是以 Darwin（Darwin 是苹果计算机的一个开放源代码操作系统）为基础的，因此同样属于类 UNIX 的商业操作系统。

2）Android 操作系统：一种以 Linux 为基础的开放源代码操作系统，主要用于移动设备。Android 操作系统最初由 Andy Rubin 开发，最初主要支持手机。2005 年由 Google 公司收购注资，并组建开放手机联盟开发改良，逐渐扩展到平板式计算机及其他领域。2011 年第一季度，Android 操作系统在全球的市场份额首次超过塞班操作系统，跃居全球第一。2012 年 11 月的数据显示，Android 操作系统占据全球智能手机操作系统市场 76%的份额，中国市场占有率为 90%。

3）Windows Phone（简称 WP）操作系统：Microsoft 公司发布的一款手机操作系统，它将 Microsoft 公司旗下的 Xbox Live 游戏、Xbox Music 音乐与独特的视频体验集成至手机中，并增强 Windows Live 体验，包括最新源订阅，以及横跨各大社交网站的 Windows Live 照片分享、更好的电子邮件体验、Office Mobile 办公软件等。

本 章 小 结

本章主要介绍了计算机操作系统的基本概念和基础知识。操作系统经历了人工操作阶段、批处理系统阶段、多道程序系统阶段、分时系统阶段，以及实时系统阶段。发展至今，又出现了许多新型的操作系统。从资源管理的观点来看，操作系统的功能分为处理机管理、存储管理、设备管理、文件管理和作业管理。本章介绍了操作系统的分类和特征，还对常用的 DOS、Windows、UNIX、Linux、Mac OS、FreeBSD 和国产操作系统及手机操作系统进行了简单介绍。

第3章 计算机网络与安全

学习目的

> ➢ 了解计算机网络的定义和功能。
> ➢ 理解计算机网络的硬件组成、分类及体系结构。
> ➢ 学会将计算机连入 Internet,并掌握设置 IP 地址的方法。
> ➢ 掌握 Internet 的应用。
> ➢ 了解计算机病毒及网络安全的相关知识。

3.1　计算机网络概述

将多台相互独立的计算机通过通信设备及传输介质互连起来,在通信软件的支持下,实现计算机之间资源共享、信息交换的系统,称为计算机网络。计算机网络是计算机技术与通信技术相结合的产物,它代表了当代计算机体系结构发展的一个极其重要的方向。计算机网络技术包括硬件、软件、网络体系结构和通信技术等。

3.1.1　计算机网络的形成和发展

计算机网络于 20 世纪 60 年代起源于美国,原本用于军事通信,后逐渐进入民用领域,经过多年的发展和完善,现已广泛应用于各个领域,并高速向前迈进。网络被应用于工商业的各个方面,如电子银行、电子商务、现代化的企业管理、信息服务业等都以计算机网络系统为基础。从学校远程教育到政府日常办公乃至电子社区,很多方面都离不开网络技术。可以说,网络在当今世界无处不在。

随着计算机网络技术的蓬勃发展,计算机网络的发展大致可划分为 4 个阶段。

1. 第一阶段——面向终端的计算机通信网络

20 世纪 50 年代中期至 60 年代中期,计算机技术与通信技术初步结合,形成了计算机网络的雏形。面向终端的计算机通信网络是以单个主机为中心的远程联机系统,实现了地理位置分散的大量终端与主机之间的连接和通信。此阶段网络应用的主要目的是提供网络通信、网络连通。例如,美国半自动低迷防空系统将远程雷达和其他测量设施获得的信息通过通信线路与一台计算机连接,进行集中的防空信息处理与控制。

2. 第二阶段——计算机对计算机的网络

20 世纪 60 年代中期至 70 年代中期,计算机网络将多个主机通过通信线路互连起来,为用户提供服务。计算机网络在通信网络应用的基础上,完成了计算机网络体系结构与协议的研究,形成了计算机网络的雏形。典型代表是美国国防部高级研究计划局协助开发的

ARPANET。目前，这一阶段被认为是计算机网络的起源，也是 Internet 的起源。这一阶段网络应用的主要目的是实现网络通信，网络连通，网络资源的软件、硬件与数据共享。

3. 第三阶段——标准化计算机网络

20 世纪 70 年代中期至 90 年代中期，各种计算机网络技术发展迅速，解决了网络体系结构和标准化的问题，从而可以保证不同厂商的网络产品可以在同一网络中顺利地进行通信。这个阶段的网络应用已经发展到了为企业提供信息共享和信息服务等方面。

4. 第四阶段——Internet 发展时期

20 世纪 90 年代中期至今，计算机网络向全面互连、高速、智能化和全球化方面发展，并且得到了迅速普及，以及全球化的广泛应用。这个阶段的代表和关注的热点是 Internet、高速宽带网、Intranet、接入网，以及网络安全等各种网络和信息技术。因此，新一代的计算机网络被认为是高速（高带宽）、大容量、综合性、智能化、满足数字信息传递需求的网络。

3.1.2　计算机网络的定义和功能

1. 计算机网络的定义

在 Internet 和网络技术发展的过程中，人们从不同的观点出发对计算机网络进行了定义，其中比较公认的计算机网络的定义是：为了实现计算机之间的通信、资源共享和协同工作，采用通信线路，将地理位置分散的、各自具备自主功能的一组计算机有机地连接起来，并且由网络操作系统进行管理的计算机复合系统。

计算机网络涉及的 3 个要点：

（1）自主性

一个计算机网络可以包含多台具有自主功能的计算机。所谓"自主"，是指这些计算机离开计算机网络之后，也能独立工作和运行。这些计算机可能是大、中、小型的计算机，但都被称为"主机"（host），在网络中又被称为结点（node）或站点。一般来说，网络中的共享资源（即硬件资源、软件资源和数据资源）就分布在这些计算机中。

（2）有机连接

构成计算机网络时需要使用通信的手段，将有关的计算机（结点）有机地连接起来。所谓"有机连接"，是指连接时彼此必须遵循所规定的约定和规则，这些约定和规则就是通信协议。每一个厂商生产的计算机网络产品都有自己的许多协议，这些协议的总体就构成了协议集。

（3）资源共享为基本目的

建立计算机网络的主要目的是实现通信、信息资源的交流、计算机分布资源的共享或协同工作。一般将计算机资源共享作为网络的最基本特征。网络中的用户不但可以使用本地局域网中的共享资源，还可以通过远程网络的服务使用远程网络中的资源。例如，人们把自己的计算机接入 Internet 时，就成为 Internet 上的一个结点；离开 Internet 之后，自己的计算机仍然可以独立地运行。此外，接入 Internet 的计算机采用和设置了 TCP/IP，并以此为通信规则来访问 Internet 上的各种资源，使用其提供的各类服务。

2. 计算机网络的功能

为了实现组建计算机网络的目的，即实现计算机之间的通信、资源共享和协同工作，计算机应当实现下述基本功能：

（1）信息交换

最初设计计算机网络的目的就是要实现计算机间信息的可靠传递，信息交换功能是计算机网络的基本功能。发展到现在，人们利用计算机网络可以多种方式方便、灵活地交换信息，如可以在网络上发送电子邮件，进行语音、文字、视频聊天，发布新闻消息，进行电子商务、远程教育、远程医疗等活动。

（2）资源共享

资源共享指计算机的硬件资源、软件资源和数据与信息资源的共享。所谓共享，是指网络内的用户可以全部或部分地使用网络内的各个计算机系统的资源。例如，打印机、硬盘等硬件设备，数据库、应用程序等软件和数据，都可以在网络内通过共享供所有用户使用。资源共享是计算机网络最本质的功能。

（3）分布式处理

分布式处理就是指网络系统中若干台计算机可以互相协作共同完成一个大型任务。利用计算机解决大型的综合性问题时，任何单一的计算机系统都显得力不从心。近年来分布式处理技术成为计算机应用的重点课题之一，其基本思想是通过算法把复杂问题分解为多个规模较小的任务，交给同一网络内的多台计算机同时进行处理。另外，利用网络技术将多台计算机连成具有高性能的分布式计算机系统来解决问题，比用同样性能的大中型机节省费用和时间。

3.1.3 计算机网络的组成

计算机网络系统由硬件、软件和协议 3 部分组成。计算机设备、连接设备和传输介质属于硬件。软件包括操作系统及应用软件。协议也是以软件的形式表现的，集成在软件的内部。

1. 计算机网络硬件系统

1）主机：用于数据处理及控制的计算机系统，是数据通信的端点。一般可分为服务器和客户机两类，服务器是为网络提供共享资源的设备，其工作速度、存储容量的指标要求较高，携带的外部设备较多；客户机（也称工作站）是网络用户操作的结点，用户既可通过客户机共享网络上的公共资源，也可不进入网络单独工作。客户机的配置一般要求不高。

2）结点：在通信线路和主机之间设置的通信线路控制处理设备和交换设备，承担数据通信、数据处理的控制处理和交换功能。这一类的设备有中继器、路由器、网关、网桥、交换机等。

3）通信线路：连接各个结点的高速通信线路，如光纤、电缆、双绞线或通信卫星等。

4）调制解调器（modem）：一种信号转换装置，可以把数字信号转换为模拟信号（称为调制），还可以把模拟信号转换为数字信号（称为解调）。由于计算机中使用的是数字信号，而在传统的电话线路上使用模拟信号进行语音传输，要使用电话线路进行计算机通信，就要使用调制解调器进行信号转换。

2. 计算机网络软件系统

单纯的物理设备并不能使计算机网络好地运行起来，必须配以相应的软件。

1）网络操作系统：网络上最重要的系统软件，它负责管理网络上的软硬件资源、用户及用户对资源的共享等。例如，Netware、Windows NT 都是网络上的操作系统。

2）网络协议软件：不同主机之间的信息交换必须遵循一些标准和规则，这些标准和规则就是网络协议。通过网络协议软件，可实现主机间信息交换的功能。

3）网络管理软件：用于对网络资源进行分配、管理和维护。通过网络管理软件，可以对服务器、路由器和交换机等设备进行远程配置与维护。

4）网络应用软件：提供网络应用性服务的软件，如提供网页浏览的浏览器软件及提供文件下载、网络电话、视频点播等应用服务的软件。

3.1.4 计算机网络的分类

计算机网络可以有多种分类方法，下面介绍几种常见的分类方法。

1. 根据地理范围分类

计算机网络根据分布范围的大小，可以分为局域网、城域网和广域网。

（1）局域网

局域网（local area network，LAN）是连接近距离计算机的网络，可以覆盖几米到几千米的距离，可以是一栋或几栋楼、一所学校或一座工厂，都是局域网的范畴。

局域网技术是当前计算机网络的研究和应用热点之一。局域网传输速率较高，稳定性好，结构简单，易于构建。局域网种类很多，具体参照美国电气和电子工程师协会（Institute of Electrical and Electronics Engineers，IEEE）制定的 IEEE 802.x 系列标准。

（2）城域网

城域网（metropolitan area network，MAN）是将不同的局域网通过网际连接构建成一个覆盖整个城市范围的网络，是比局域网规模大的中型网络。这种网络的连接距离可以在几十千米内。1993 年 9 月 22 日，我国第一个城域网——上海热线正式开通试运行后，全国大、中、小城市都陆续建立了自己的城域网。目前城域网建设已经是城市现代化的重要内容。城域网服务于整个城市，连接政府部门、各企事业单位和社会服务部门，是城市居民和各单位连接世界的桥梁。

（3）广域网

广域网（wide area network，WAN）也称为远程网，范围覆盖比城域网更广，一般是将不同城市和不同国家或地区之间的 LAN 或者 MAN 互连，地理范围从几百千米到几千千米。这样的网络一般由通信公司提供基础设施。最大的广域网就是 Internet，是由世界各地的计算机网络连接在一起构成的。

2. 根据传输介质分类

计算机网络根据传输介质分类，可以分为有线网和无线网。

（1）有线网

有线网主要是指通过有线介质相互连接的计算机网络。计算机网络常用的有线介质有双绞线、同轴电缆、光纤等。

（2）无线网

无线网主要是指通过地面微波、卫星微波、红外线等无线方式进行数据传输的网络。

3. 根据通信协议分类

通信协议是指网络中的计算机进行通信时应共同遵守的约定,在不同的计算机网络中采用不同的通信协议。例如,在局域网中,可以采用的协议有以太网的 CSMA 协议(IEEE 802.3)、令牌环网的令牌环协议(IEEE 802.5)。

在不同的场合,对计算机网络分类的依据不同。例如,计算机网络还可以根据网络拓扑结构分类,分为总线型、环形、星形等;根据使用范围分类,可以分为公众网、专用网;根据使用性质分类,可以分为企业网、校园网等。本书中不再一一介绍。

3.1.5　OSI 模型与 TCP/IP 模型简介

在计算机网络发展过程中,不同的计算机厂商各自研制自己的计算机,并只考虑自己的计算机互连,不考虑不同厂家计算机联网的问题,因此出现了大量各自研制的计算机网络。这些网络没有统一的网络体系结构,难以实现互连,被称为"封闭"系统。如果建立国际标准统一网络体系结构,就可以实现开放的网络环境,各个独立运行的网络连接成更大的网络,就可以相互进行通信和数据共享了。

1. OSI 参考模型简介

1984 年,国际标准化组织(International Organization for Standardization,ISO)制定了开放系统互连(open system interconnection,OSI)参考模型,这是一个计算机互连的国际标准。所谓"开放",就是指任何不同的计算机系统,只要遵循 OSI 标准,就可以和同样遵循这一标准的任何计算机系统通信。

OSI 参考模型将整个网络的通信功能分为 7 层,如图 1-3-1 所示。按此模型一台计算机上的每一层都能与另一台计算机上的同一层"对话",在图中用双向箭头表示。其中,低 3 层位于通信子网中,高 3 层位于资源子网中,传输层起衔接作用。

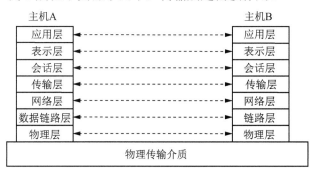

图 1-3-1　OSI 参考模型

各层的功能如下:

1)物理层:实现结点间二进制数的可靠传送。

2)数据链路层:负责结点间数据帧的可靠传送。

3)网络层:将数据分组从发送点送到接收点,进行路由选择,建立双方主机间的一条通路。

4)传输层:OSI 参考模型低 3 层和高 3 层之间衔接的桥梁,传输层对高层用户起到屏蔽作用,使高层用户在对等实体的交换过程中不受低 3 层数据通信技术细节的影响。传输层负责建立主机进程间端到端的连接。

5）会话层：实现各种进程之间的会话，即完成主机进程间的消息交换。

6）表示层：在这一层把计算机内部的数据表示形式转换为网络通信中的标准表示形式。

7）应用层：为用户进程提供服务，包括网络管理、电子邮件、文件传输服务等。

OSI 参考模型只是一个异种机联网标准的框架结构，对于实际实现并不严格按照 OSI 模型，可以有不同的实现方法。

2. TCP/IP 模型

TCP/IP（transmission control protocol/internet protocol）的中文名称为"传输控制协议/网际协议"，它是一组工业标准的协议集，包括 100 多个不同功能的协议，是目前使用最为广泛的通信协议集。TCP/IP 产生并应用于 Internet，是 Internet 的工作规范。

TCP/IP 模型从上至下可以分为应用层、传输层、网际层和网络接口层 4 层，如图 1-3-2 所示。其与 OSI 参考模型的对应关系如表 1-3-1 所示。

应用层	Telnet	FTP	SMTP	HTTP	DNS	SNMP	TFTP
传输层	TCP				UDP		
网际层	IP						
		ARP		RARP			
网络接口层	Ethernet		Token Ring	X.25	其他协议		

图 1-3-2 TCP/IP 模型与各层协议之间的关系

表 1-3-1 TCP/IP 模型与 OSI 参考模型的对应关系

OSI 参考模型	TCP/IP 模型
应用层	应用层
表示层	
会话层	
传输层	传输层
网络层	网际层
数据链路层	网络接口层
物理层	

TCP/IP 是世界上应用最广泛的异种网互连标准协议集。利用它，异种机型和使用不同操作系统的计算机网络系统就可以方便地构成单一协议的互连网络。TCP/IP 模型的 4 个层次中，只有 3 个层次包含了实际的协议。

1）网络接口层：TCP/IP 模型的底层。该层与 OSI 参考模型的物理层与数据链路层相对应，它没有定义具体的网络接口协议，但是可以与当前流行的大多数类型的网络接口进行连接。

2）网际层：也被称为 IP 层。网际层与 OSI 参考模型的网络层相对应，IP 层中各个协议的具体功能如下：

① IP（Internet protocol，网际协议）：它的任务是为 IP 数据包进行寻址和路由，使用 IP 地址确定收发端，并将数据包从一个网络转发到另一个网络。

② ARP（address resolution protocol，地址解析协议）：用于完成主机的 IP 地址向物理地

址的转换。这种转换又被称为"映射"。

③ RARP（reverse address resolution protocol，逆地址解析协议）：用来完成主机的物理地址到 IP 地址的转换或映射功能。

3）传输层：TCP/IP 模型的传输层（TCP）在 IP 层之上，它与 OSI 模型中的传输层的功能相对应。传输层提供端到端的通信服务，即网络结点之间应用程序的通信服务，并确保所有传送到某个系统的数据能够正确无误地到达该系统。传输层的两个主要协议都是建立在 IP 的基础上的，其功能如下：

① TCP（transmission control protocol，传输控制协议）：一种面向连接的、高可靠性的、提供流量与拥塞控制的传输层协议。

② UDP（user datagram protocol，用户数据报协议）：一种面向无连接的、不可靠的、没有流量控制的传输层协议。

4）应用层：TCP/IP 模型的应用层与 OSI 模型的高 3 层相对应。应用层向用户提供调用和访问网络中各种应用程序的接口，并向用户提供各种标准的应用程序及相应的协议。用户还可以根据需要建立自己的应用程序。

3.2　计算机局域网技术

局域网是一种在小范围内将各种数据通信设备互连在一起的通信网络，可以小至一个房间、一幢建筑，也可以是一个校园或几千米范围的一个区域。数据通信设备可以是计算机、终端及各种外设。

局域网在计算机网络中占有非常重要的地位，特别是为了适应办公自动化、协作设计、集成制造、信息管理的需要，各机关、团体和企业部门众多的微型计算机、工作站通过 LAN 连接起来，以达到资源共享、信息传递和远程数据通信的目的。

3.2.1　局域网的发展

局域网的研究始于 20 世纪 70 年代。20 世纪 70 年代初，个人计算机（personal computer，PC）出现并逐渐推广应用，在计算机中所占比例越来越大，由此也推动了局域网的发展。1974 年，英国剑桥大学研制的剑桥环网（Cambridge ring）和 1975 年美国 Xerox 公司推出的实验性以太网（Ethernet）成为最初局域网的典型代表。

20 世纪 80 年代以后，随着网络技术、通信技术和微型机的发展，局域网技术得到了迅速的发展和完善，一些标准化组织也致力于局域网的有关标准和协议，其中 IEEE 制定的 802 系列标准最具影响力，被美国国家标准研究所（American National Standards Institute，ANSI）收录为美国国家标准，被 ISO 收录为国际标准。到 20 世纪 80 年代后期，局域网的产品进入专业化生产和商品化的成熟阶段。在这期间局域网的典型产品有美国 DEC、Intel 和 Xerox 三家公司联合研制并推出的 3COM Ethernet 系列产品、IBM 的令牌环网产品，以及后来成为网络最佳产品的 Novell 公司设计并生产的 Netware 系列产品。到了 20 世纪 90 年代，局域网已经渗透到各行各业，在速度、带宽等指标方面有了很大进展。以太网产品从传输率为 10Mb/s 的比太网发展到 100Mb/s 的高速以太网，而如今千兆以太网已经发展成为主流网络技术。大到成千上万人的大型企业，小到几十人的中小型企业，在建设企业局域网时都会把千兆以太网技术作为首选的高速网络技术。

3.2.2　局域网的拓扑结构

网络中各个站点相互连接的方法和形式称为网络拓扑结构。局域网的拓扑结构主要有总线型、环形与星形结构 3 种。

1. 总线型拓扑结构

总线型拓扑结构是局域网的主要拓扑结构之一。总线型局域网的拓扑结构如图 1-3-3（a）所示，图 1-3-3（b）给出了总线型局域网的计算机连接方式。总线型局域网的介质访问控制方式采用的是"共享介质"方式，所有结点都连接到一条作为公共传输介质的总线上。

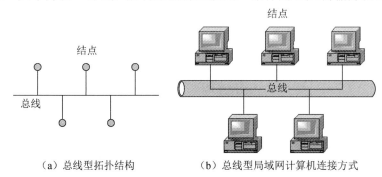

（a）总线型拓扑结构　　　　（b）总线型局域网计算机连接方式

图 1-3-3　总线型拓扑结构及计算机连接方式

总线型拓扑结构的优点是结构简单、实现容易、易于扩展、可靠性好。但是，总线型拓扑结构的所有结点都可以通过总线以"广播"方式发送或接收数据，因此不可避免会出现"冲突"，"冲突"会造成传输失败，必须解决多个结点访问总线的介质访问控制问题。

2. 环形拓扑结构

环形局域网的拓扑结构如图 1-3-4（a）所示，图 1-3-4（b）给出了环形局域网的计算机连接方式。在环形拓扑结构中，结点通过网卡，使用点到点线路连接，构成闭合的环形。环中数据沿着一个方向绕环逐站传输。

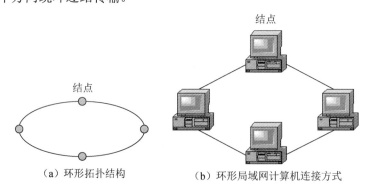

（a）环形拓扑结构　　　　（b）环形局域网计算机连接方式

图 1-3-4　环形拓扑结构及计算机连接方式

在环形拓扑结构中，多个结点共享一条环通路，为了确定环中的结点何时可以传送数据，同样要进行介质访问控制。另外，环的建立、维护、结点的插入与撤出管理比较复杂。

3. 星形拓扑结构

星形拓扑结构如图 1-3-5（a）所示，具有一个中央结点，所有的主机均通过独立的线路连接到中央结点，中央结点外的任何两台主机之间没有直接连通的线路。中央结点是一台功能很强的计算机或是一台网络转接或交换设备［交换机（switch）或集线器（hub）］。星形网络几乎是以太网网络专用，因各结点呈星状分布而得名。图 1-3-5（b）给出了星形局域网的计算机连接方式。

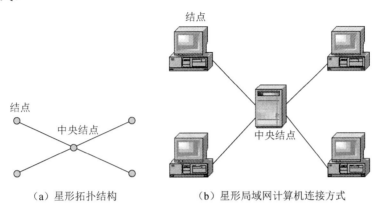

（a）星形拓扑结构   （b）星形局域网计算机连接方式

图 1-3-5 星形拓扑结构及计算机连接方式

星形拓扑结构网络的基本特点主要有容易实现，结点可扩展、移动方便，维护容易，网络传输数率快。这种结构目前在局域网中应用最为普遍，企业网络大多采用这一方式。

在实际应用中，局域网可能是一种或几种基本拓扑结构的扩展与组合。

3.2.3 常见的局域网类型

目前常见的局域网类型包括以太网、光纤分布式数据接口（fiber distributed data interface，FDDI）网络、异步传输模式（asynchronous transfer mode，ATM）网络、无线局域网、令牌环网、交换网等，它们在拓扑结构、传输介质、传输速率、数据格式等多方面都有许多不同。其中，应用最广泛的当属以太网——一种总线结构的局域网，它是目前发展最迅速、也最经济的局域网。

1. 以太网

以太网是 1979 年 Xerox、DEC 和 Intel 三家公司开发的局域网组网规范，这三家公司将此规范提交给 IEEE 802 委员会，经过 IEEE 成员的修改并通过，1983 年 IEEE 802.3 标准正式发布。以太网初期是基于同轴电缆的，到 20 世纪 80 年代末期是基于双绞线的，以太网完成了标准化工作，即常说的 10Base-T。

随着市场的推动，以太网的发展越来越迅速，应用也越来越广泛。下面简单列出以太网的发展历程：

1979 年，Xerox、DEC 和 Intel 三家公司成立联盟，推出 DIX 以太网组网规范。

1980 年，IEEE 成立了 802.3 工作组。

1983 年，第一个 IEEE 802.3 标准通过并正式发布，通过 20 世纪 80 年代的应用，10Mb/s 以太网基本发展成熟。

1990 年，基于双绞线介质的 10Base-T 标准和 IEEE 802.1D 网桥标准发布。20 世纪 90 年代，局域网交换机出现，遂步淘汰共享式网桥。

1992 年，出现了 100Mb/s 快速以太网，1995 年通过 100Base-T 标准（IEEE 802.3u）。

1996 年，千兆以太网开始迅速发展。1998 年千兆以太网标准 IEEE 802.3z 问世，IEEE 802.3z 是集中制定使用光纤和对称屏蔽铜缆的千兆以太网标准。

1999 年，IEEE 802.3ab 标准问世，它是集中解决用五类双绞线构造千兆以太网的标准。

2002 年，10Gb/s 以太网标准 IEEE 802.3ae 发布。

表 1-3-2 列出了各种以太网标准和它们的传输速度。

表 1-3-2　以太网的分类

早期以太网	标准以太网（10Mb/s）	快速以太网 （100Mb/s）	千兆以太网 （1 Gb/s）	万兆以太网 （10Gb/s）
施乐以太网（3Mb/s） 10Broad36 1Base5（1Mb/s）	10Base5 10Base2 StarLAN 10Base-T FOIRL 10Base-F 10Base-FL	100Base-T 100Base-TX 100Base-T4 100Base-FX 100Base-VG	1000Base-T 1000Base-SX 1000Base-LX 1000Base-LH	10GBase-CX4 10GBase-SR 10GBase-LX4 10GBase-LR 10GBase-ER 10GBase-SW 10GBase-LW 10GBase-EW 10GBase-T

最开始以太网只有 10Mb/s 的速率，随着电子邮件数量的不断增加，以及网络数据库管理系统和多媒体应用的不断普及，人们迫切需要高速、高带宽的网络技术，交换式快速以太网技术便应运而生。快速以太网及千兆以太网从根本上讲还是以太网，只是速度快。它基于现有的标准和技术［IEEE 802.3 标准，CSMA/CD 介质存取协议，总线型或星形拓扑结构，支持细缆、非屏蔽双绞线（unshielded twisted pair，UTP）、光纤介质，支持全双工传输］，可以使用现有的线缆和软件，因此它是一种简单、经济、安全的选择。

新的万兆以太网标准包含 7 种不同的类型，适用于局域网、城域网和广域网。当前使用附加标准 IEEE 802.3ae 用以说明，将来会合并进 IEEE 802.3 标准。

以太网凭借成熟的技术、广泛的用户基础和较高的性能价格比，仍是传统数据传输网络应用中较为优秀的解决方案。据统计，目前约有 95% 的局域网采用以太网技术。

2．FDDI 网络

FDDI 网络是目前成熟的局域网技术中传输速率最高的一种。这种传输速率高达 100Mb/s 的网络技术所依据的标准是 ANSI X3T9.5。该网络具有定时令牌协议的特性，支持多种拓扑结构，传输介质为光纤。使用光纤作为传输介质具有多种优点：

1）较长的传输距离，相邻站间的最大长度可达 2km，最大站间距离为 200km。

2）具有较大的带宽，FDDI 的设计带宽为 100Mb/s。

3）具有对电磁和射频干扰的抑制能力，在传输过程中不受电磁和射频噪声的影响，也不影响其他设备。

4）光纤可防止传输过程中被分接偷听，也杜绝了辐射波的窃听，因而是最安全的传输介质。

FDDI 网络是一种使用光纤作为传输介质的、高速的、通用的环形网络。它能以 100Mb/s 的速率跨越长达 100km 的距离，连接多达 500 个设备，既可用于城域网也可用于小范围局域网。FDDI 网络采用令牌传递的方式解决共享信道冲突问题，与共享式以太网的 CSMA/CD 的效率相比，在理论上稍高（但仍远比不上交换式以太网）。采用双环结构的 FDDI 网络还具有链路连接的冗余能力，因而非常适于做多个局域网络的主干。然而 FDDI 网络与以太网一样，其本质仍是介质共享、无连接的网络，这就意味着它仍然不能提供服务质量保证和更高的带宽利用率。在少量站点通信的网络环境中，它可达到比共享以太网稍高的通信效率，但随着站点的增多，效率会急剧下降，这时无论从性能还是价格上都无法与交换式以太网、ATM 网相比。交换式 FDDI 网络会提高介质共享效率，但同交换式以太网一样，这一提高也是有限的，不能解决本质问题。

另外，FDDI 网络有两个突出的问题极大地影响了这一技术的进一步推广：一个是其居高不下的建设成本，其价格甚至会高出某些 ATM 交换机；另一个是其停滞不前的组网技术，由于网络半径和令牌长度的制约，现有条件下 FDDI 将不可能出现高出 100Mb/s 的带宽。面对不断降低成本同时在技术上不断发展创新的 ATM 和快速交换以太网技术的激烈竞争，FDDI 网络的市场占有率逐年缩减。

3. ATM 网络

随着人们对集语音、图像和数据为一体的多媒体通信需求的日益增加，特别是为了适应信息高速公路建设的需要，人们又提出了宽带综合业务数字网（broadband integrated service digital network，B-ISDN）这种全新的通信网络，而 B-ISDN 的实现需要一种全新的传输模式，即异步传输模式（asynchronous transfer mode，ATM）。在 1990 年，国际电报电话咨询委员会（International Telegraph and Telephone Consultative Committee，CCITT）正式建议将 ATM 作为实现 B-ISDN 的一项技术基础。ATM 使用 53 字节固定长度的传输单元进行数据交换，称为信元交换。ATM 采用虚电路结构，从根本上解决了多媒体的实时性及带宽问题，实现面向虚链路的点到点传输，它通常提供 155Mb/s 的带宽。它既汲取了话务通信中电路交换的有连接服务和服务质量保证，又保持了以太网、FDDI 等传统网络中带宽可变、适于突发性传输的灵活性，从而成为迄今为止适用范围最广、技术最先进、传输效果最理想的网络互连手段。

ATM 技术具有如下特点：

1）实现网络传输有连接服务，实现服务质量保证。

2）交换吞吐量大，带宽利用率高。

3）具有灵活的组网拓扑结构和负载平衡能力，可伸缩性、可靠性极高。

4）ATM 是现今唯一可同时应用于局域网、广域网两种网络应用领域的网络技术，它将局域网与广域网技术统一。

4. 无线局域网

无线局域网（wireless local area networks，WLAN）是利用射频（radio frequency，RF）技术取代旧式双绞线所构成的局域网络。WLAN 利用电磁波在空气中发送和接收数据，而无须线缆介质。WLAN 的数据传输速率现在已经能够达到 54/108Mb/s（802.11b/g），传输距离可远至 20km 以上。它是对有线联网方式的一种补充和扩展，使网上的计算机具有可移动性，能快速、方便地解决使用有线方式不易实现的网络连通问题。

5．其他局域网

令牌环是 IBM 公司于 20 世纪 80 年代初开发成功的一种网络技术。这种网络的物理结构具有环的形状，环上有多个站逐个与环相连，相邻站之间是一种点对点的链路，因此令牌环与广播方式的以太网不同，它是一种顺序向下一站广播的局域网。与以太网不同的另一个特点是，即使负载很重，令牌环网仍具有确定的响应时间。令牌环所遵循的标准是 IEEE 802.5，它规定了 3 种操作速率：1Mb/s、4Mb/s 和 13Mb/s。开始时，非屏蔽双绞线电缆只能在 1Mb/s 的速率下操作，屏蔽双绞线（shielded twisted pair，STP）可在 4Mb/s 和 13Mb/s 速率下操作，现已有多家厂商的产品突破了这种限制。

交换网是随着多媒体通信及客户/服务器（client/server）体系结构的发展而产生的。随着网络传输变得越来越拥挤，传统的共享局域网难以满足用户需求，曾经采用的网络区段化方案区段越多，路由器等连接设备投资越大，同时众多区段的网络也难于管理，因此产生了交换网。交换技术为终端用户提供专用点对点连接，它可以把一个提供"一次一用户服务"的网络转变成一个平行系统，同时支持多对通信设备的连接，即每个与网络连接的设备均可独立与交换机连接。

3.2.4　网络的传输介质

传输介质用于连接网络中的各种设备，是数据在网络上传输的通路。一条通信电路上包含一条发送信道和一条接收信道，即在一条电路上数据传送是双向的。

描述传输介质一般使用带宽和传输速率。带宽描述传输介质的传输容量，用传输速率即每秒传输二进制位数（b/s）来衡量。介质容量越大，带宽就越宽，通信能力就越强，传输速率也越高。

传输介质分为两类：有线介质和无线介质。网络中使用的有线介质主要有双绞线、同轴电缆、光纤等，使用的无线介质主要有微波和红外线。

1．有线介质

（1）双绞线

双绞线是将两条绝缘铜线相互扭绞在一起制成的传输线，互相绞合可以抵消外界电磁干扰，"双绞线"的名称也由此而来。与其他传输介质相比，双绞线在传输距离、信道宽度和数据传输速度等方面均受到一定限制，但价格较为低廉。目前，双绞线可分为非屏蔽双绞线和屏蔽双绞线，如图 1-3-6 所示。屏蔽双绞线是在双绞线的外面加上一层用金属丝编织成的屏蔽层。屏蔽双绞线的传输效果较非屏蔽双绞线要好，但价格也要贵一些。

双绞线有 5 种不同的型号，从 1 类到 5 类，类别越高，传输效果越好。目前常用的是 5 类双绞线。5 类双绞线一共有 4 对 8 根线，各对线之间用颜色进行区别（如橙、橙白为一对，绿、绿白为一对，等等）。在以太网中，双绞线的有效距离在 100m 以内，速率为 10～1000Mb/s。

（a）屏蔽双绞线　　（b）非屏蔽双绞线

图 1-3-6　双绞线

（2）同轴电缆

同轴电缆如图 1-3-7 所示，它由内导体铜芯线、绝缘层、屏蔽层和塑料保护外套组成。通常按特性阻抗的数值不同，同轴电缆可分为 50Ω 和 75Ω 两类。75Ω 的同轴电缆用于模拟传输系统，也称为宽带同

图 1-3-7 同轴电缆

轴电缆，主要用于有线电视的传输。50Ω 的同轴电缆为数据通信所用，也称为基带同轴电缆。计算机网络中主要使用 50Ω 的同轴电缆。50Ω 的同轴电缆又可以分为粗缆和细缆两种。同轴电缆主要用于总线型网络结构，现在计算机网络布线较少使用同轴电缆。

（3）光纤

光纤由光导纤维做成，光缆由折射率不同的纤芯和包层组成，内部能够传导光脉冲信号，使反射光脉冲在纤维体内多次反射向下传输。

光纤分为单模光纤和多模光纤。多模光纤由发光二极管产生用于传输的光脉冲，通过内部多次反射沿芯线传输。单模光纤使用激光，具有很高的带宽，价格也高。

光纤对外界的电磁干扰十分迟钝，传输容量大，传输特性好。光缆通常直接与光端机相连，由光端机将网络中的电信号变成光信号送入光缆，或将光信号变成电信号送入相应的网络之中。光缆如图 1-3-8 所示。

图 1-3-8 光缆

2. 无线介质

无线传输采用无线频段、红外线、激光或卫星通信技术进行数据传输。其特点是不需要布线，不受位置的限制，可以全方位地实现三维立体通信，甚至可以在移动中进行数据通信。无线传输的安全性是一个主要的问题，拥有合适无线接收设备的人就可以窃取他人的通信数据。另外，无线传输易受天气变化、障碍物、电磁波的干扰。

3.2.5 局域网连接设备

1. 网络适配器

网络适配器又称网卡或网络接口卡（network interface card，NIC）。网卡插在计算机主板插槽中，负责将用户要传递的数据转换为网络上其他设备能够识别的格式，通过网络介质传输。网卡的主要技术参数为带宽、总线方式、电气接口方式等。它的基本功能为从并行到串行的数据转换、包的装配和拆装、网络存取控制、数据缓存和网络信号的产生。现在越来越多的 PC 主板上已经集成了网络芯片，不再需要单独购买网卡。

每块网卡中都带有一个 48bit 的 MAC 地址，由网卡的生产厂家在生产时写入网卡的 ROM 中，用来唯一地标识使用这块网卡的主机。在计算机进行数据传输的过程中，MAC 地址是真正用来标识发出数据的主机和接收数据的主机的地址，即在网络底层的物理传输过程中，是通过物理地址来识别主机的。网卡如图 1-3-9 所示。

2. 集线器

集线器是一种中继器，如图 1-3-10 所示，可作为多个网段的转接设备，因为几个集线器

可以级联起来。智能集线器还可将网络管理、路径选择等网络功能集成于其中。

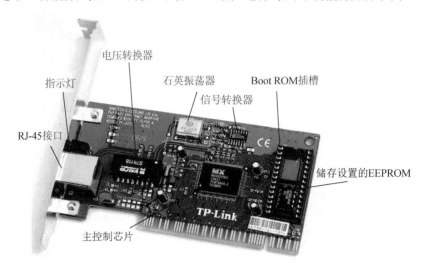

电压转换器
石英振荡器
Boot ROM插槽
指示灯
信号转换器
RJ-45接口
储存设置的EEPROM
主控制芯片

图 1-3-9　网卡

集线器是管理网络的最小单元，是局域网的星形连接点。集线器是局域网中应用最广的连接设备，目前智能型集线器大量用于交换式局域网。市场上常见到的是 10Mb/s、100Mb/s 或 10/100Mb/s 自适应等速率的集线器（用于千兆以太网的 1000Mb/s 集线器也已面市）。集线器的连接应考虑所使用的网络传输介质，一般集线器应具有 BNC 和 RJ-45 两个接口或 BNC、RJ-45 和 AUI 三个接口。集线器接口数通常有 8 口、12 口、13 口等。

3. 交换机

交换机是一种基于 MAC 地址识别，能完成封装转发数据包功能的网络设备，如图 1-3-11 所示。交换机可以"学习"MAC 地址，并把其存放在内部地址表中，通过在数据帧的始发者和目标接收者之间建立临时的交换路径，使数据帧直接由源地址到达目的地址。

图 1-3-10　集线器　　　　　　　　　图 1-3-11　交换机

交换机的前身是网桥。交换机使用硬件来完成以往网桥使用软件来完成的过滤、学习和转发任务。交换机速度比集线器快，这是由于集线器不知道目标地址在何处，发送数据到所有的端口；而交换机中有一张路由表，如果知道目标地址在何处，就把数据发送到指定地点，如果不知道就发送到所有的端口。

4. 无线 AP 和无线路由器

作为无线网络中重要的组成部分，无线接入点/无线网关也就是无线 AP（access point），其作用类似于人们常用的有线网络中的集线器，如图 1-3-12（a）所示。无线 AP 在需要进行大面积覆盖的场合使用得比较多，所有 AP 通过以太网连接起来并连到独立的无线局域网防火墙。

　　无线路由器（wireless router）好比将单纯性无线 AP 和宽带路由器合二为一的扩展型产品，如图 1-3-12（b）所示。它不仅具备单纯性无线 AP 的所有功能，如支持 DHCP（dynamic host configuration protocol，动态主机配置协议）客户端、VPN（virtual private network，虚拟专用网）、防火墙、WEP（wired equivalent privacy，有线等效保密）加密等，还具有网络地址转换（network address translation，NAT）功能，可支持局域网用户的网络连接共享，可实现家庭无线网络中的 Internet 连接共享，实现 ADSL（asymmetric digital subscriber line，非对称数字用户线）和小区宽带的无线共享接入。

（a）无线 AP　　　　　　　　　　（b）无线路由器

图 1-3-12　　无线 AP 和无线路由器

3.2.6　Windows 7 操作系统下建立无线对等网

　　对等网采用分散管理的方式，网络中的每台计算机既可作为客户机又可作为服务器，每个用户都管理自己机器上的资源。

　　对等网也称工作组网，它不是通过域来控制的，在对等网中没有域，只有工作组。因此，在具体网络配置中，没有域的配置，只需配置工作组。一个对等网中，计算机的数量通常不会超过 20 台，各台计算机有相同的功能，无主从之分，网上任意结点计算机既可以作为网络服务器，为其他计算机提供资源；也可以作为工作站，以分享其他服务器的资源；任何一台计算机均可同时兼作服务器和工作站，也可只作其中之一。同时，对等网除了共享文件之外，还可以共享打印机，对等网上的打印机可被网络上的任意结点使用，如同使用本地打印机一样方便。这是因为对等网不需要专门的服务器来做网络支持，也不需要其他组件来提高网络的性能。

　　1.　建立无线对等网

　　对于安装了 Windows 7 操作系统的一组计算机，并且都在一个无线网络中，建立无线对等网的连接步骤如下：

　　1）单击桌面右下角的无线连接图标，在弹出的面板中选择"打开网络和共享中心"选项，如图 1-3-13 所示，或者在控制面板中选择"网络和 Internet"选项，之后选择"网络和共享中心"选项，也可打开如图 1-3-14 所示的窗口。

图 1-3-13　　无线连接图标

　　2）在"网络和共享中心"窗口中选择"设置新的连接或网络"选项。

　　3）在打开的"设置连接或网络"窗口中，选择"设置无线临时（计算机到计算机）网络"选项，如图 1-3-15 所示，单击"下一步"按钮。

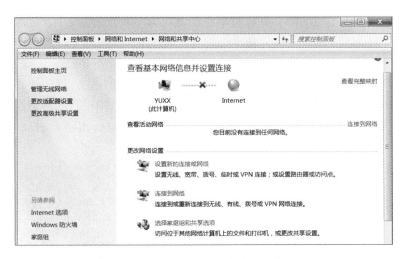

图 1-3-14 "网络和共享中心"窗口

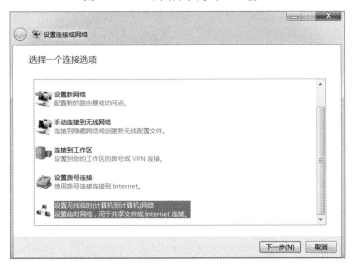

图 1-3-15 "设置连接或网络" 窗口

4）打开"设置临时网络"窗口，设置网络的安全选项，如图 1-3-16 所示。填写网络名和安全密钥，安全密钥就是其他计算机加入这个网络时需要验证的密码。单击"下一步"按钮完成网络的建立，如图 1-3-17 所示。

5）设置完成后，在无线连接列表中可以看到已经建立的网络名称，如图 1-3-18 所示。至此，对等网"wyc"已经建立，等待其他用户加入。

6）其他计算机直接搜索无线网络，找到建立的无线网络名，如"wyc"，然后单击连接并输入密码，此时两台计算机便建立起对等网，可以使用文件共享或玩游戏了。

2. 设置共享资源

对等网中每一台计算机上的资源都可设置成共享资源。设置方法如下：

1）双击桌面上的"计算机"图标，在打开的窗口中定位到要共享的文件夹或驱动器。

2）右击该文件夹或驱动器，在弹出的快捷菜单中选择"共享"命令。

在控制面板中选择"网络和 Internet"选项，然后选择"网络和共享中心"选项，在相应界面中进行高级共享设置。

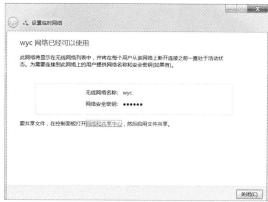

图 1-3-16　设置网络安全选项　　　　图 1-3-17　对等网建立完成

3. 共享资源的使用

双击桌面上的"网络"图标，在打开的窗口中选择对等网中的计算机，可以共享其中的资源。

4. 删除对等网

如果不想使用这个对等局域网了，可以在计算机上删除该网络。在控制面板中选择"网络和 Internet"选项，然后选择"网络和共享中心"选项，打开"网络和共享中心"窗口，选择"管理无线网络"选项，打开"管理无线网络"窗口，如图 1-3-19 所示，可以看到刚刚建立的对等网，选中后右击，在弹出的快捷菜单中选择"删除网络"命令即可。

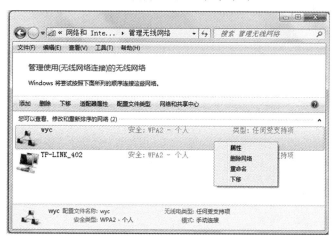

图 1-3-18　无线网络连接　　　　　　图 1-3-19　"管理无线网络"窗口

3.3　网络互连技术

网络互连就是在网络和网络之间建立连接，实现跨网络的通信与操作的技术。本节介绍网络互连的基础知识及 Internet 接入技术。

3.3.1　网络互连概述

网络互连的最大优点在于能集合任意多个网络而成为规模更大的网络。计算机网络可以把各种单个的计算机连接起来，实现相互之间的资源共享和通信。随着计算机网络的发展和社会需求的增长，计算机网络之间的连接也显得越来越重要。

计算机网络之间通信还要使用通信技术，特别是不在同一地域的计算机网络，相互连接时必然要接入某个通信网络，因此研究网络的互连技术也应该对主干网的通信技术有所了解。

世界上最大的互联网就是 Internet，连入 Internet 就意味着把计算机网络接入了最大的一个资源库，并且可以和已经连入 Internet 的任意其他网络取得连接。连接到 Internet 的技术也是网络互连的重要内容，后面将介绍 Internet 接入技术。

3.3.2　网络互连设备

计算机网络之间的连接必须要有一个中间设备，这个中间设备要能屏蔽不同网络间的差异，使应用不同协议和硬件的计算机网络之间能进行对话。常用的网络互连设备有中继器、网桥、路由器、网关等。

1. 中继器

中继器（repeater）是网络物理层的连接设备，适用于完全相同的两类网络的互连，其主要功能是通过对数据信号的重新发送或者转发来扩大网络传输的距离。

2. 网桥

当局域网上的用户日益增多，工作站数量日益增加时，局域网上的信息量也将随之增加，这可能会引起局域网性能下降。这是所有局域网共存的一个问题。在这种情况下，必须将网络进行分段，以减少每段网络上的用户量和信息量。将网络进行分段的设备就是网桥。网桥的另一个应用场合就是用于连接两个相互独立而又有联系的局域网。

网桥是在数据链路层上连接两个网络，即网络的数据链路层不同而网络层相同时要用网桥连接。

3. 路由器

路由器工作在网络层，适用于不同网络之间的连接。

路径的选择是路由器的主要任务。路径选择包括两种基本的活动：一是最佳路径的判定；二是网间信息包的传送，信息包的传送一般又称为交换。

4. 网关

网关可以连接高层采用不同协议的网络，可以实现不同协议之间的转换，因此也称为协议转换器。网关工作在 OSI 模型的传输层以上，是最复杂的网络互连设备。它的作用就是对两个网络段中使用不同传输协议的数据进行翻译转换。

3.3.3　Internet 接入技术

接入技术是指一个局域网与 Internet 相互连接的技术，或者是两个远程的局域网与局域网之间相互连接的技术。接入是指用户利用电话线或数据专线的方式将个人或组织的计算机系统与 Internet 连接，并使用其中的资源。接入 Internet 离不开 ISP（Internet service provider），即 Internet 服务提供商。它是为用户提供 Internet 连接服务的组织或单位。没有 ISP 提供连接 Internet 的途径，用户是无法自己连接到 Internet 上的。不同的 ISP 提供了多种不同带宽、不同价格、不同可靠性的接入方法。目前的基础运营商有中国电信、中国移动、中国联通、方正宽带等。

按传输介质的不同，主要的接入技术有以下几种：

1）铜线接入：普通的电话铜线接入。

2）cable modem 接入：通过有线电视的同轴电缆和机顶盒接入。

3）光纤接入：光缆传导，速度最快。

4）无线接入。

21 世纪初期，大多数用户使用 ADSL 宽带接入方式上网，ADSL 与传统的 modem 一样使用普通电话线路接入 Internet，使用者只要在用户端配置一台 ADSL modem 就可以充分体验到畅游宽带网络的无穷乐趣。ADSL 受到了众多个人用户的推崇，是 21 世纪初期主流的 Internet 家庭上网方式之一。因此，本节重点介绍 ADSL 接入互联网的方法。

ADSL 是一种通过现有的普通电话线为家庭、办公室提供宽带数据传输服务的技术。这种方式不用改造信号传输线路，直接利用普通的铜质电话线作为传输介质，配上 ADSL 滤波分离器和一个专用的 ADSL modem 就能实现数据的高速传输。使用 ADSL 接入的每个用户都有单独的一条线路与 ADSL 局端相连，数据传输带宽是每个用户独享的，用户随时可以上网，无须每次重新拨号建立连接，而且不影响电话的使用。ADSL 可以提供最高 3.5Mb/s 上行速率和最高 24Mb/s 下行速率。

ADSL 采用虚拟拨号入网方式（PPPoE）。Windows XP/Windows 7 操作系统已经集成了对 PPPoE 协议的支持，因此在 Windows XP/Windows 7 操作系统中，ADSL 用户不需要安装任何 PPPoE 拨号软件，就可以建立自己的 ADSL 虚拟拨号连接。

ADSL 单机接入连接方式如图 1-3-20 所示。

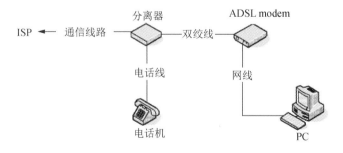

图 1-3-20　ADSL 单机接入连接方式

连接好硬件以后还要在计算机上进行设置，以操作系统是 Windows 7 为例。进入控制面板后，依次选择"网络和 Internet | 网络和共享中心"选项，打开图 1-3-14 所示界面，选择"设置新的连接或网络"选项，打开如图 1-3-21 所示的"设置连接或网络"窗口，选择"连接到 Internet"选项，进入图 1-3-22 所示的界面，选择"宽带（PPPoE）"选项，在打开的图 1-3-23 所示的界面中输入 ISP 提供的用户名和密码，单击"连接"按钮即可。

图 1-3-21 "设置连接或网络"窗口

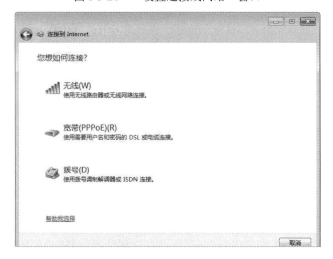

图 1-3-22 "连接到 Internet"窗口

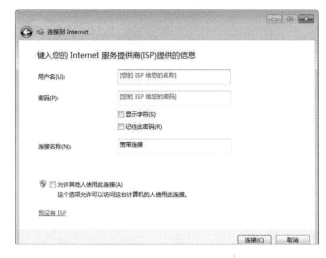

图 1-3-23 设置宽带连接

　　ADSL 多机接入网络，可以在图 1-3-20 所示的 ADSL modem 和 PC 之间连接一个路由器。连接好之后，打开计算机，在浏览器中输入路由器的地址（一般是"192.168.1.1"或"192.168.0.1"），进行路由器的设置。进入向导输入用户名和密码（路由器的后背面板上都有地址和用户名及密码）。如图 1-3-24 所示，可以在网络参数"WAN 口设置"界面中，输入上网账号和上网口令（ISP 提供的），选择自动连接，单击"保存"按钮完成设置。只要确认路由器已经可以正常连通网络，那么就无须在 Windows 7 系统中设置了，路由器和 ADSL modem 一通电就会自动控制 ADSL 登录网络，因此每次开机自动连接网络。

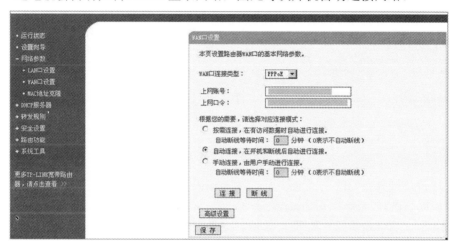

图 1-3-24　路由器设置

　　随着 Internet 的爆炸式发展，Internet 上的商业应用和多媒体等服务也得以迅猛推广。为了实现用户接入网的数字化、宽带化，提高用户上网速度，光纤到户（FTTH）是用户网发展的必然方向。光纤接入网（OAN）是采用光纤传输技术的接入网，即本地交换局和用户之间全部或部分采用光纤传输的通信系统。光纤具有宽带、远距离传输能力强、保密性好、抗干扰能力强等优点，是未来接入网的主要实现技术。

3.4　Internet 及其应用

3.4.1　Internet 概述

　　Internet 曾有多个中文名称，如国际互联网、因特网等，为了统一最终将 Internet 的中文名称定为"因特网"。Internet 是世界上最大的互联网，它本身并不属于任何国家，它是一个对全球开放的信息资源网。

　　Internet 的前身可以追溯到 1969 年美国高等研究计划局（Advanced Research Project Agency，ARPA）为军事目的而建立的 ARPANET。建立 ARPANET 的最初目的主要是研究如何保证网络传输的高可行性，避免由于一条线路的损坏就导致传输的中断，因而 ARPANET 采用了许多新的技术，如数据传送使用分组交换而不是传统的电路交换，使用 TCP/IP 作为网络互连的协议等，这些都为以后 Internet 的发展打下了良好的基础。ARPANET 最初只连接了 4 个结点，但其发展非常迅速，后来通过卫星与欧洲等地计算机连接起来。

　　ARPANET 的成功组建使 NSF 注意到它在大学科研上的巨大影响，但由于 ARPANET 是国防部组建的实验网，因此很多大学并不能方便地与 ARPANET 连接，于是 NSF 决定建立一个替代 ARPANET 的高速网络。1984 年，NSF 将分布于美国不同地点的 5 个超级计算机使用 TCP/IP 连接起来，形成了 NSFNET 的骨干网，其后众多的大学、研究院、图书馆接入 NSFNET。1991 年，在 NSF 的支持下，美国 IBM、MCI 和 MERIT 三家公司联合组成了一个非营利机构 ANS。ANS 建立了取代 NSFNET 的 ANSNET 骨干网，形成了 Internet 的基础。

在美国发展自己的全国性计算机网络时，欧洲各国、加拿大、日本、中国也先后建立了各自的 Internet 骨干网，这些骨干网又通过各种途径与美国计算机网络相连，从而形成了今天连接全球大多数国家的 Internet。

3.4.2 IP 地址与域名

1. IP 地址

在计算机网络中，给计算机分配一个号码，称为地址，用来唯一地标识一台计算机。有两种地址：物理地址和逻辑地址。物理地址就是网卡地址，网卡地址随着网络类型的不同而不同，不遵循统一的格式。为了保证不同的物理网络之间能互相通信，需要对地址进行统一，在原来物理地址的基础上提供一个逻辑地址，同一系统内一个地址只能对应一台主机。

IP 地址就是最为典型的逻辑地址，它为 Internet 上的每一个网络和每一台主机分配一个网络地址，每一个 IP 地址在 Internet 上是唯一的，是运行 TCP/IP 的唯一标识。

（1）IP 地址的格式

IP 地址有两种版本：IPv4 与 IPv6。IPv6 是为解决 IPv4 资源不足问题而设计的，但目前尚未完全替代 IPv4。本书仅对 IPv4 进行介绍。

IP 地址占用 4 字节，共 32 位，每个字节转换为十进制数后是 0~255 之间的一个数，采用 4 组这样的数表示，相邻两组数字之间用圆点分隔，称为点分十进制表示法，如

网络地址	主机地址

图 1-3-25 IP 地址结构

192.138.7.38。IP 地址的 4 组数字可以分为两部分：网络地址和主机地址，其中网络地址代表在 Internet 中的一个物理网络，主机地址代表在这个网络中的一台主机，如图 1-3-25 所示。

（2）IP 地址的类型

IP 地址被分为 A、B、C、D、E 五类，常用的是 A、B、C 三类，如图 1-3-26 所示。

A类	0	网络地址（7bit）	主机地址（24bit）
B类	1	0	网络地址（14bit）	主机地址（16bit）
C类	1	1	0	网络地址（21bit）	主机地址（8bit）
D类	1	1	1	0		
E类	1	1	1	1	0	

图 1-3-26 IP 地址格式

由于"网络标识符"和"主机标识符"的长度不一样，因此这 3 类 IP 地址的容量不同，它们的容量如表 1-3-3 所示。

表 1-3-3　IP 地址容量

类型	最大网络数	第一个可用网络号	最后一个可用网络号	每个网络中最大主机数
A	126	1	126	16 777 214
B	16 382	128.1	191.254	65 534
C	2 097 150	192.0.1	223.255.254	254

2. 域名系统

用点分十进制表示的 IP 地址形式不便于记忆和理解，Internet 引入了一种符合人们生活习惯的命名方式，给主机取一个名称，称为域名，用来表示主机的网络地址，这种方式称为域名系统。

（1）域名系统的构成及命名

域名系统（domain name system，DNS）主要由域名空间的划分、域名管理和地址转换3 个部分构成。

域名系统采用层次结构的命名方法，一个名称多个层次，每个层次有不同的内容，每个层次又可以划分为多个部分。这样层层分开，使整个域名空间构成一个倒立的分层树形结构，每个结点上都有一个名称。一台主机的名称就是该树形结构从树叶到树根路径上各个结点名称的一个序列，如图 1-3-27 所示。

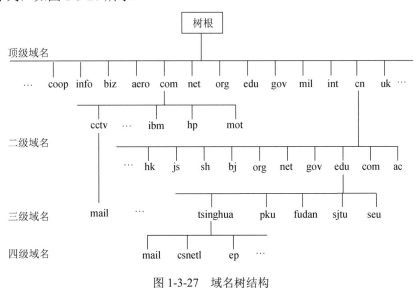

图 1-3-27　域名树结构

域名的写法格式如下：

计算机主机名.机构名.网络名.顶级域名

例如，mail.tsinghua.edu.cn 域名表示中国（cn）的教育机构（edu）清华大学（tsinghua）的一台主机（mail）。

Internet 上设有很多台域名服务器，用来完成从域名到 IP 地址的转换工作。凡是在域名空间中有定义的域名，都可以通过域名服务器转换成 IP 地址，反之，IP 地址也可以转换成域名。用户可以等价地使用域名或 IP 地址。

（2）顶级域名

Internet 规定了一些通用的域名标准，分为区域名和类型名两类。区域名用两个字母代表世界各国或地区，表 1-3-4 列出了部分国家或地区的域名。

表 1-3-4　部分国家或地区的域名代码

国家/地区	域名	国家/地区	域名
中国	cn	英国	uk
美国	us	加拿大	ca
俄罗斯	ru	澳大利亚	au
日本	jp	法国	fr

类型名共有 14 个，如表 1-3-5 所示。

表 1-3-5　国际顶级类型域名

域名	应用范围	域名	应用范围
.int	国际性的组织	.aero	航空运输企业
.com	商业机构	.biz	公司和企业
.net	网络服务机构	.coop	合作团体
.org	非营利性组织	.info	适用于各种情况
.edu	教育机构	.museum	博物馆
.gov	政府部门	.name	个人
.mil	军事部门	.pro	会计、律师和医师等自由职业者

按区域名登记产生的域名称为地理型域名。除了美国的国家域名代码 us 可省略外，其他国家的主机若要按地理模式申请登记域名，则顶级域名必须先采用该国家的域名代码后再申请二级域名。按类型登记产生的域名称为组织机构型域名。为了确保域名的唯一性，域名统一由各级网络信息中心分配。

CNNIC 负责中国境内的互联网域名注册和 IP 地址分配。

（3）中国互联网的域名体系

中国互联网顶级域名是 cn。二级域名共 40 个，分为类别域名和行政区域名两类。其中，类别域名有 6 个，如表 1-3-6 所示；行政区域名 34 个，对应我国各省、自治区和直辖市，采用两个字符的汉语拼音表示，如 jl 表示吉林，bj 表示北京等。

表 1-3-6　二级类别域名

域名	应用范围	域名	应用范围
.com	商业机构	.ac	科研机构
.edu	教育机构	.gov	政府部门
.net	网络服务机构	.org	非营利性组织

二级域名中 edu 的管理和运行由中国教育和科研计算机网络中心负责。

单位或个人建立网络并预备接入 Internet 时，必须先向 CNNIC 申请注册域名。

3.4.3　Internet 的应用

1. WWW 与浏览器

（1）WWW

world wide web 简称 WWW 或 Web，也称万维网。它不是普通意义上的物理网络，而是一种信息服务器的集合标准，是存储在世界各地计算机中成千上万个不断变化的文档的集合体。这些文档包括文字、图像、声音，甚至电影片段。

对于大多数人来说，Internet 就是 WWW，因为 WWW 是人们使用 Internet 的最主要方式。

WWW 采用客户机/服务器的工作方式。客户机是连接到 Internet 上的无数计算机，在客户机中使用 Web 浏览器程序（如 Internet Explorer）从 Internet 上获得文档并生成可供人浏览的网页。在浏览器中所看到的画面就是网页，也称 Web 页。多个相关的 Web 页放在一起便形成一个 Web 站点，放置在 Web 站点的服务器称为 Web 服务器。

Web 页采用超文本（hypertext）的格式，除了有文本、图像、声音、视频等信息外，Web 页还含有指向其他 Web 页或网页本身某特定位置的超链接。通过超链接，可以获得与链接文字或网页内容相关的更多信息。超文本中的某些文字和图片可作为超链接源，当鼠标指针指向超链接时，鼠标指针变成手形，用户单击这些文字和图形时，可进入另一超文本文件。

一个 Web 站点上存放许多页面，其中包含了一个主页（homepage）。主页指通过域名访问一个 Web 站点获得的第一个 Web 页，从该页出发可以连接到本站点的其他页面，也可以连接到其他站点。各个 Web 页之间使用称为链接的方式连接。主页文件名一般为 index.htm 或 default.htm。

WWW 使用统一资源定位符（uniform resource locator，URL）来表示位于 Internet 上的某个信息资源的位置。URL 由 3 个部分组成：资源类型、存放资源的主机域名和资源文件名，如图 1-3-28 所示。

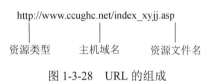

图 1-3-28　URL 的组成

当 URL 省略资源文件名时，表示将定位于 Web 站点的主页。

（2）浏览器

浏览器是一种专门用于定位和访问 Web 信息，获取自己希望得到的资源的工具。现在流行的浏览器很多，如火狐、360 浏览器等。Windows 操作系统自带的 WWW 浏览器是 Internet Explorer（简称 IE），IE 浏览器的优点是稳定、兼容性好，但相对浏览速度会慢些，用户可装一个或两个自己喜欢的浏览器。

IE 浏览器使用标准的 Windows 应用程序界面，简单易用，互联网上有很多插件可以增强 IE 的功能，因此有很多人使用它。但 IE 中插件过多，导致计算机中安装大量不需要的功能，使 IE 界面混乱，运行效率降低，影响用户的使用，更重要的是互联网上常有一些恶意插件会对用户的计算机安全造成威胁。

Firefox 浏览器全称 Mozilla Firefox，中文俗称"火狐"，是一个自由及开放源代码网页浏览器，使用 Gecko 排版引擎，支持多种操作系统，基于 GPL（general public license，通用性公开许可证），可以免费获得并使用。Firefox 体积小巧，浏览网页速度快，支持绝大多数网页特效，并对互联网上的一些流氓软件和插件免疫，因此很受用户的喜爱。

2．搜索引擎简介

搜索引擎是用来搜索网上资源的工具。Internet 上的信息浩如烟海，任何人要想从中获得自己需要的信息，都是一件困难的事情。搜索引擎能够按照用户的要求自动完成相关信息的搜索工作。表 1-3-7 列出常用的 3 个搜索引擎的 URL。

表 1-3-7　搜索引擎的 URL

搜索引擎名称	URL 地址
百度	www.baidu.com
搜狗搜索	www.sogou.com
中国雅虎	www.yahoo.com

可以在浏览器中输入搜索引擎的 URL 启动搜索引擎，也可以通过安装在浏览器工具栏上的搜索工具栏启动搜索引擎。

现在的搜索引擎多采用主题检索的方式进行搜索，只要在搜索引擎的主页面上输入要查询的主题，就可以快速获得与此主题相关的很多个页面的超链接，如图 1-3-29 所示。

图 1-3-29　搜索引擎百度的搜索页面

3．电子邮件

电子邮件（E-mail）是一种应用计算机网络进行信息传递的现代化通信手段，它是 Internet 提供的一项基本服务，也是使用最广泛的 Internet 工具。

如同现实生活中邮件的传递要经过邮局、邮差和邮箱一样，电子邮件的传递也包含类似的过程。首先，收发信件的双方都要有自己的邮箱，被称为电子邮件地址（E-mail 地址），它具有如下所示的统一格式：

用户名@电子邮件服务器名

其中，用户名就是向电子邮件服务单位注册时获得的用户名，@符号读作 at，@符号后面的部分是电子邮件服务机构的主机域名。例如，abcde@yahoo.com.cn 就是一个用户的 E-mail 地址，它表示在 yahoo.com.cn 邮件服务器上的用户 abcde 的电子邮件地址。

邮件服务器是 Internet 上用来发送或接收电子邮件的计算机，其作用相当于邮局。邮件服务器中包含了众多用户的电子邮箱，电子邮箱实质上是邮件服务提供机构在服务器硬盘上为用户提供的一个专用存储区域。

4. 即时通信

即时通信（instant message，IM）是一种使人们能在网上识别在线用户并与他们实时交换消息的技术，被很多人称为电子邮件发明以来最实用的在线通信方式。典型的 IM 工作方式如下：当用户好友列表（buddy list）中的某人在任何时候登录上线并试图通过用户的计算机联系用户时，IM 系统会发送一个消息提醒，然后用户能与他建立一个聊天会话并可输入消息进行交流。IM 工具有很多种，国内使用较多的有腾讯公司的 QQ 等。

5. 流媒体技术与应用

所谓流媒体是指采用流传输方式在 Internet/Intranet 播放的媒体格式，如音频、视频或多媒体文件。流媒体在播放前并不下载整个文件，只将开始部分内容存入内存，在计算机中对数据包进行缓存并使媒体数据正确地输出。流媒体的数据流随时传送随时播放，只是在开始时有些延迟。

流媒体实现的关键技术就是流式传输。流式传输主要指将整个音频和视频及三维媒体等多媒体文件经过特定的压缩方式解析成一个个压缩包，由视频服务器向用户计算机顺序或实时传送。在采用流式传输方式的系统中，用户不必像采用下载方式那样等到整个文件全部下载完毕，而是只需经过几秒或几十秒的启动延时即可在用户的计算机上进行播放。此时多媒体文件的剩余部分将在后台的服务器内继续下载。与单纯的下载方式相比，这种对多媒体文件边下载边播放的流式传输不仅使启动延时大幅度缩短，而且对系统缓存容量的需求也大大降低，极大地减少了用户等待的时间。

流媒体技术应用很多，下面介绍 3 种。

（1）VOD 影视点播

VOD 影视点播也称为交互电视，即将影视文件存储在服务器中，根据客户机的请求而传送相应的内容。

（2）网络广播

现场声音和电视广播或者预录制内容，可以在 Internet 上使用广播的形式发送，用户则可以通过 Internet 接收来自于世界上任何一个地方的声音和电视节目。

（3）网络视频会议

网络视频会议通过计算机网络，将人物的静态和动态图像、语音、文字、图片等多种信息分送到各个用户的联网计算机上，使在地理上分散的用户可以共聚一处，通过图形、声音等多种方式交流信息，增加双方对内容的理解。

6. Internet 其他服务

（1）FTP 文件传输服务

FTP 是 TCP/IP 协议族中的协议之一，是英文 file transfer protocol 的缩写。FTP 就是在两台计算机之间进行文件传送。从远程计算机传送文件至自己的计算机上，称为下载（download）文件。若将文件从自己的计算机中传送至远程计算机上，则称为上传（upload）文件。

在实现文件传输时，需要使用 FTP 程序。IE 等浏览器中都包含有 FTP 模块。可以在浏览器窗口的地址栏直接输入 FTP 服务器的 IP 地址或域名，浏览器将自动调用 FTP 程序。例如，在地址栏中输入 ftp://ftp.tsinghua.edu.cn，会打开清华大学的 FTP 站点。连接成功后，浏览器中会显示该服务器上的文件夹和文件列表，如图 1-3-30 所示。这里前面的 ftp 是使用的协议名，其后的 ftp.tsinghua.edu.cn 是主机名。

如果想从站点上下载文件，可从路径中找到需要的文件，右击文件名，弹出如图 1-3-31 所示的快捷菜单，选择"复制到文件夹"命令，选择路径后，开始下载。

图 1-3-30   浏览清华大学 FTP   图 1-3-31   FTP 窗口快捷菜单

使用 FTP 服务要有 FTP 服务器的账号，如果没有账号，则不能正式使用 FTP，但可以匿名使用 FTP。匿名 FTP 允许没有账号和口令的用户以匿名方式访问远程主机。匿名用户只能从主机中获取文件，不能上传文件。当用户匿名登录后，FTP 可接收任何字符串作为口令，但一般要求用电子邮件地址作为口令。

（2）远程登录服务

Telnet 协议是 TCP/IP 协议族中的一员，是 Internet 远程登录服务的标准协议。应用 Telnet 协议能够把本地用户所使用的计算机变成远程主机系统的一个终端。

使用 Telnet 协议进行远程登录时需要满足以下条件：在本地计算机上必须装有包含 Telnet 协议的客户程序；必须知道远程主机的 IP 地址或域名；必须知道登录标识与口令。

要成为远程登录注册用户，可以先匿名登录后到网上注册，或通过 E-mail 与远程计算机联系，申请成为注册用户。

要使用 Telnet 登录远程主机，在 Windows 操作系统左下角选择"开始 | 运行"命令，在对话框内输入"telnet 远程主机名"。

（3）新闻组 Usenet

互联网是信息交流的重要空间，而新闻组则是互联网上一种高效的交流方式，在国外，它的使用频率仅次于电子邮件。它通过电子邮件交换信息，能够离线看信、写信，有效节约上网费用和网络资源。每个新闻组集中于特定的兴趣主题。新闻组类似于一个公告板，所有的用户都可以发布消息，也都能看到别人发布的消息并做出回复，提出劝告、观点或解答，从而实现交流。

（4）BBS

BBS 是英文 bulletin board system 的缩写，翻译成中文为电子布告栏系统或电子公告牌系统。BBS 是一种电子信息服务系统。它向用户提供了一块公共电子白板，每个用户都可以在上面发布信息或提出看法。早期的 BBS 由教育机构或研究机构管理，现在多数网站建立了自己的 BBS 系统，供网民通过网络来结交更多的朋友，表达更多的想法。

（5）IP 电话

IP 电话是按因特网协议规定的网络技术内容开通的电话业务，中文翻译为网络电话或互联网电话，简单来说就是通过 Internet 进行实时的语音传输服务。它是将 Internet 作为语音传输的媒介，从而实现语音通信的一种全新的通信技术。

3.5 计算机病毒和网络安全

3.5.1 计算机病毒及其特点

1．计算机病毒

计算机病毒的出现和发展是计算机软件技术发展的必然结果。计算机病毒是具有自身复制功能，使计算机不能正常工作的人为制造的程序。它通过各种途径传播到计算机系统中进行复制和破坏活动，严重的将导致计算机系统瘫痪。

计算机病毒与生物病毒有许多类似的地方，计算机一旦染上了病毒就有可能无法正常工作。当带有病毒的文件从一台计算机传送到另一台计算机时，病毒会随同文件一起蔓延，传染给其他的计算机。计算机病毒和生物病毒最明显的区别是，如果计算机染上了病毒，那一定是被传染的，计算机本身不会自动生成病毒。当计算机出现非正常的现象时，应首先考虑计算机可能染上了病毒。

自从 1972 年在 ARPANET 上出现首例计算机病毒 Creeper（藤蔓）以来，世界各地相继出现了各种各样的计算机病毒。例如，"巴基斯坦"病毒（1986 年在 IBM PC 上出现的首例病毒）、Windows 病毒（1992 年）、Ghostballa 病毒（感染.com 文件和扇区）、4096 病毒、以色列病毒、Vienna 病毒、CIH 病毒、C 盘杀手 THUS、MiniZip、Kriz 等。

1998 年流行的 CIH 病毒对计算机造成了极大的破坏。它破坏硬盘数据，从硬盘主引导区开始依次往硬盘写入垃圾数据，直到硬盘数据全部被破坏为止。它有多个变种，其中 V1.2 版本的 CIH 病毒发作日期为每年的 4 月 26 日，V1.3 版本的发作日期为每年的 6 月 26 日，V1.4 版本的发作日期为每月的 26 日。

2003 年 8 月在 Internet 上广泛传播的"冲击波"病毒，利用 DCOM RPC 缓冲区漏洞攻击 Windows 系统，使系统操作异常，不停地重新启动，甚至导致系统崩溃。

2．计算机病毒的特点

（1）破坏性

计算机病毒破坏计算机的软件系统资源，使应用程序无法正常运行或计算机无法正常工作（瘫痪），存储在磁盘上的文件丢失或面目全非，抢占 CPU、内存和磁盘资源等。

（2）传染性

计算机病毒具有自身复制功能，能将自己的备份嵌入其他程序，从而使病毒蔓延。

（3）隐蔽性

计算机病毒程序一般非常小，潜伏在其他程序文件中，不易被发现。

（4）潜伏性与激发性

计算机病毒能长期潜伏在文件中，不会因为长时间不使用而自动消失。计算机病毒种类很多，有的进入计算机后立即发作，破坏计算机的软件资源或使计算机无法正常工作；有的并不一定立即发作，而是具有可激发性，在具备了一定的外部条件时发作。例如，由病毒设计者规定的发作日期、特定文件或特定命令等，一旦条件具备即可发作，带来灾难性的后果。

3.5.2 计算机病毒的分类

计算机病毒程序可按其作用后果分为"良性"和"恶性"。良性病毒程序只是一些恶作剧，对系统不构成实质性的威胁。恶性病毒则不同，它的任务就是破坏系统的重要数据，如破坏主引导程序、文件分配表等。当前计算机病毒按照感染对象可以分为以下几种。

1. 引导型病毒

引导型病毒攻击计算机磁盘的引导区，获得启动优先权，从而控制整个系统。由于此类病毒感染的是磁盘引导区，因此，可能会造成系统无法引导，计算机无法正常启动。不过由于这类病毒出现较早，现在的杀毒软件都已能够查杀此类病毒，如360、金山、卡巴斯基、诺顿等杀毒软件。

2. 文件型病毒

此类病毒一般感染计算机里的可执行文件。当用户执行可执行文件时，病毒程序同时被激活。近年来出现的感染系统的.sys、.dll、.ovl 文件的病毒，就是文件型病毒。由于被感染的文件大多是某些程序的配置和链接文件，当这些文件被执行时，这些病毒文件也随之被加载，它们可以将自身整个或者分散地插入文件的空白字节中，所以文件的字节数没有增加，提高了病毒的隐蔽性。

3. 网络型病毒

网络型病毒是近年来互联网高速发展的产物，它的感染对象和攻击传播方式不再单一，而是逐渐变得复杂、综合、更隐蔽。当前出现的网络型病毒类型按攻击手段分为木马病毒和蠕虫病毒，按照传播途径分为邮件病毒和漏洞型病毒。

1）木马病毒。木马病毒是一种后门程序，主要包括客户端和服务器两个部分，一般被当作黑客工具。黑客常在用户不知情的情况下，盗取用户资料，如 QQ、网上银行账号和密码、游戏账号和密码等。虽然木马程序不具备自我复制的能力，但是，一旦用户运行木马程序，那么黑客就有了整个机器的掌控权。

2）蠕虫病毒。蠕虫病毒可以通过 MIRC 脚本和 HTM 文件进行传播，它在感染用户的计算机后，会自动寻找本地和网络驱动器，查找目录，搜索可感染的文件，然后用病毒代码覆盖原来的用户文件，将文件的扩展名改为.vbs。蠕虫病毒的传播依赖主机和网络的运行，不需要修改主机其他文件，因此，蠕虫病毒一旦传播开来，很容易使整个系统瘫痪。另外，对此病毒的查杀也会非常困难，只要网络里有一台主机上没有清除干净，那么，此病毒就会死灰复燃。

3）邮件病毒。所谓邮件病毒其实就是一般的病毒，只是这些病毒通过电子邮件的形式来传播。比较有名的电子邮件病毒有求职信病毒、love you 病毒、库尔尼科娃病毒等。它们一般利用 Microsoft 公司的 Outlook 客户端的可编程特性，通过客户打开邮件，而自动向客户通讯录里的用户发送带有附件的病毒邮件，因此，其传播速度非常快，可能导致邮件服务器因耗尽自身资源而无法运行。

4）漏洞型病毒。漏洞型病毒的主要目标就是 Windows 操作系统，而 Windows 操作系统的系统漏洞很多，Microsoft 公司定期发布安全补丁，即使没有运行非法软件或单击不安全链接，漏洞型病毒也会利用操作系统或软件的漏洞攻击计算机。例如，2004 年风靡的冲击波和震荡波病毒就是漏洞型病毒，它们造成全球性计算机的瘫痪，造成巨大的经济损失。

4. 复合型病毒

复合型病毒是对以上 3 种病毒的综合，其感染对象既可以是系统的引导区，也可以是可执行文件。若查杀不彻底，复合型病毒很容易死灰复燃。因此，查杀这类病毒难度较大，杀毒软件至少要有引导型、文件型两类病毒的查杀能力。

从以上内容可以看到，似乎复合型病毒具有最大的破坏性。但其实，它的破坏性大部分继承自网络型病毒。

3.5.3　计算机病毒的来源与防治

1. 计算机病毒的来源

目前，计算机病毒的来源主要是计算机网络、闪存盘和盗版光盘。尤其在最近几年里，主要通过 Internet 传播计算机病毒。从 Internet 下载信息、文件或打开电子邮件时，很可能同时将病毒带到本地计算机上，并且很可能使系统立即处于瘫痪状态。闪存盘在一台有病毒的计算机上使用后，也有可能染上病毒。如果制作光盘的计算机系统染有病毒，在制作中会自动将病毒写入光盘。只读光盘（CD-ROM）上的病毒是无法删除的。

黑客是危害计算机系统的另一源头。黑客指利用通信软件，通过网络非法进入他人计算机系统，截取或篡改数据，危害信息安全的计算机入侵者或入侵行为。

黑客事件在全世界不断发生，我国已经破获过多起黑客事件。例如，1998 年上海某信托投资公司证券营业部发生的黑客入侵案。

黑客程序可以像计算机病毒一样隐藏在计算机系统中，与黑客里应外合，使黑客攻击计算机系统变得更加容易。目前已经发现的黑客程序有 BO（Back Orifice）、Netbus、Netspy、Backdoor 等。

如果网络用户收到来历不明的 E-mail，不小心执行了附带的黑客程序，该用户的计算机系统的注册表信息就会被偷偷篡改，黑客程序也会悄悄隐藏在系统中。当用户运行系统时，黑客程序就会驻留在内存，一旦该计算机连入网络，外界的黑客就可以监控该计算机系统，从而对该计算机系统"为所欲为"。

2. 计算机病毒的防治

为了防止计算机系统被病毒攻击而无法正常启动，应准备系统启动盘。如果是品牌机，厂家会提供系统启动盘或恢复盘；如果是用户自己组装的计算机，最好制作系统启动盘，以便在系统染上病毒无法正常启动时，用系统盘启动，然后用杀毒软件杀毒。

如果使用外来的闪存盘，最好在使用前用查毒软件进行检查。另外，应购买正版光盘，不要随意从网络下载软件或打开来历不明的电子邮件。如果要下载软件或接收电子邮件附件，特别是可执行文件，最好将其放置在非引导区磁盘的一个指定目录（文件夹）里，以便对它进行检测。

对特定日期发作的病毒，可以通过修改系统时间躲过病毒发作，但是最好的办法还是彻底清除。

如果计算机染上了病毒，文件已被破坏，最好立即关闭系统。如果继续使用，会使更多的文件遭受破坏。重新启动计算机系统后，要用杀毒软件查杀病毒。一般的杀毒软件具有清除/删除病毒的功能。清除病毒是指把病毒从原有的文件中清除掉，恢复原有文件的内容；删除是指把整个文件全删除掉。经过杀毒后，被破坏的文件有可能恢复成正常的文件。

目前，杀毒软件是防治计算机病毒的主要工具。较流行的杀毒软件产品有瑞星杀毒软件、360 杀毒、金山毒霸、江民杀毒软件（KV）、诺顿（Norton AntiVirus）。

防火墙是指具有病毒警戒功能的程序，能连续不断地监视计算机是否被病毒入侵，一旦发现病毒立即提示清除病毒。虽然采用这种方法会占用一些系统资源，使存取文件、网络下载或接收电子邮件等要花费更长的时间，但连接 Internet 时，启动防火墙对防范病毒入侵是非常有效的。

3.5.4 计算机网络安全

在现代社会中，大量的数据信息被收集和存储在大型的计算机数据库中，并在与综合通信网相连的计算机及终端设备之间相互传送。如果计算机用户没有适当的安全措施，这些信息在传输过程中就易被截收，或在存储时被取出和复制，造成信息的泄露。并且，信息在存储和传输期间还会受到非法删除、更改或增添，从而导致对计算机资源及计算机服务的非法干预与使用。

与此同时，计算机本身固有的脆弱性也在不断地被利用，如计算机硬件设备易受自然灾害与人为灾害的破坏。如果计算机硬件受到外界电磁场的干扰，也很容易破坏系统的正常运行，导致大量信息出错或者丢失。

计算机网络系统软件也易受到各种各样的攻击，如有的软件可以很容易地被非法复制。国家的金融、商业、科研及军政等诸多部门中已使用了大量的计算机网络系统，对于计算机网络系统中的机密信息、个人数据及工商业机密情报等必须采取很有效的安全防范措施，否则这些信息一旦被窃取或删改，将对计算机用户造成难以估量的损失。为了能够达到各种软、硬件资源共享的目的，计算机网络的保密性不仅涉及计算机信息存放的保密性，更重要的是要考虑信息传输的保密性。同样，信息的完整性不仅要考虑信息修改、删除、替换，还要考虑信息的相互插入和它们次序的重新排列。

一个安全的计算机网络不仅要具有很高的保密性和完整性，而且必须考虑通信双方的真实性。这就是说，必须具有某种双方都认可的方式对计算机网络通信双方进行相互确认和鉴别。例如，当利用计算机网络在各个不同的银行之间进行电子资金转账业务时，账号的确认与鉴别就是十分重要的。

计算机网络安全的主要目的是保护存储在系统中的数据信息，这些信息有以下 3 个特性：

1）可用性。无论何时，只要需要，数据信息必须是可用的。

2）完整性。完整性是指数据信息必须按它的原型保存，不能被非法修改。完整性是对信息的精确性与可靠性的度量。

3）保密性。数据信息必须按拥有者的要求保持一定的秘密性。只有得到拥有者的许可，其他人才能够获得该信息，必须防止非授权泄露信息。

正是信息的这些特性构成了计算机网络系统安全策略的基础。计算机对电子信息提供的保护，至少应与其他方法对非电子信息提供的保护达到一样的程度，然而，由于电子信息比其他形式的信息面临着更大的威胁，计算机安全要求更严格。无论对电子信息采取什么样的安全措施，都必须考虑计算机网络系统的脆弱性与计算机网络系统面临的各种威胁。

3.5.5　计算机网络系统安全的内容

针对计算机网络系统安全的威胁，计算机网络系统安全保密的内容主要包括 3 个方面，即安全性、保密性与完整性。

1. 计算机网络系统的安全性

安全性大致包括以下几方面的内容：

（1）内部与外部安全

内部安全是在系统的软、硬件及周围设施中实现的。内部安全控制措施虽然是有效的，但它们必须与适当的外部安全控制措施相结合。

外部安全主要是人事安全，是对某人参与计算机网络系统工作和这位工作人员接触到敏感信息是否值得信任的一种审查过程。外部安全包括准许某人对机器的访问、处理物理输入/输出（如打印输出，磁带、磁盘复制等）、装入系统软件、连接用户终端及许多其他日常系统管理工作。

内部和外部安全措施相辅相成，交替使用。例如，当今最基本的多用户系统都有密码保护。密码保护是一种内部安全措施，它可以加强外部安全措施。在设计一个安全系统时，应力争最大限度地减少对外部安全措施的依赖，因为外部安全实现起来往往是非常昂贵的。

（2）系统边界与安全防线

一个计算机网络系统是一个模糊的实体，它包括开发者进行某些控制的计算机和通信环境的总和，系统内的所有软、硬实体都由系统来保护，而在系统外的软、硬实体则未加保护。要想建立一个安全的系统，十分重要的问题是要对系统的边界有一个清晰的理解，并要保证系统在受到威胁时能够保护自己。

确定系统边界要根据系统与外界的接口而定。外部安全措施将加固这个接口。只要内部安全措施恰当，那么它将保护系统内的信息免遭威胁。然而，如果外部非法用户通过了外部安全控制并且进入了系统，或者系统遭到了意想不到的外部威胁，那么所有的外部措施就无济于事了。例如，一个非法用户进入了机房并能在控制台上输入命令，或者系统管理员向外界泄露了密码，那么外部安全控制措施就完全失去了作用。然后要根据系统接口规则限制非法用户进入系统，这样就可以阻止未经确认的终端或其他用户的入侵。

（3）识别与确认

为了保证系统（用户）有充分的能力来判断是否允许某个用户访问某个文件，系统（或其他用户）必须有识别每个用户的手段。

唯一识别符（以下简称 ID）是一个用户名（如姓名、首字母缩写），没有人能够伪造或更改。所有的访问请求都可以由它来检验。识别符必须是唯一的，因为它是系统与用户打交道的唯一途径。

（4）防止计算机网络用户泄密

系统必须保证拥有或制作系统内某份信息的用户不会向不该知道这份信息的用户泄密。很明显，如果信息的拥有者想把这份信息泄露出去，那么无论多么安全的计算机网络系统都不可能保护这份信息。可以设计一种系统来保证不允许用户对它们的信息进行其他方式的访问操作，不管是否有意。但这样的设计也很脆弱，因为一个打算泄密的用户完全可以不需要计算机来参与，有能力阅读一份文件也就等于他有能力把这份文件泄露给他人。所以，对系统的访问控制一定要有一个良好的用户接口，以最大限度地防止用户意外泄密事件的发生。

2．计算机网络系统的保密性

保密性是计算机网络系统安全的一个重要方面，主要利用密码技术对信息进行加密处理，防止信息非法泄露。加密是对传输过程中的数据进行保护的重要方法，又是对存储在各种媒体上的数据加以保护的一种有效手段。系统安全是用户的最终目标，而加密是实现这一目标的有效又必不可少的技术手段。

利用计算机进行信息处理对提高工作效率是必不可少的，但机密信息的收集、维护、使用或传输过程中可能出现的保密性威胁却大大增加了。随着这些记录的数量、价值和机密性的增加，人们对非法获取与使用这些记录的重视与关心程度也随之增加。此外，为保证系统安全而采用的一些安全控制措施中，也必不可少地需要一些控制参数与信息，如密码表、访问控制表等，这类系统安全控制参数与信息也是非常敏感的，它们不应被非法地读取与删改。

3．计算机网络系统的完整性

完整性技术是保护计算机网络系统内软件（程序）与数据不被非法删改的一种技术手段。它可以分为数据完整性与软件完整性。

（1）数据完整性

所谓数据完整性是指存储在计算机网络系统中或在计算机网络系统间传输的数据不受非法删改或意外事件的破坏，保持数据整体的完整。数据完整性的破坏一般是由下列原因引起的：

1）存储介质损坏。存储介质的硬损伤使存储在介质中的数据的完整性受到了破坏。

2）应用程序的错误。偶然或意外的原因破坏了数据的完整性。

3）系统的误动作。如系统软件故障、强电磁干扰等。

4）人为的破坏，是一种主动性的攻击破坏，一般是由怀有恶意的人对系统数据进行篡改以达到某种目的，这是一种非常严重的威胁。

（2）软件完整性

在一个计算机网络系统内，为了简化硬件设备并尽可能采用标准的单元（如微处理器、存储器等），系统大部分复杂的功能由软件来实现。软件的优点是无论在开发还是在应用过程中都可以随时更改，以使系统具有新的功能，但这种灵活易变性给系统安全带来了严重的威胁。

首先，采用软件的第一个困难就是必须充分理解它，以确信它的功能是正确的，但就目前水平而言，对于一个具有复杂操作系统的主机系统，要想完全理解它是非常困难的。在开发与应用环境下，对软件产品的无意或恶意修改已经成为对计算机网络系统安全的一种严重威胁。非法的程序员可以对软件进行不可检测的修改，如果将特洛伊木马引入系统软件，那就可能导致机密信息的非法泄露。复杂系统软件的生存期一般较长，这就为恶意修改软件提供了一个有利的条件。

其次，计算机病毒就是利用了软件完整性的缺陷，通过附加一部分病毒程序代码到系统或应用软件来传播的。所以，如果软件程序有一个较好的完整性保护措施，那么目前绝大部分病毒就不能蔓延。一个不忠实的设计者可以在软件中留下一个陷阱或圈套，以备将来修改软件对系统进行攻击，由独立的软件设计者进行审计时，应该寻找那些有可能用于这种目的的不必要的参数。

3.5.6　计算机网络系统安全措施

1.　网络用户的识别和控制

密码是简单而行之有效的保护机制，在网络中也是如此。一般而言，用户首先用自己的 ID 和密码进入自治的计算机网络系统，取得对系统的使用权；然后用自己的 ID 和入网密码来对计算机网络访问。这种双重密码保护机制，可以增强计算机网络的安全性。

网络上的访问控制不仅要控制用户对单个系统的访问，还要控制非法用户经过一个系统对整个系统的访问。也要解决网络中结点是否真实，是否为入侵者冒名顶替的问题，并在网络中进行访问控制。用户或进程对客体的访问必须通过监控器检查，核实后才能进行。对用户的核实包括用户入网密码、入网结点名、用户识别码的核实，以及用户对文件访问权限的核实。

2.　防火墙

建立一个完整、安全、统一的防火墙防护体系。在内网与外网的接口处安装防火墙可以有效保护计算机网络安全，它将内网与外网隔离开来，大大提高网络的安全性。防火墙将不被允许访问的用户域数据拒之门外，阻止黑客访问自己的网络，防止网络不安全因素蔓延到局域网。用户可以根据自身需要来选择不同的保护级别。

3.　更新系统

及时更新系统、安装补丁，保证系统稳固。很多病毒是利用操作系统的缺陷对用户的计算机进行感染和攻击的，因此，应及时给系统安装补丁，保证操作系统的安全性。另外，尽量关掉不用的机器端口，以防被病毒或者恶意软件利用。

4.　安装杀毒软件

在选择杀毒软件时，应注意杀毒软件以下几个方面的能力：①对病毒的实时监测能力；②对新病毒的检测能力；③对病毒的查杀能力，尤其是对当今流行病毒的查杀能力；④对系统资源的占用率要低，上网速度较慢很可能就是由防病毒程序对文件的过滤造成的；⑤要有智能安装、远程识别的能力，增加用户的选择性。

随着未来互联网的发展，计算机病毒进化速度必将越来越快。为了更好地对付这些新出现的病毒，保证计算机的安全，系统的云安全成为未来的发展方向，现在许多杀毒软件厂商推出了云墙、云杀毒等网络安全产品，相信随着互联网技术的日益成熟及人们对计算机网络安全的日益重视，我们的网络空间会越来越洁净，越来越安全。

本 章 小 结

　　本章主要介绍了计算机网络基础的基本概念和技术,从计算机网络的形成和发展到网络的定义和功能,了解计算机网络的硬件组成及支持网络互连的软件协议。在介绍计算机局域网技术的同时也详细说明了在 Windows 7 操作系统下组建对等网的方法,介绍了局域网的拓扑结构和连接设备,详细介绍了 Windows 7 操作系统下 ADSL 技术接入 Internet 的方法及接入路由器的调试方法。

　　Internet 是世界上最大的互联网,它是一个对全球开放的信息资源网。本章还介绍了 Internet 的起源和发展,以及 IP 地址和域名系统。Internet 为人们提供了丰富的资源和服务,它的应用非常广泛。本章介绍了 Internet 的网页浏览、搜索引擎、电子邮件、远程登录、电子公告、文件传输等应用。本章最后介绍了计算机病毒的定义、类型和网络安全的内容,以及维护计算机网络安全的措施。

第 4 章　云计算技术基础

学习目的

➢　了解云计算的定义和特性。

➢　掌握云计算的服务模式和云计算的系统部署方式。

➢　了解云计算的关键技术。

4.1　云计算概述

云计算是继 20 世纪 80 年代大型计算机到客户端/服务器的转变之后的又一次巨变，是 IT 领域继 PC、互联网之后的第三次革新浪潮。2006 年，Google 公司推出"Google 101 计划"，首次正式提出了云计算的概念。自云计算的概念提出以来，在市场、技术和政策等因素的驱动下，云计算飞速发展并逐渐走向成熟，成为信息通信技术（information communications technology，ICT）行业未来发展的一个重要方向。

4.1.1　云计算的定义

1. 名称的由来

云计算是英文 cloud computing 的翻译。1983 年，Sun Microsystems 提出"网络就是计算机"（The network is the computer）的理念；2006 年 3 月，Amazon 推出弹性计算云（elastic compute cloud，EC2）服务；2006 年 8 月 9 日，Google 首席执行官埃里克·施密特（Eric Schmidt）在搜索引擎大会（SES San Jose 2006）上首次提出 cloud computing 的概念，该概念源于 Google 工程师克里斯托弗·比希利亚（Christophe Bisciglia）所做的"Google 101"项目中的"云端计算"。2008 年初，cloud computing 开始被翻译为"云计算"。

云计算是分布式计算、并行计算、效用计算、网络存储、虚拟化、负载均衡、热备份冗余等传统计算机和网络技术发展融合的产物。

2. 云计算的定义

由于云计算涉及技术的多个方面和产业发展的多个环节，不同的组织和企业从各自的角度给出了云计算的定义。

维基百科认为：云计算是一种将规模可动态扩展的虚拟化资源通过 Internet 提供对外按需使用服务的计算模式，用户无须了解提供这种服务的底层基础设施，也无须去拥有和控制。云形象地代表了 Internet，即提供服务的基础设施。

美国国家标准及技术协会（National Institute of Standards and Technology，NIST）提出云计算的定义：云计算是一种可以普适、方便、按需地通过网络访问可配置的共享计算资源池

（如网络、服务器、存储、应用和服务）的模式，计算资源可以在最少的管理开销和服务提供商干预下快速提供和释放。

中国云计算专家委员会的专家认为：云计算是一种新兴的商业计算模型，它将计算任务分布在大量计算机构成的资源池上，使各种应用系统能够根据需要获取计算能力、存储空间和各种软件服务。

根据上面的定义，"云"就是一些可以自我维护和自我管理的虚拟资源。它通常由一些大规模服务器群集，包括计算服务器、存储服务器、宽带资源等组成。云计算就是将所有的资源集中在一起，并由软件自动管理。

云计算作为一种基于网络的、按需获取计算资源服务的新计算模式，体现了网格计算、分布计算、并行计算、效用计算等技术的融合与发展；体现了"网络就是计算机"的思想，将大量计算资源、存储资源与软件资源链接在一起，形成巨大规模的共享虚拟 IT 资源池，为远程计算机用户提供"招之即来，挥之即去"且似乎"能力无限"的 IT 服务。云计算以其便利、经济、高可扩展性等优势吸引了越来越多的企业的目光，将其从 IT 基础设施管理与维护的沉重压力中解放出来，用户无须为许多的细节而烦恼，能够把更多的精力放在自己的业务上，更专注于自身的核心业务发展。

4.1.2 云计算的基本特性

1）NIST 提出了云计算的 5 个基本特性：

① 快速弹性。弹性地提供或者释放计算能力，以快速伸缩匹配等量的需求，在某些情况下，这种伸缩是自动的。对于消费者来说，这种可分配的计算能力通常显得几乎无限，并且可以在任何时候自助任何数量。

② 按需分配的自助服务。消费者可以在需要的时候，不必与服务提供商人员接触，单方面地自动提供计算能力，如服务器时间、网络和存储空间。

③ 宽带网络访问。用户通过基于网络的标准机制访问计算能力，这些标准机制提倡使用各种异构的胖/瘦客户端（智能手机、平板式计算机、笔记本式计算机和个人工作站）。

④ 资源池化。服务提供商的资源使用多租户模式，服务多个消费者，依据用户的需求，不同的物理和虚拟资源被动态地分配和再分配。同时还有位置无关的特性，用户通常不能掌控或者了解资源的具体物理位置，不过用户可以在更高层次的抽象层指定位置（如国家、省或者数据中心）。典型的资源包括存储、处理、内存和网络带宽。

⑤ 可评测的服务。通过利用与服务匹配的抽象层次的计量能力（如存储、处理、带宽和活跃用户账号数），云系统自动控制和优化资源的使用。资源使用可以被监视、控制和报告，提供透明度给服务提供商和服务使用者。

2）IT 专家将云计算与网格计算、全局计算、互联网计算相比，归纳出云计算的以下 7个特点：

① 超大规模。"云"具有相当大的规模，为了最大化操作效率以降低成本，成功的云部署一定是大规模的。Google 云计算已经拥有 200 多万台服务器，Amazon、IBM、Microsoft、Yahoo 等的"云"均拥有几十万台服务器。企业私有云一般拥有数百到上千台服务器。"云"能赋予用户前所未有的计算能力。

② 虚拟化。虚拟化技术将应用软件与专门硬件分离，为云服务提供商提供了管理大量服务器上的工作负载的控制能力。云计算支持用户在任意位置使用各种终端获取应用服务。

所请求的资源来自"云"，应用在"云"中某处运行，用户无须了解，也不用担心应用运行的具体位置。只需要一台笔记本式计算机或者一部手机，就可以通过网络来获取用户需要的服务，甚至实现超级计算这样的任务。

③ 高可靠性。"云"使用了数据多副本容错、计算结点同构可互换等措施来保障服务的高可靠性，使用云计算比使用本地计算机可靠。

④ 通用性。云计算不针对特定的应用，在"云"的支撑下可以构造出千变万化的应用，同一个"云"可以同时运行不同的应用。

⑤ 高可扩展性。"云"的规模可以动态伸缩，满足应用和用户规模增长的需要。

⑥ 按需服务。"云"是一个庞大的资源池，用户可按需购买，使用"云"时，可以像使用自来水、电、煤气那样计费。

⑦ 价格低廉。由于"云"的特殊容错措施，可以采用极其廉价的结点来构成"云"。"云"的自动化集中式管理使大量企业无须负担日益高昂的数据中心管理成本，"云"的通用性使资源的利用率较之传统系统大幅提升，因此用户可以充分享受"云"的低成本优势，通常只要花费几千元、几天时间就能完成以前需要数万元、数月时间才能完成的任务。

4.2　云计算的服务模式及系统部署方式

4.2.1　云计算的服务模式

云计算主要有 3 种服务模式：基础设施即服务（infrastructure as a service，IaaS）、平台即服务（platform as a service，PaaS）和软件即服务（software as a service，SaaS）。云计算服务模式从逻辑上都位于 IP 网络基础设施之上，IP 网络基础设施将用户和位于云服务端的应用连接在一起。云计算服务模式如图 1-4-1 所示。

1. 基础设施即服务

IaaS 位于 3 种服务类型的最底端，也是最基础的，最接近云计算基本定义的服务。云业务提供商把多台服务器组成的"云"基础设施作为服务租给用户，可以根据用户的购买量或实际使用量计费。它提供给用户计算、存储、网络及其他基础设施资源，使用户在基础设施上配置和运行操作系统、应用软件等。用户不需要管理或者控制云的基础设施，只需要支配操作系统、存储、部署应用程序和

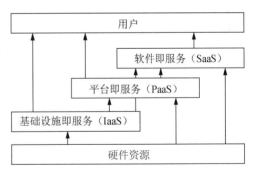

图 1-4-1　云计算服务模式

有限地选择网络组件，如主机防火墙等。IaaS 服务包括计算、存储、内容分发网络、备份和恢复服务。IaaS 的优点是用户只需低成本硬件，按需租用相应计算能力和存储能力，大大降低了用户在硬件上的开销。具有代表性的公司及业务有 Amazon 公司的 EC2 和 Verizon 公司的 Terremark 等。

Amazon 公司有大量的 IT 资源和存储资源闲置，为了充分利用闲置的 IT 资源，Amazon 公司将弹性计算云对外提供效能计算和存储租用服务，包括存储空间、带宽、CPU 资源。Amazon 公司对存储空间、带宽按容量收费，CPU 根据运算量时长收费。例如，弹性计算云

EC2 让用户自行选择服务器配置来按需付费计算机处理任务；每个月 10 亿字节 S3 存储服务收费 15 美分。由于是按需付费，比企业自己部署 IT 硬件资源及软件资源更为便宜，因此，Amazon 成为成功的 IaaS 服务商之一。

AT&T 公司提供按使用量付费的公用运算服务，供企业弹性使用 IT 资源并能够随时取得所需的计算、处理和储存能力。

NTTDoCoMo 与 OpSource 合作推出了基于安全的数据中心及可靠的可扩展网络的云计算解决方案，利用公有云为用户提供虚拟化私有云，使用户在虚拟化私有环境中完成计算和应用服务，可实现在线购买，目前提供按小时计费的模式。

2. 平台即服务

PaaS 位于 3 种服务类型的中间层，是经过云业务提供商封装的 IT 资源，通常按照用户或用户登录情况计费。它提供给用户编程语言环境，把用户创建或购得的应用程序部署在云基础设施之上，提供应用从创建到运行整个生命周期的软硬件资源环境和工具。用户不需要管理或控制包括网络、服务器、操作系统、存储等云基础设施，仅需支配部署的应用和应用程序主机环境的配置。PaaS 能够给企业或个人提供研发的中间平台，提供应用程序开发、数据库、应用服务器、试验、托管及应用服务。以下是具有代表性的 PaaS 案例。

Google 公司的云计算平台主要采用 PaaS 商业模式提供云计算服务，按需收费。Google APP Engine 根据 CPU 租用情况收费，每个 CPU 核每小时收费 10～12 美元，存储方面每 10 亿字节存储空间收费 15～18 美元。

Salesforce 的 PaaS 平台 Force.com 运行在 Internet 上，采用以登录次数为基础的完全即时请求收费模式。独立软件提供商作为其平台的客户，开发出基于他们平台的多种 SaaS 应用，使其成为多元化软件服务供货商（multi-application vendor），扩展其业务范围。

3. 软件即服务

SaaS 位于 3 种服务类型的最顶端，它可以使用户在不使用客户端的情况下，通过 Web 浏览器享受基于网络的软件服务，并以免费或按需付费的方式向用户提供服务。SaaS 为用户提供运行在云基础设施上的应用程序。这些应用程序在各种终端设备上均能运行，通过 Web 浏览器或客户端访问应用，用户不需要管理或者控制处于云基础设施底层的网络、服务器、操作系统、存储，甚至是个人应用程序。SaaS 服务包括电子邮件和办公产品、客户关系管理（customer relationship management，CRM）、企业资源规划（enterprise resource planning，ERP）、社会网络、协同工作，以及文档和内容管理。这种服务模式的优势是，由服务提供商维护和管理软件，提供软件运行的硬件设施，用户只需拥有能够接入互联网的终端，即可随时随地使用软件。这是网络应用最具效益的营运模式。对于小型企业来说，SaaS 是采用先进技术的最好途径。具有代表性的公司及业务有阿里云软件、Salesforce、Microsoft 公司的邮件服务等。

阿里云软件向中小企业用户提供"先尝试后购买，用多少付多少，无须安装，即插即用"的软件服务，以实现低成本在线软件模式，可根据行业、区域为中小企业提供定制服务。

Salesforce.com 让客户通过云端执行商业服务，而不用购买或部署软件，并按照订户数和使用时间对企业进行收费。

Microsoft 公司提供公有云的 SaaS 应用服务，同时向个人消费者和企业客户提供 SaaS

云服务。例如，Microsoft 公司向用户提供的 Online Services 和 Windows Live 等服务均属于 SaaS 服务。

4.2.2　云计算的系统部署方式

根据服务面向的对象，云计算的系统部署方式分为 3 类：公有云（也称公共云）、私有云、混合云。

（1）公有云

公有云由云业务提供商构建并所有，部署在公司内部的安全域内，通过外部接口与外界公共互联网、移动互联网相连接，向外部用户（公众或某个很大的业界群组）提供云服务或提供对外开放能力等。公有云所有业务供外界用户使用，用户只需为公有云提供业务资源付费即可。云用户所使用的程序、服务及相关数据都存放在公有云中，用户自己无须做相关投资和建设。云业务提供商负责软件、应用程序基础架构，物理硬件基础设施的安装、管理、供给和维护。公有云的缺点是在提供业务时可能会跨越国界，触及国家或地区安全法规性问题，从而限制其业务正常开展。公有云代表实例如下。

Amazon 公司的 AWS 产品线是较具代表性且用户数量较多的公有云之一，它以提供 IaaS 服务为主，提供 S3（一种简单的存储服务）、EC2（弹性可扩展的云计算服务器）、Simple Queuing Service（一种简单的消息队列）及仍处在测试阶段的 Simple DB（简单的数据库管理）等多种云计算服务。S3 可以提供无限制的存储空间，让用户存放文档、照片、视频和其他数据。使用 EC2 服务的用户可以选择不同的服务器配置，对实际用到的计算处理量进行付费。

（2）私有云

私有云是由云业务提供商（企业或某个组织）构建并所有，部署在自身内部安全域内、专供企业内部人员或系统内分支机构使用的云架构体系，其所有服务均不提供给外部用户使用。私有云的基础设施是专为企业或组织内部为实现内部业务所设计的，由企业自身负责配置、运维、托管、管理等任务，可以提供场内服务（on-premises），也可以提供场外服务（off-premises）。

私有云的部署比较适合具备众多分支机构的大型企业或政府部门。私有云的一大特点就是具备细粒度的资源可控性、安全性。随着这些大型企业数据中心的集中化，私有云将会成为 IT 部署系统的主流模式。2012 中国云安全调查结果显示，有 22.8% 的受访用户正在使用私有云，另有 50% 的用户考虑使用私有云，两者之和达到了七成以上，私有云成为此次调查中用户最认可且安全的云模式，私有云的缺点是其持续运营成本可能会超出使用公共云的成本。私有云代表实例如下。

私有云目前的发展趋势是集硬件、软件和服务于一体的整体解决方案，IBM 公司推出的“蓝云”计算平台就是其中之一，它为客户带来即买即用的云计算服务。IBM 公司的“蓝云”计算平台是一套软、硬件平台，将 Internet 上使用的技术扩展到企业平台上，使数据中心的使用类似于互联网的计算环境。“蓝云”大量使用了 IBM 的大规模计算技术，结合 IBM 自身的软、硬件系统及服务技术，支持开放标准与开放源代码软件。

（3）混合云

根据 NIST SP 800-145 中的定义，混合云是“两个或两个以上保持各自实体独立性的不同云基础设施（私有云或公共云）形成的一个组合，该组合采用的标准或专用技术可实现数据和应用程序的可移植性"。混合云是公有云和私有云的混合。实际上，它是公有云与私有云之间的一个妥协产物，可提供各种最佳特性。例如，公有云聚集资源的灵活性和可用性，以及私有云的定制服务与内部安全性。

混合云一般由企业创建，而管理职责由企业和云服务提供商共同分担。混合云既提供公共互联网对外服务，又提供企业内部服务。当企业或机构需要同时使用公、私有云服务时，混合云是一种较为理想的方案。混合云可以为某些关键业务流程（如接收客户支付）及辅助业务流程（如员工工资单流程）提供服务。混合云的主要缺陷是很难有效创建和管理此类解决方案，公有和私有云组件之间的交互会使实际部署更为复杂。由于这是云计算中一个相对新颖的体系结构概念，因此在未了解清楚其架构体系之前，一般企业、机构都不太愿意采用此种云部署方式。

NetApp 和 Amazon Web Services（AWS）的组合即为混合云的一个典型实例。其中，AWS的 NetApp Private Storage 可让企业构建一个平衡专用资源和云资源的云基础设施。

4.3　云计算的关键技术

4.3.1　虚拟化技术

虚拟化（virtualization）是指将一台物理计算机虚拟为多台逻辑计算机。在一台计算机上同时运行多个逻辑计算机，每个逻辑计算机可运行不同的操作系统，并且应用程序都可以在相互独立的空间内运行而互不影响，从而显著提高计算机的工作效率。

虚拟化就是将原来运行在真实环境中的计算机系统组建或运行在虚拟的环境中。一般来说，计算机系统分为若干层次，从下至上包括底层硬件资源、操作系统、操作系统提供的应用程序编程接口，以及运行在操作系统之上的应用程序。虚拟化技术可以在这些不同层次之间构建虚拟化层，向上提供与真实层次相同或类似的功能，使上层系统可以运行在该中间层之上。这个中间层可以解除其上下两层间原本存在的耦合关系，使上层的运行不依赖于下层的具体实现。

虚拟化技术最早出现在 20 世纪 60 年代的 IBM 大型机系统，在 70 年代的 System 370系列中逐渐流行起来，这些机器通过一种称为虚拟机监控器（virtual machine monitor，VMM）的程序在物理硬件之上生成许多可以运行独立操作系统软件的虚拟机（virtual machine）实例。随着近年多核系统、群集、网格甚至云计算的广泛部署，虚拟化技术在商业应用上的优势日益体现，不仅降低了 IT 成本，还增强了系统安全性和可靠性，虚拟化的概念也逐渐深入人们日常的工作与生活中。

虚拟化使用软件的方法重新划分 IT 资源，可以实现 IT 资源的动态分配、灵活调度、跨域共享，提高 IT 资源利用率，使 IT 资源能够真正成为社会基础设施，服务于各行各业中灵活多变的应用需求。

虚拟化是一个广义的术语，对于不同的人来说可能有着不同的含义，这要取决于他们所处的环境。在计算机科学领域中，虚拟化代表着对计算资源的抽象，而不仅仅局限于虚拟机的概念。例如，对物理内存的抽象，产生了虚拟内存技术，使应用程序认为其自身拥有连续可用的地址空间（address space），而实际上，应用程序的代码和数据可能是被分隔成多个碎片页（或段），甚至被交换到磁盘、闪存等外部存储器上，即使物理内存不足，应用程序也能顺利执行。

1）虚拟化技术主要分为以下几个大类：

① 平台虚拟化（platform virtualization）：针对计算机和操作系统的虚拟化。

② 资源虚拟化（resource virtualization）：针对特定的系统资源的虚拟化，如内存、存储、网络资源等。

③ 应用程序虚拟化（application virtualization）：包括仿真、模拟、解释技术等。

通常所说的虚拟化主要是指平台虚拟化技术，通过使用控制程序（control program，也被称为 virtual machine monitor 或 hypervisor），隐藏特定计算平台的实际物理特性，为用户提供抽象的、统一的、模拟的计算环境（称为虚拟机）。虚拟机中运行的操作系统被称为客户机操作系统（Guest OS），运行虚拟机监控器的操作系统被称为主机操作系统（Host OS），当然某些虚拟机监控器可以脱离操作系统直接运行在硬件之上（如 VMware 的 ESX 产品）。运行虚拟机的真实系统通常称为主机系统。

2）平台虚拟化技术又可以细分为以下几个子类：

① 全虚拟化（full virtualization）。全虚拟化是指虚拟机模拟了完整的底层硬件，包括处理器、物理内存、时钟、外设等，使为原始硬件设计的操作系统或其他系统软件完全不做任何修改就可以在虚拟机中运行。操作系统与真实硬件之间的交互可以看成通过一个预先规定的硬件接口进行的。全虚拟化 VMM 以完整模拟硬件的方式提供全部接口（同时还必须模拟特权指令的执行过程）。举例而言，x86 体系结构中，对于操作系统切换进程页表的操作，真实硬件通过提供一个特权 CR3 寄存器来实现该接口，操作系统只需执行"mov pgtable,%%cr3"汇编指令即可。全虚拟化 VMM 必须完整地模拟该接口执行的全过程。如果硬件不提供虚拟化的特殊支持，那么这个模拟过程将会十分复杂。一般而言，VMM 必须运行在最高优先级来完全控制主机系统，而 Guest OS 需要降级运行，不能执行特权操作。当 Guest OS 执行前面的特权汇编指令时，主机系统产生常规保护异常（general protection exception），执行控制权重新从 Guest OS 转到 VMM 手中。VMM 事先分配一个变量作为影子 CR3 寄存器给 Guest OS，将 pgtable 代表的客户机物理地址（guest physical address）填入影子 CR3 寄存器，然后 VMM 还需要 pgtable 翻译成主机物理地址（host physical address）并填入物理 CR3 寄存器，最后返回 Guest OS 中。随后 VMM 还将处理复杂的 Guest OS 缺页异常（page fault）。比较著名的全虚拟化 VMM 有 Microsoft Virtual PC、VMware Workstation、Sun Virtual Box、Parallels Desktop for Mac 和 QEMU。

② 超虚拟化（para virtualization）。这是一种修改 Guest OS 部分访问特权状态的代码以便直接与 VMM 交互的技术。在超虚拟化虚拟机中，部分硬件接口以软件的形式提供给客户机操作系统，这可以通过 Hypercall（VMM 提供给 Guest OS 的直接调用，与系统调用类似）的方式来提供。例如，Guest OS 把切换页表的代码修改为调用 Hypercall 来直接完成修改影子 CR3 寄存器和翻译地址的工作。由于不需要产生额外的异常和模拟部分硬件执行流程，超虚拟化可以大幅度提高性能，比较著名的 VMM 有 Denali、Xen。

③ 硬件辅助虚拟化（hardware assisted vitualization）。硬件辅助虚拟化是指借助硬件（主要是主机处理器）的支持来实现高效的全虚拟化。例如，有了 Intel-VT（Intel 公司的虚拟化技术）的支持，Guest OS 和 VMM 的执行环境自动地完全隔离开来，Guest OS 有自己的"全套寄存器"，可以直接运行在最高级别。因此在上面的例子中，Guest OS 能够执行修改页表的汇编指令。Intel-VT 和 AMD-V（AMD 公司的虚拟化技术）是 x86 体系结构上可用的两种

硬件辅助虚拟化技术。

④ 部分虚拟化（partial virtualization）。VMM 只模拟部分底层硬件，因此客户机操作系统不做修改是无法在虚拟机中运行的，其他程序可能也需要进行修改。在历史上，部分虚拟化是通往全虚拟化道路上的重要里程碑，最早出现在第一代的分时系统 CTSS 和 IBM M44/44X 实验性的分页系统中。

⑤ 操作系统级虚拟化（operating system level virtualization）。在传统操作系统中，所有用户的进程本质上是在同一个操作系统的实例中运行的，因此内核或应用程序的缺陷可能影响其他进程。操作系统级虚拟化是一种在服务器操作系统中使用的轻量级的虚拟化技术，内核通过创建多个虚拟的操作系统实例（内核和库）来隔离不同的进程，不同实例中的进程完全不了解对方的存在。比较著名的有 Solaris Container（容器）、FreeBSD Jail（FreeBSD 操作系统层虚拟化技术）和 OpenVZ（一种基于 Linux 内核和作业系统的操作系统级虚拟化技术）等。

这种分类并不是绝对的，一个优秀的虚拟化软件往往融合了多项技术。例如，VMware Workstation 是一个著名的全虚拟化的 VMM，但是它使用了一种被称为动态进制翻译的技术把对特权状态的访问转换成对影子状态的操作，从而避免了低效的 Trap And-Emulate 的处理方式，这与超虚拟化相似，只不过超虚拟化是静态地修改程序代码。对于超虚拟化而言，如果能利用硬件特性，那么虚拟机的管理将会大大简化，同时还能保持较高的性能。

4.3.2　分布式海量数据存储技术

云存储是在云计算概念上延伸和发展出来的一个新的概念，是指通过群集应用、网格技术或分布式文件系统等功能，将网络中大量不同类型的存储设备通过应用软件集合起来协同工作，共同对外提供数据存储和业务访问功能的一个系统。当云计算系统运算和处理的核心是大量数据的存储和管理时，云计算系统中就需要配置大量的存储设备，那么云计算系统就转变成为一个云存储系统，所以云存储是一个以数据存储和管理为核心的云计算系统。

云存储中的存储设备数量庞大且分布在不同地域，如何实现不同厂商、不同型号甚至不同类型（如 FC 存储和 IP 存储）的多台设备之间的逻辑卷管理、存储虚拟化管理和多链路冗余管理将会是一个巨大的难题，这个问题得不到解决，存储设备就会是整个云存储系统的性能瓶颈，结构上也无法形成一个整体，而且还会带来后期容量和性能扩展难等问题。

云存储中的存储设备数量庞大、分布地域广造成的另外一个问题就是存储设备运营管理问题。虽然这些问题对云存储的使用者来讲根本不需要关心，但对于云存储的运营单位来讲，却必须要通过切实可行和有效的手段来解决集中管理难、状态监控难、故障维护难、人力成本高等问题。因此，云存储必须要具有一个高效的类似网络管理软件的集中管理平台，可实现对云存储系统中存储设备、服务器和网络设备的集中管理和状态监控。

4.3.3　海量数据管理技术

为保证高可用、高可靠和经济性，云计算采用分布式存储的方式来存储数据，采用冗余存储的方式来保证存储数据的可靠性，即为同一份数据存储多个副本。

另外，云计算系统需要同时满足大量用户的需求，并行地为大量用户提供服务。因此，云计算的数据存储技术必须具有吞吐率高和传输率高的特点。

云计算系统由大量服务器组成，同时为大量用户服务，因此云计算系统采用分布式存储的方式存储数据，用冗余存储的方式保证数据的可靠性。云计算系统中广泛使用的数据存储系统是 Google 的 GFS 和 Hadoop 团队开发的 GFS 的开源实现 HDFS（Hadoop 分布式文件系统）。

GFS 即 Google 文件系统（Google file system），是一个可扩展的分布式文件系统，用于大型的、分布式的对大量数据进行访问的应用。GFS 的设计思想不同于传统的文件系统，是针对大规模数据处理和 Google 应用特性而设计的。它运行于廉价的普通硬件上，但可以提供容错功能。它可以给大量的用户提供总体性能较高的服务。

云计算的数据存储技术未来的发展将集中在超大规模的数据存储、数据加密和安全性保障及继续提高 I/O 速率等方面。

在 GFS 中，采用冗余存储的方式来保证数据的可靠性。每份数据在系统中保存 3 个以上的备份。为了保证数据的一致性，对于数据的所有修改需要在所有的备份上进行，并用版本号的方式来确保所有备份处于一致的状态。

当然，云计算的数据存储技术并不仅仅只是 GFS，其他 IT 服务商，包括 Microsoft 公司、Hadoop 开发团队也在开发相应的数据管理工具。其本质是种海量数据存储管理技术，以及与之相关的虚拟化技术，对上层屏蔽具体的物理存储器的位置、信息等。数据存储技术与快速的数据定位、数据安全性、数据可靠性及底层设备存储数据量的均衡等都密切相关。

4.3.4　并行编程技术

并行计算（parallel computing）是指同时使用多种计算资源解决计算问题的过程，是提高计算机系统计算速度和处理能力的一种有效手段。它的基本思想是用多个处理器来协同求解同一问题，即将被求解的问题分解成若干个部分，各部分均由一个独立的处理机来并行计算。并行计算系统既可以是专门设计的、含有多个处理器的超级计算机，也可以是以某种方式互连的若干台独立计算机构成的群集。通过并行计算群集完成数据的处理，再将处理的结果返回给用户。

并行计算技术是云计算极具挑战性的核心之一，多核处理器增加了并行的层次结构和并行程序开发的难度，当前尚无有效的并行计算解决方案。可扩展性是并行计算的关键技术之一，将来的很多并行应用必须能够有效扩展到成千上万个处理器上，必须能随着用户需求的变化和系统规模的增大进行有效扩展，这对开发者是一个巨大的挑战，短期内很难开发出成熟的产品。

互联网上的信息呈指数级增长，网络应用需要处理信息的规模越来越大。云计算上的编程模型必须是简单、高效，具备高可用性的。这样，云计算平台上的用户才能更轻松地享受云服务，云开发者能利用这种编程模型迅速地研发云平台上相关的应用程序。这种编程模型应该具备的功能是保证后台的并行处理和任务调度对用户和云开发人员透明，从而使他们能更好地利用云平台的资源。分布式系统和并行编程模型能够支持网络上大规模数据处理和网络计算，其发展对云计算的推广具有极大的推动作用。为发挥 GFS 群集的计算能力，Google 提出了 Map Reduce（映射&归纳）并行编程模型。目前，云计算上的并行编程模型均基于 Map Reduce，编程模型的适用性方面还存在一定局限性，需要进一步研究和完善。

本 章 小 结

本章阐述了云计算的定义和特性，梳理了云计算具备的几大特点。从云计算的服务模式和部署方式阐述了云计算能够给用户提供的各种服务层次。各行业各领域的云计算解决方案的具体实现离不开相应的关键技术支持。云计算中的关键技术有虚拟化技术、分布式海量数据存储技术、海量数据管理技术及并行编程技术等。

云计算是一种商业计算模型。它将计算任务分布在大量计算机构成的资源池上，使各种应用系统能够按需获取计算能力、存储空间和信息服务。

第5章 算法与数据结构

学习目的

➤ 了解算法的基本概念、算法复杂度的概念及时间复杂度与空间复杂度。

➤ 了解数据结构的定义、数据的逻辑结构与存储结构。

➤ 了解线性结构与非线性结构的概念。

➤ 了解线性表的定义、线性表的顺序存储结构及其插入与删除运算。

➤ 了解栈和队列的定义、栈和队列的顺序存储结构及其基本运算。

➤ 了解树的基本概念，熟悉二叉树的定义及其存储结构，掌握二叉树的先序、中序和后序遍历的方法。

➤ 了解顺序查找与折半查找算法，熟悉基本排序算法。

5.1 算　　法

5.1.1 算法的基本概念

算法（algorithm）是一组有穷的规则，规定了解决某一特定类型问题的一系列运算，是对解题方案的准确与完整的描述。

算法是解题的步骤，可以把算法定义成解决一类问题的任意一种特殊的方法。在计算机科学中，算法要用计算机算法语言描述，算法代表用计算机解一类问题的精确、有效的方法。程序=算法+数据结构，求解一个给定的可计算或可解的问题，不同的人可以编写出不同的程序，这里存在两个问题：一是与计算方法密切相关的算法问题；二是程序设计的技术问题。算法和程序之间存在密切的关系。

1. 算法的基本特性

一个算法一般应具有以下几个基本特性：

（1）确定性

算法的每一种运算必须有确定的意义，该种运算执行某种动作应无二义性，目的明确。这一性质反映了算法与数学公式的明显差别。在解决实际问题时，可能会出现这样的情况：针对某种特殊问题，数学公式是正确的，但按此数学公式设计的计算过程可能会使计算机系统无所适从，这是因为根据数学公式设计的计算过程只考虑了正常使用的情况，而当出现异常情况时，此计算过程就不适用了。

（2）可行性

要求算法中待实现的运算都是基本的，每种运算至少在原理上能由人用纸和笔在有限的时间内完成；针对实际问题设计的算法，人们总是希望能够得到满意的结果。但一个算法又总是在某个特定的计算工具上执行的，因此，算法在执行过程中往往要受到计算工具的限制，使执行结果产生偏差。

（3）输入

一个算法有 0 个或多个输入，在算法运算开始之前给出算法所需数据的初值，这些输入取自特定的对象集合。

（4）输出

作为算法运算的结果，一个算法产生一个或多个输出，输出是同输入有某种特定关系的量。

（5）有穷性

一个算法总是在执行了有穷步的运算后终止，即该算法是可达的。数学中的无穷级数，在实际计算时只能取有限项，即计算无穷级数值的过程只能是有穷的。因此，一个数的无穷级数表示只是一个计算公式，而根据精度要求确定的计算过程才是有穷的算法。算法的有穷性还应包括合理的执行时间的含义。因为，如果一个算法需要执行千万年，那么显然它失去了实用价值。

满足前 4 个特性的一组规则不能称为算法，只能称为计算过程。例如，操作系统用来管理计算机资源、控制作业的运行，没有作业运行时，计算过程并不停止，而是处于等待状态。在一个算法中，有些指令可能是重复执行的，因此指令的执行次数可能远远大于算法中的指令条数。由有穷性可知，对于任何输入，一个算法在执行了有限指令后一定要终止并且必须在有限的时间内完成。因此，当一个程序对任何输入都不会陷入无限循环时，即它是有穷的，则它就是一个算法。

2. 算法的描述

算法的描述方法可以归纳为以下几种：

1）自然语言。

2）图形，如 N-S 图、流程图。图的描述与算法语言的描述对应。

3）算法语言，即计算机语言、程序设计语言、伪代码。

4）形式语言。用数学的方法，可以避免自然语言的二义性。

用各种算法描述方法所描述的同一算法，其功用是一样的，因此允许在算法的描述和实现方法上有所不同。

人们的生产活动和日常生活离不开算法，都在自觉、不自觉地使用算法。例如，人们要购买物品，会首先确定购买哪些物品，准备好所需的钱；然后确定到哪些商场选购，怎样去商场；若物品的质量好如何处理，对物品不满意又怎样处理；购买物品后做什么等。以上购物的算法是用自然语言描述的，也可以用其他描述方法描述。图 1-5-1 所示为用流程图描述算法的例子，其对应函数为

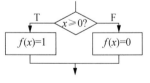

图 1-5-1　流程图

$$f(x) = \begin{cases} 1, & x \geqslant 0, \\ 0, & x < 0. \end{cases}$$

3. 算法设计的基本方法

计算机解题的过程实际上是在实施某种算法，这些算法可称为计算机算法。计算机算法

不同于人工处理的方法。在实际应用时，各种方法之间往往存在着一定的联系。

（1）列举法

列举法的基本思想是根据提出的问题，列举所有可能的情况，并用问题中给定的条件检验哪些是需要的，哪些是不需要的。因此，列举法常用于解决"是否存在"或"有多少种可能"等类型的问题，如求解不定方程的问题。

列举法的特点是算法比较简单，但当列举的可能情况较多时，执行列举算法的工作量将会很大。因此，在用列举法设计算法时，使方案优化、尽量减少运算工作量，是应该重点注意的。通常，在设计列举算法时，只要对实际问题进行详细的分析，将与问题有关的知识条理化、完备化、系统化，从中找出规律；或对所有可能的情况进行分类，引出一些有用的信息，就可以大大减少列举量。

列举原理是计算机应用领域中十分重要的原理。许多实际问题，若采用人工列举是不可想象的，但计算机的运算速度快，擅长重复操作，可以很方便地进行大量列举。列举算法虽然是一种比较笨拙而原始的方法，运算量比较大，但在有些实际问题中（如寻找路径、查找、搜索等问题），局部使用列举法却是很有效的。因此，列举法是计算机算法中的一个基础算法。

（2）归纳法

归纳法的基本思想是，通过列举少量的特殊情况，经过分析，最后找出一般的关系。显然，归纳法要比列举法更能反映问题的本质，并且可以解决列举量为无限的问题。但是，从一个实际问题中总结归纳出一般的关系，并不是一件容易的事情，要归纳出一个数学模型更为困难。从本质上讲，归纳就是通过观察一些简单而特殊的情况，最后总结出一般性的结论。

归纳是一种抽象，即从特殊现象中找出一般关系。但由于在归纳的过程中不可能对所有的情况进行列举，因此，最后由归纳得到的结论还只是一种猜测，还需要对这种猜测加以必要的证明。实际上，通过精心观察而得到的猜测得不到证实或最后证明猜测是错的，也是常有的事。

（3）递推法

所谓递推，是指从已知的初始条件出发，逐次推出所要求的各中间结果和最后结果。其中初始条件或是问题本身已经给定，或是通过对问题的分析与化简而确定。递推本质上也属于归纳法，工程上许多递推关系式实际上是通过对实际问题的分析与归纳而得到的，因此，递推关系式往往是归纳的结果。递推算法在数值计算中是极为常见的。但是，对于数值型的递推算法必须要注意数值计算的稳定性问题。

（4）递归法

人们在解决一些复杂问题时，为了降低问题的复杂程度（如问题的规模等），一般是将问题逐层分解，最后归结为一些简单的问题。这种将问题逐层分解的过程，实际上并没有对问题进行求解，而只是当解决了最后那些简单的问题后，再沿着原来分解的逆过程逐步进行综合，这就是递归的基本思想。由此可以看出，递归的基础也是归纳。在工程实际中，有许多问题就是用递归来定义的，数学中的许多函数也是用递归来定义的。递归在可计算性理论和算法设计中占有很重要的地位。

递归分为直接递归与间接递归两种。如果一个算法 P 显式地调用自己，则称为直接递归。如果算法 P 调用另一个算法 Q，而算法 Q 又调用算法 P，则称为间接递归。

递归是很重要的算法设计方法之一。实际上，递归过程能将一个复杂的问题归结为若干个较简单的问题，然后将这些较简单的问题再归结为更简单的问题，这个过程可以一直做下去，直到归结为最简单的问题为止。

有些实际问题，既可以归纳为递推算法，又可以归纳为递归算法。但递推与递归的实现方法是大不一样的。递推是从初始条件出发，逐次推出所需求的结果；而递归则是从算法本身到达递归边界的。通常，递归算法要比递推算法清晰易读，其结构比较简练。特别是在许多比较复杂的问题中，很难找到从初始条件推出所需结果的全过程，此时，设计递归算法要比递推算法容易得多。但递归算法的执行效率比较低。

（5）减半递推技术

实际问题的复杂程度往往与问题的规模有着密切的联系。因此，利用分治法解决这类实际问题是有效的。所谓分治法，就是对问题分而治之。工程上常用的分治法是减半递推技术。

所谓"减半"，是指将问题的规模减半，而问题的性质不变；所谓"递推"，是指重复"减半"的过程。

（6）回溯法

前面讨论的递推和递归算法本质上是对实际问题进行归纳的结果，而减半递推技术也是归纳法的一个分支。在工程上，有些实际问题很难归纳出一组简单的递推公式或直观的求解步骤，并且也不能进行无限的列举。对于这类问题，一种有效的方法是试探。通过对问题的分析，找出一个解决问题的线索，然后沿着这个线索逐步试探，对于每一步的试探，若试探成功，就得到问题的解，若试探失败，就逐步回退，换其他路线再次进行试探。这种方法称为回溯法。回溯法在处理复杂数据结构方面有着广泛的应用。

5.1.2 算法复杂度

算法的复杂度主要包括时间复杂度和空间复杂度。

1. 时间复杂度

一个算法的时间复杂度是该算法耗费的时间，它是该算法所求解问题规模 n 的函数，当问题的规模 n 无穷大时，人们把时间复杂度 $T(n)$ 的数量级称为算法的渐进时间复杂度。

为了能够比较客观地反映出一个算法的效率，在度量一个算法的工作量时，不仅应该与所使用的计算机、程序设计语言及程序编制者无关，而且应该与算法实现过程中的许多细节无关。为此，可以用算法在执行过程中所需基本运算的执行次数来度量算法的工作量。基本运算反映了算法运算的主要特征，因此，用基本运算的次数来度量算法工作量是客观的，也是实际可行的，有利于比较针对同一问题的几种算法的优劣。例如，在考虑两个矩阵相乘时，可以将两个实数之间的乘法运算作为基本运算，而对于所用的加法（或减法）运算忽略不计。又如，当需要在一个表中进行查找时，可以将两个元素之间的比较作为基本运算。

算法所执行的基本运算次数还与问题的规模有关。例如，两个 20 阶矩阵相乘与两个 10 阶矩阵相乘，所需要的基本运算（即两个实数的乘法）次数显然是不同的，前者需要更多的运算次数。因此，在分析算法的工作量时，还必须对问题的规模进行度量。

综上所述，算法的工作量用算法所执行的基本运算次数来度量，而算法所执行的基本运算次数是问题规模的函数，即

$$算法的工作量 = f(n)$$

其中，n 是问题的规模。例如，两个 n 阶矩阵相乘所需要的基本运算（即两个实数的乘法）次数为 n，即计算工作量为 n^3，也就是时间复杂度为 n^3。

在具体分析一个算法的工作量时，还会存在这样的问题：对于一个固定的规模，算法所执行的基本运算次数还可能与特定的输入有关，而实际上又不可能将所有可能情况下算法所执行的基本运算次数都列举出来。例如，"在长度为 n 的一维数组中查找值为 x 的元素"，若采用顺序搜索法，即从数组的第一个元素开始，逐个与被查值 x 进行比较，显然，如果第一个元素恰为 x，则只需要比较 1 次；但如果 x 为数组的最后一个元素，或者 x 不在数组中，则需要比较 n 次才能得到结果。因此，在这个问题的算法中，其基本运算（即比较）的次数与具体的被查值 x 有关。

下面举几个例子说明如何求算法的时间复杂度。

例 1-5-1　交换 a 和 b 的内容。

```
temp=i;
i=j;
j=temp;
```

以上 3 条单个语句的执行次数均为 1，该程序段的执行时间是一个与问题规模 n 无关的常数，因此，算法的时间复杂度为常数阶，记作 $T(n)=O(1)$。事实上，只要算法的执行时间不随着问题规模 n 的增加而增加，即使算法中有上千条语句，其执行时间也不过是一个较大的常数，此时，算法的时间复杂度也只是 $O(1)$。

例 1-5-2　变量计数之一。

```
x=0;y=0;
for(k=1;k<=n;k++)
   x++;
for(i=1;i<=n;i++)
   for(j=1;j<=n;j++)
      y++;
```

一般情况下，对步进循环语句只需考虑循环体中语句的执行次数。因此，以上程序段中执行次数最大的语句是第 6 条，其执行次数为 $f(n)=n^2$，所以该程序段的时间复杂度为 $T(n)=O(n^2)$。由此可见，当有若干个循环语句时，算法的时间复杂度是由嵌套层数最多的循环语句中最内层语句的执行次数 $f(n)$ 决定的。

2. 空间复杂度

一个算法的空间复杂度，一般是指执行这个算法所需要的存储空间。

一个算法所占用的存储空间包括算法程序所占的空间、输入的初始数据所占的存储空间及算法执行过程中所需要的额外空间。其中，额外空间包括算法程序执行过程中的工作单元及某种数据结构所需要的附加存储空间（例如，在链式结构中，除了要存储数据本身外，还需要存储链接信息）。如果额外空间量相对于问题规模来说是常数，则称该算法是原地（in place）工作的。在许多实际问题中，为了减少算法所占的存储空间，通常采用压缩存储技术，以便尽量减少不必要的额外空间。

5.2　数　据　结　构

数据结构是在整个计算机科学与技术领域中广泛使用的术语。它用来反映一个数据的内部构成，即一个数据由哪些成分数据构成，以什么方式构成，呈什么结构。数据结构有逻辑上的数据结构和物理上的数据结构之分。逻辑上的数据结构反映成分数据之间的逻辑关系，而物理上的数据结构反映成分数据在计算机内部的存储安排。数据结构是数据存在的形式。

利用计算机进行数据处理是计算机应用的一个重要领域。在进行数据处理时，实际需要处理的数据元素一般有很多，而这些大量的数据元素都需要存放在计算机中，因此，大量的数据元素在计算机中如何组织，以便提高数据处理的效率，并且节省计算机的存储空间，这是进行数据处理的关键问题。显然，杂乱无章的数据是不便于处理的。

5.2.1 数据结构的基本概念

计算机已被广泛用于数据处理，实际问题中的各数据元素之间总是相互关联的。所谓数据处理，是指对数据集合中的各元素以各种方式进行运算，包括插入、删除、查找、更改等运算，也包括对数据元素进行分析。在数据处理领域中，建立数学模型有时并不十分重要，事实上，许多实际问题是无法表示成数学模型的。人们最感兴趣的是知道数据集合中各数据元素之间存在什么关系，应如何组织它。简单地说，数据结构是指相互有关联的数据元素的集合。例如，向量和矩阵就是数据结构，在这两个数据结构中，数据元素之间有着位置上的关系。又如，图书馆中的图书卡片目录，则是一个较为复杂的数据结构，对于列在各卡片上的各种书之间，可能在主题、作者等问题上相互关联，甚至一本书本身也有不同的相关成分。数据元素具有广泛的含义。一般来说，现实世界中客观存在的一切个体都可以是数据元素。例如，表示数值的各个数 18，11，35，23，16，… 可以作为数值的数据元素；表示家庭成员的各成员名父亲、儿子、女儿可以作为家庭成员的数据元素。

一般情况下，在具有相同特征的数据元素集合中，各个数据元素之间存在有某种关系，这种关系反映了该集合中的数据元素所固有的一种结构。在数据处理领域中，通常把数据元素之间这种固有的关系简单地用前后继关系（或直接前驱与直接后继关系）来描述。

数据结构作为计算机的一门学科，主要研究和讨论以下 3 个方面的内容。

1. 数据的逻辑结构

数据的逻辑结构是指反映数据元素之间逻辑关系的数据结构。数据的逻辑结构有两个要素：一是数据元素的集合，通常记为 D；二是 D 上的关系，它反映了 D 中各数据元素之间的前后继关系，通常记为 R。即一个数据结构可以表示成

$$B = (D, R)$$

其中，B 表示数据结构。为了反映 D 中各数据元素之间的前后继关系，一般用二元组来表示。例如，假设 a 与 b 是 D 中的两个数据，则二元组(a, b)表示 a 是 b 的前驱，b 是 a 的后继。这样，在 D 中的每两个元素之间的关系都可以用这种二元组来表示。

2. 数据的存储结构

数据处理是计算机应用的一个重要领域，在实际进行数据处理时，被处理的各数据元素总是被存放在计算机的存储空间中，并且各数据元素在计算机存储空间中的位置关系与它们的逻辑关系不一定是相同的，而且一般也不可能相同。

数据的逻辑结构在计算机存储空间中的存放形式称为数据的存储结构（也称数据的物理结构）。由于数据元素在计算机存储空间中的位置关系可能与逻辑关系不同，因此，为了表

示存放在计算机存储空间中的各数据元素之间的逻辑关系（即前后继关系），在数据的存储结构中，不仅要存放各数据元素的信息，还需要存放各数据元素之间的前后继关系的信息。

一般来说，一种数据的逻辑结构根据需要可以表示成多种存储结构，常用的存储结构有顺序、链接、索引等存储结构。而采用不同的存储结构，其数据处理的效率是不同的。因此，在进行数据处理时，选择合适的存储结构是很重要的。

3. 数据的运算

数据的存储不同决定了其运算不同。通常，一个数据结构中的元素结点可能是动态变化的。根据需要或在处理过程中，可以在一个数据结构中增加一个新结点，也可以删除数据结构中的某个结点（称为删除运算）。插入与删除是对数据结构的两种基本运算。除此之外，对数据结构的运算还有查找、分类、合并、分解、复制和修改等。在对数据结构的处理过程中，不仅数据结构中的结点（即数据元素）个数在动态地变化，而且各数据元素之间的关系也有可能在动态地变化。例如，一个无序表可以通过排序处理而变成有序表；一个数据结构中的根结点被删除后，它的某一个后继可能就变成了根结点；在一个数据结构中的终端结点后插入一个新结点后，则原来的那个终端结点就不再是终端结点，而成为内部结点了。有关数据结构的基本运算将在后面讲到具体数据结构时再介绍。

如果一个数据结构中一个数据元素都没有，则称该数据结构为空的数据结构。在一个空的数据结构中插入一个新的元素，就变为非空的数据结构；在只有一个数据元素的数据结构中，将该元素删除就变为空的数据结构。

5.2.2　数据结构的分类

根据数据结构中各数据元素之间前后继关系的复杂程度，一般将数据结构分为两大类型：线性结构与非线性结构。

如果一个非空的数据结构满足下列两个条件：

1）有且只有一个根结点。

2）每一个结点最多有一个前驱，也最多有一个后继。

则称该数据结构为线性结构。

由此可以看出，在线性结构中，各数据元素之间的前后继关系是很简单的，如 n 维向量数据结构，它们都属于线性结构。需要特别说明的是，在一个线性结构中插入或删除任何一个结点后，其还应是线性结构。

如果一个数据结构不是线性结构，则称为非线性结构。显然，在非线性结构中，各数据元素之间的前后继关系要比线性结构复杂，因此，对非线性结构的存储与处理比线性结构要复杂得多。线性结构与非线性结构都可以是空的数据结构。一个空的数据结构究竟是属于线性结构还是属于非线性结构，这要根据具体情况来确定。如果对该数据结构的运算是按线性结构的规则来处理的，则属于线性结构，否则属于非线性结构。

5.3　线　性　表

5.3.1　线性表的概念

线性表（line list）是最简单、最常用的一种数据结构。

线性表由一组数据元素构成。数据元素的含义很广泛，在不同的具体情况下，它可以有不同的含义。例如，英文小写字母表（a，b，c，…，z）是一个长度为 26 的线性表，其中的每一个小写字母就是一个数据元素。再如，一年中的 4 个季节（春，夏，秋，冬）是一个长度为 4 的线性表，其中的每一个季节名就是一个数据元素。

矩阵也是一个线性表，只不过它是一个比较复杂的线性表。在矩阵中，既可以把每一行看成一个数据元素（即一个行向量为一个数据元素），也可以把每一列看成一个数据元素（即一个列向量为一个数据元素）。其中，每一个数据元素（一个行向量或一个列向量）实际上又是一个简单的线性表。数据元素可以是简单项（如上述例子中的数、字母、季节名等）。在稍微复杂的线性表中，一个数据元素还可以由若干个数据项组成。例如，某班的学生情况登记表是一个复杂的线性表，表中每一个学生的情况就组成了线性表中的每一个元素，每一个数据元素包括姓名、学号、性别、年龄和成绩数据项。在这种复杂的线性表中，由若干数据项构成的数据元素称为记录（record），而由多个记录构成的线性表又称为文件（file）。

综上所述，线性表是由 n（$n \geq 0$）个数据元素 a_1，a_2，a_3，…，a_n 组成的一个有限序列，表中的每一个数据元素，除了第一个外，有且只有一个前驱，除了最后一个外，有且只有一个后继。线性表或是一个空表，或可以表示为 $(a_1, a_2, \cdots, a_i, \cdots, a_n)$，其中 a_i（$i = 1, 2, \cdots, n$）是属于数据对象的元素，通常也称其为线性表中的一个结点。

显然，线性表是一种线性结构。数据元素在线性表中的位置只取决于它们自己的序号，即数据元素之间的相对位置是线性的。

5.3.2 线性表的顺序存储

1. 顺序存储的特点

在计算机中存放线性表，一种最简单的方法是顺序存储，也称为顺序分配。线性表的顺序存储结构具有以下两个基本特点：

1）线性表中所有元素所占的存储空间是连续的。

2）线性表中各数据元素在存储空间中是按逻辑顺序依次存放的。

由此可以看出，在线性表的顺序存储结构中，前后继两个元素在存储空间中是紧邻的，某元素一定存储在后继元素的前面。

在线性表的顺序存储结构中，如果线性表中各数据元素所占的存储空间（字节数）相等，那么在线性表中查找某一个元素是很方便的。

假设线性表中的第一个数据元素的存储地址（指第一个字节的地址，即首地址）为 ADR，一个数据元素占 k 字节，则线性表中第 i 个元素在计算机存储空间中的存储地址为 ADR+$(i-1)k$，即在顺序存储结构中，线性表中每一个数据元素在计算机存储空间中的存储地址由该元素在线性表中的位置序号唯一确定。一般来说，长度为 n 的线性表在计算机中的顺序存储结构如图 1-5-2 所示。

图 1-5-2　线性表顺序存储

在程序设计语言中，通常定义一个一维数组来表示线性表的顺序存储空间。因为程序设计语言中的一维数组与计算机中实际的存储空间结构是类似的，这就便于用程序设计语言对线性表进行各种运算处理。在用一维数组存放线性表时，该一维数组的长度通常要定义得比线性表的实际长度大一些，以便对线性表进行各种运算，特别是插入运算。在一般情况下，如果线性表的长度在处理过程中是动态变化的，则在开辟线性表的存储空间时要考虑线性表在动态变化过程中可能达到的最大长度。如果开始时所开辟的存储空间太小，则在线性表动态增长时可能会出现存储空间不够而无法再插入新的元素；但如果开始时所开辟的存储空间太大，而实际上又用不着那么大的存储空间，则会造成存储空间的浪费。在实际应用中，可以根据线性表动态变化过程中的一般规模来决定开辟的存储空间量。

2. 线性表顺序存储时的运算

在线性表的顺序存储结构下，可以对线性表进行各种处理，主要的运算有以下几种：

（1）线性表中的插入运算

在长度为 n 的线性表中插入一个结点 x，其插入过程如下：首先从最后一个元素开始，直到第 i 个元素，将其中的每一个元素均依次往后移动一个位置；然后将新元素 x 插入第 i 个位置。插入一个新元素后，线性表的长度变成了 $n+1$，如图 1-5-3 所示。

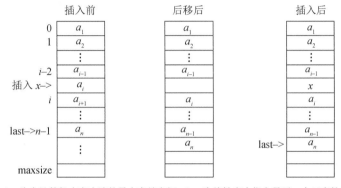

maxsize 为向计算机内存申请的最大存储空间，last 为线性表中指向最后一个元素的指针

图 1-5-3　线性表在顺序存储结构下的插入运算

在一般情况下，要在第 i 个元素之前插入一个新元素时，首先要从最后一个（即第 n 个）元素开始，直到第 i 个元素之间共 $n-i+1$ 个元素依次向后移动一个位置，移动结束后，第 i 个位置就被空出，然后将新元素插入第 i 项。插入结束后，线性表的长度就增加了 1。

显然，在线性表采用顺序存储结构时，如果插入运算在线性表的末尾进行，即在第 n 个元素之后（可以认为是在第 $n+1$ 个元素之前）插入新元素，则只要在表的末尾增加一个元素即可，不需要移动表中的元素；如果要在线性表的第 1 个元素之前插入一个新元素，则需要移动表中所有的元素。在一般情况下，如果插入运算在第 i 个元素之前进行，则原来第 i 个元素之后（包括第 i 个元素）的所有元素都必须移动。在平均情况下，要在线性表中插入一个新元素，需要移动表中一半的元素。因此，在线性表顺序存储的情况下，要插入一个新元素，其效率是很低的，特别是在线性表比较大的情况下这个问题更为突出，会因为数据元素的移动而消耗较多的处理时间。

（2）线性表顺序存储时的删除运算

一个长度为 n 的线性表顺序存储在长度为 maxsize 的存储空间中。现在要求删除线性表中的第 i 个元素。其删除过程如下：

从第 i 个元素开始直到最后一个元素，将其中的每一个元素均依次往前移动一个位置。此时，线性表的长度变成了 $n-1$，如图 1-5-4 所示。

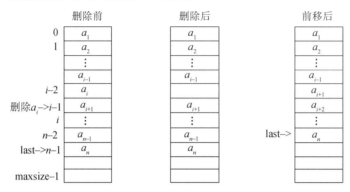

图 1-5-4　线性表在顺序存储结构下的删除运算

设长度为 n 的线性表为（a_1，a_2，…，a_i，…，a_n），现要删除第 i 个元素，删除后得到长度为 $n-1$，在一般情况下，要删除第 i 个元素时，则要从第 $i+1$ 个元素开始，直到第 n 个元素依次向前移动一个位置。删除结束后，线性表的长度就减小了 1。

显然，在线性表采用顺序存储结构时，如果删除运算在线性表的末尾进行，即删除第 n 个元素，则不需要移动表中的元素；如果要删除线性表中的第 1 个元素，则需要移动表中所有的元素。在一般情况下，如果要删除第 i 个元素，则原来第 i 个元素之后的所有元素都必须依次往前移动一个位置。在平均情况下，要在线性表中删除一个元素，需要移动表中一半的元素。因此，在线性表顺序存储的情况下，要删除一个元素，其效率也是很低的，特别是在线性表比较大的情况下这个问题更为突出，会因为数据元素的移动而消耗较多的处理时间。

由线性表在顺序存储结构下的插入与删除运算可以看出，线性表的顺序存储结构对于小线性表或者其中元素不常变动的线性表来说是合适的，因为顺序存储的结构比较简单。但这种顺序存储的方式对于元素经常需要变动的大线性表就不太合适了，因为插入与删除的效率比较低。

5.3.3　线性表的链式存储

前面主要讨论了线性表的顺序存储结构及在顺序存储结构下的运算。线性表的顺序存储结构具有简单、运算方便等优点，特别是对于小线性表或长度固定的线性表，采用顺序存储结构的优越性更为突出。但是，线性表的顺序存储结构在某些情况下运算就不那么方便，运算效率不那么高了。实际上，线性表的顺序存储结构存在以下 3 方面的缺点。

1）在一般情况下，要在顺序存储的线性表中插入一个新元素或删除一个元素时，为了保证插入或删除后的线性表仍然为顺序存储，则在插入或删除过程中需要移动大量的数据元素。在平均情况下，需要移动线性表中约一半的元素；在最坏情况下，则需要移动线性表中所有的元素。因此，对于大的线性表，特别是在元素的插入或删除很频繁的情况下，采用顺序存储结构是很不方便的，插入与删除运算的效率都很低。

2）当为一个线性表分配顺序存储空间后，出现线性表的存储空间已满，但还需要插入新元素的情况时，就会发生"上溢"错误。在这种情况下，如果在原线性表的存储空间后找不到与之连续的可用空间，则会导致运算失败或中断。显然，这种情况的出现对运算是很不利的。也就是说，在顺序存储结构下，线性表的存储空间不便于扩充。

3）在实际应用中，往往是同时有多个线性表共享计算机的存储空间，例如，在一个处理中，可能要用到若干个线性表（包括栈与队列）。在这种情况下，存储空间的分配将是一个难题。如果将存储空间平均分配给各线性表，则有可能造成有的线性表的空间不够用，而有的线性表的空间根本用不着或用不满，这就会出现有的线性表空间无用而处于空闲的情况，另外一些线性表的操作由于"上溢"而无法进行。这种情况使计算机的存储空间得不到充分利用。如果多个线性表共享存储空间，对每一个线性表的存储空间进行动态分配，则为了保证每一个线性表的存储空间连续且顺序分配，会导致在对某个线性表进行动态分配存储空间时，必须要移动其他线性表中的数据元素。这就是说，线性表的顺序存储结构不便于对存储空间的动态分配。

由于线性表的顺序存储结构存在以上缺点，对于大的线性表，特别是元素变动频繁的大线性表不宜采用顺序存储结构，而是采用下面要介绍的链式存储结构。

1. 线性链表的存储

在链式存储结构中，存储数据结构的存储空间可以不连续，各数据结点的存储顺序与数据元素之间的逻辑关系可以不一致，而数据元素之间的逻辑关系是由指针域来确定的。

线性表的链式存储有单链表、双链表、循环链表。

为了存储线性表中的每一个元素，正确表示结点之间的关系，一方面要存储数据元素的值，另一方面要存储各数据元素之间的前后继关系。为此，将存储空间中的每一个存储结点分为两部分：一部分用于存储数据元素的值，称为数据域；另一部分用于存放下一个数据元素的存储序号（即存储结点的地址），即指向后继结点，称为指针域。由此可知，在线性链表中，存储空间的结构如图 1-5-5 所示。

Data	Next

图 1-5-5　存储空间的结构

其中，Data 是数据域，用来存放结点的值；Next 是指针域，用来存放结点的直接后继地址。链表的每个结点只有一个链域，故将这种链表称为单链表。

在单链表中，用一个专门的指针 head 指向线性链表中第一个数据元素的结点（即存放线性表中第一个数据元素的存储结点的序号）。线性链表中最后一个元素没有后继，因此，线性链表中最后一个结点的指针域为空（用 NULL 或 0 表示），表示链表终止。例如，图 1-5-6 所示为线性链表（bat，eat，cat，fat，hat，mat）的逻辑结构。线性链表中存储结点的结构如图 1-5-7 所示。

110	cat	210
130	bat	135
135	eat	110
205	hat	215
210	fat	205
215	mat	

图 1-5-6　线性链表的逻辑结构

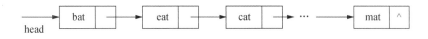

图 1-5-7　线性链表的存储结构

当 head = NULL（或 0）时称为空表。对于线性链表，可以从头指针开始，沿各结点的指针扫描到链表中的所有结点。

上面讨论的线性链表又称为线性单链表。在这种链表中，每一个结点只有一个指针域，由这个指针只能找到后继结点，但不能找到前驱结点。因此，在这种线性链表中，只能沿指针向链尾方向进行扫描，这会给某些问题的处理带来不便，因为在这种链接方式下，由某一个结点出发，只能找到它的后继，而为了找出它的前驱，必须从头指针开始重新寻找。

为了弥补线性单链表的这个缺点，在某些应用中，对线性链表中的每个结点设置两个指针，一个称为左指针（Llink），用于指向其前驱结点；另一个称为右指针（Rlink），用于指向其后继结点。这样的线性链表称为双向链表，其逻辑状态如图 1-5-8 所示。

Llink	data	Rlink

图 1-5-8　双向链表示意图

2. 线性链表的运算

线性链表的运算主要有以下几个：

（1）在线性链表中查找指定元素

在对线性链表进行插入或删除运算前，总是首先需要找到插入或删除的位置，这就需要对线性链表进行扫描查找，在线性链表中寻找包含指定元素值的前一个结点。当找到包含指定元素的前一个结点后，就可以在该结点后插入新结点或删除该结点后的一个结点。

（2）线性链表的插入

线性链表的插入是指在链式存储结构下的线性表中插入一个新元素。

为了在线性链表中插入一个新元素，首先要给该元素分配一个新结点，以便用于存储该元素的值。然后将存放新元素值的结点链接到线性链表中指定的位置。

在 p 指针后插入新结点，其插入过程如图 1-5-9 所示。

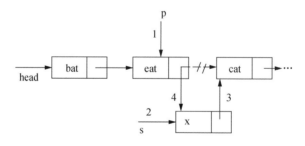

图 1-5-9　单链表的插入

由线性链表的插入过程可以看出，线性链表在插入过程中不发生数据元素移动的现象，只需改变有关结点的指针即可，从而提高了插入的效率。

（3）线性链表的删除

线性链表的删除是指在链式存储结构下的线性表中删除包含指定元素的结点。为了在线性链表中删除包含指定元素的结点，首先要在线性链表中找到这个结点，然后将要删除的结点放回存储池。

假设线性链表如图 1-5-10 所示。现在要在线性链表中删除包含元素 eat 的结点，其删除过程如下：

1）在线性链表中寻找包含元素 eat 的前一个结点，设该结点序号为 p。

2）将结点 p 后的结点 r 从线性链表中删除。

3）将结点 r 送回存储池。经过这一步后的状态如图 1-5-10 所示。此时，线性链表的删除运算完成。

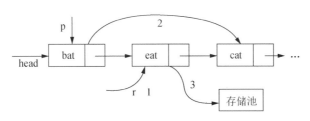

图 1-5-10　线性链表的删除

3. 循环链表

在线性单链表中，只有从头结点出发才能找到链表中的其他结点，当把最后一个结点的链域指向头结点，构成一个环时，称为循环链表，如图 1-5-11 所示。

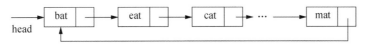

图 1-5-11　循环链表

在循环链表中，只要指出表中任何一个结点的位置，就可以从它出发访问到表中其他所有的结点，而线性单链表做不到这一点。

另外，由于在循环链表中设置了一个表头结点，因此，在任何情况下，循环链表中至少有一个结点存在，从而使空表与非空表的运算统一。

循环链表的插入和删除的方法与线性单链表基本相同。但由循环链表的特点可以看出，在对循环链表进行插入和删除的过程中，实现了空表与非空表的运算统一。

5.4　栈 和 队 列

5.4.1　栈及其基本运算

1. 栈的概念

栈（stack）实际上也是线性表，只不过是一种特殊的线性表。在这种特殊的线性表中，其插入与删除运算都只在线性表的一端进行。即在这种线性表的结构中，一端是封闭的，不允许插入与删除元素；另一端是开口的，允许插入与删除元素。在顺序存储结构下，这种类型线性表的插入与删除运算是不需要移动表中其他数据元素的。这种线性表称为栈。

栈是限定在一端进行插入与删除的线性表，栈的示意图如图 1-5-12 所示。

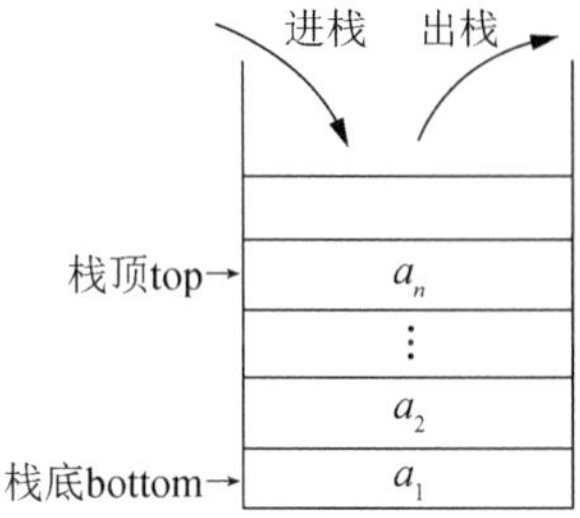

在栈中，允许插入与删除的一端称为栈顶，而不允许插入与删除的另一端称为栈底。栈顶元素总是最后被插入的元素，从而也是最先能被删除的元素；栈底元素总是最先被插入的元素，从而也是最后才能被删除的元素。即栈是按照"先进后出"（first in last out，FILO）或"后进先出"（last in first out，LIFO）的原则组织数据的，因此，栈也被称为"先进后出"表或"后进先出"表。通常用指针 top 来指向栈顶，

图 1-5-12　栈的示意图

用指针 bottom 指向栈底。往栈中插入一个元素称为入栈运算，从栈中删除一个元素（即删除栈顶元素）称为退栈运算。栈顶指针 top 动态反映了栈中元素的变化情况。

栈这种数据结构在日常生活中也是常见的。例如，子弹夹是一种栈的结构，最后压入的子弹总是最先被弹出，而最先压入的子弹最后才能被弹出。又如，在用一端为封闭另一端为开口的容器装物品时，也是遵循"先进后出"或"后进先出"原则的。

2. 栈的顺序存储及其运算

与一般的线性表一样，在程序设计语言中，用一维数组 $S(1:m)$ 作为栈的顺序存储空间，其中 m 为栈的最大容量。通常，栈底指针指向栈空间的低地址一端（即数组的起始地址这一端）。如图 1-5-13 所示，图（a）是容量为 10 的栈顺序存储空间，栈中已有 6 个元素；图（b）与（c）分别为入栈与退栈后的状态。

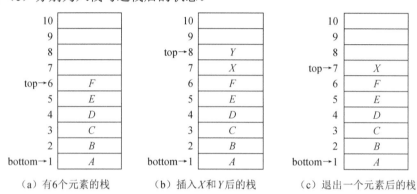

（a）有6个元素的栈　　（b）插入 X 和 Y 后的栈　　（c）退出一个元素后的栈

图 1-5-13　入栈和退栈示意图

栈的基本运算有 3 种：入栈、退栈与读栈顶元素。下面分别介绍在顺序存储结构下栈的这 3 种运算。

（1）入栈运算

入栈运算是指在栈顶位置插入一个新元素。这个运算有两个基本操作：首先将栈顶指针进 1（即 top+1），然后将新元素插入栈顶指针指向的位置。当栈顶指针已经指向存储空间的最后一个位置时，说明栈空间已满，不能再进行入栈操作。这种情况称为栈"上溢"错误。

（2）出栈运算

出栈运算是指取出栈顶元素并赋给一个指定的变量。这个运算有两个基本操作：首先将栈顶元素（栈顶指针指向的元素）赋给一个指定的变量，然后将栈顶指针退 1（即 top-1）。当栈顶指针为 0 时，说明栈空，不可能进行出栈操作。这种情况称为栈"下溢"错误。

（3）读栈顶元素

读栈顶元素是指将栈顶元素赋给一个指定的变量。必须注意，这个运算不删除栈顶元素，只是将它的值赋给一个变量，因此，在这个运算中，栈顶指针不会改变。当栈顶指针为 0 时，说明栈空，读不到栈顶元素。

5.4.2　队列及其运算

1. 队列

在计算机系统中，如果一次只能执行一个用户程序，则在多个用户程序需要执行时，这些用户程序必须先按照到来的顺序进行排队等待。这通常是由计算机操作系统来进行管理的。在操作系统中，用一个线性表来组织管理用户程序的排队执行，其原则有以下几点：

1）初始时线性表为空。

2）当有用户程序到来时，将该用户程序加入线性表的末尾进行等待。

3）当计算机系统执行完当前的用户程序后，就从线性表的头部取出一个用户程序执行。由这个例子可以看出，在这种线性表中，需要加入的元素总是插入线性表的末尾，并且又总是从线性表的头部取出（删除）元素。这种线性表称为队列（queue）。

队列是指允许在一端进行插入，而在另一端进行删除的线性表。允许插入的一端称为队尾，通常用一个称为尾指针（rear）的指针指向队尾元素，即尾指针总是指向最后被插入的元素；允许删除的一端称为队头。显然，在队列这种数据结构中，最先插入的元素将最先被删除，反之，最后插入的元素将最后被删除。因此，队列又称为"先进先出"（first in first out，FIFO）的线性表，它体现了"先来先服务"的原则。在队列中，队尾指针 rear 与排头指针 front 共同反映了队列中元素动态变化的情况。图 1-5-14 是具有 6 个元素的队列示意图。

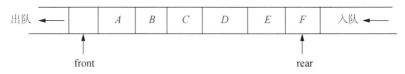

图 1-5-14　6 个元素的队列示意图

向队列的队尾插入一个元素称为入队运算，从队列的排头删除一个元素称为出队运算。图 1-5-15 是在队列中进行插入与删除运算的示意图。由图 1-5-15 可以看出，在队列的末尾插入一个元素（入队运算）只涉及队尾指针 rear 的变化，而要删除队列中的排头元素（出队运算）只涉及排头指针 front 的变化。

与栈类似，在程序设计语言中，用一维数组作为队列的顺序存储空间。

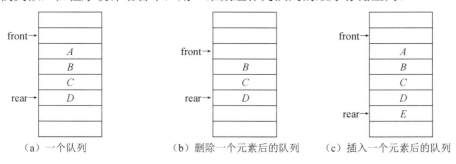

（a）一个队列　　　　（b）删除一个元素后的队列　　　（c）插入一个元素后的队列

图 1-5-15　队列运算示意图

2. 循环队列及其运算

在实际应用中，队列的顺序存储结构一般采用循环队列的形式。所谓循环队列，就是将队列存储空间的最后一个位置绕到第一个位置，队列循环使用，如图 1-5-16 所示。在循环队

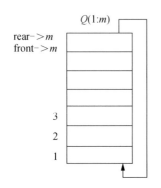

图 1-5-16　循环队列存储空间示意图

列结构中，当存储空间的最后一个位置已被使用而再要进行入队运算时，只要存储空间的第一个位置空闲，便可将元素加入第一个位置，即将存储空间的第一个位置作为队尾。在循环队列中，用队尾指针 rear 指向队列中的队尾元素，用排头指针 front 指向排头元素的前一个位置，因此，从排头指针 front 指向的后一个位置直到队尾指针 rear 指向的位置之间所有的元素均为队列中的元素。循环队列的初始状态为空，即 rear=front=m，如图 1-5-17 所示。

循环队列主要有两种基本运算：入队运算和出队运算。

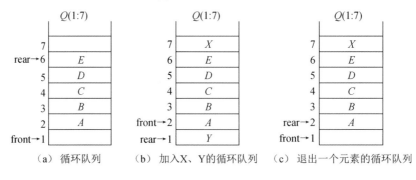

（a）循环队列　　（b）加入X、Y的循环队列　　（c）退出一个元素的循环队列

图 1-5-17　循环队列运算

判断循环队列空的条件：

```
rear=(front+1)%m
```

判空的条件：

```
rear=front
```

出队时的操作：

```
front=(front+1)%m
```

入队时的操作：

```
rear=(rear+1)%m
```

（1）入队运算

入队运算是指在循环队列的队尾加入一个新元素。这个运算有两个基本操作：首先将队尾指针加 1（即 rear+1），然后将新元素插入队尾指针指向的位置。当循环队列非空且队尾指针等于排头指针时，说明循环队列已满，不能进行入队运算，该情况称为"上溢"。

（2）出队运算

出队运算是指在循环队列的排头位置退出一个元素并赋给指定的变量。这个运算有两个基本操作：首先将队头指针进一（即 front+1），然后将排头指针指向的元素赋给指定的变量。当循环队列为空时，不能进行出队运算，这种情况称为"下溢"。

5.5　树与二叉树

5.5.1　树与二叉树的概念

1. 树

树（tree）是一种简单的非线性结构。在树这种数据结构中，所有数据元素之间的关系具有明显的层次特性。图 1-5-18 表示了一棵一般的树。由图 1-5-18 可以看出，在用图形表示树这种数据结构时，很像自然界中的树，只不过是一棵倒长的树，因此，这种数据结构就用"树"来命名。

在树的图形表示中，总是认为在用直线连起来的两端结点中，上端结点是前驱，下端结点是后继。这样表示前后继关系的箭头就可以省略。

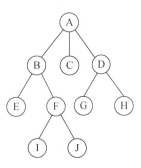

图 1-5-18　一般的树

2. 树的一些术语

下面介绍树这种数据结构的一些基本特征，同时介绍有关树结构的基本术语。

1）根结点：在树结构中，每一个结点只有一个前驱，称为父结点；没有前驱的结点只有一个，称为树的根结点，简称为树的根。例如，在图 1-5-18 中，结点 A 是树的根结点。

2）叶子结点：在树结构中，每一个结点可以有多个后继，它们都称为该结点的子结点。没有后继的结点称为叶子结点。例如，在图 1-5-18 中，结点 C、E、G、H、I、J 均为叶子结点。

3）度：在树结构中，一个结点所拥有的后继个数称为该结点的度。例如，在图 1-5-18 中，根结点 A 的度为 3；结点 B、D 的度为 2；叶子结点的度为 0。在树中，所有结点中的最大的度称为树的度。例如，图 1-5-18 所示的树的度为 3。前面已经说过，树结构具有明显的层次关系，即树是一种层次结构。在树结构中，一般按如下原则分层：根结点在第 1 层，同一层上所有结点的所有子结点都在下一层。例如，在图 1-5-18 中，根结点 A 在第 1 层；结点 B、C、D 在第 2 层；结点 E、F、G、H 在第 3 层；结点 I、J 在第 4 层。树的最大层次称为树的深度。例如，图 1-5-18 所示的树的深度为 4。

4）孩子、双亲、兄弟：在树中，以某结点的一个子结点为根构成的树称为该结点的一棵子树。树中某个结点的子树之根称为该结点的孩子，相应地，该结点称为孩子的双亲或父亲。例如，在图 1-5-18 中，结点 B、C、D 是 A 的孩子；A 是 B 结点的双亲。同一个双亲的孩子称为兄弟，E、F 是兄弟，B、C、D 是兄弟。

树在计算机中通常用多重链表表示。多重链表中的每个结点描述了树中对应结点的信息，而每个结点中的链域（即指针域）个数随树中该结点的度而定，在表示树的多重链表中，由于树中每个结点的度一般是不同的，多重链表中各结点的链域个数也就不同，这将导致对树进行处理的算法很复杂。如果用定长的结点来表示树中的每个结点，即取树的度作为每个结点的链域个数，则可使对树的各种处理算法大大简化。但在这种情况下，容易造成存储空间的浪费，因为有可能很多结点中存在空链域。后面将介绍用二叉树来表示一般的树，它会给处理带来方便。

3. 二叉树

（1）二叉树的概念

二叉树（bintree）是一种很有用的非线性结构。二叉树不同于前面介绍的树结构，但它与树结构可以相互转换，二叉树的存储结构及其算法都较为简单，因此二叉树显得特别重要。

二叉树是 n（$n \geq 0$）个结点的有限集合，它或者是空集（$n=0$），或者由一个根结点及两棵互不相交的、分别称为这个根的左子树和右子树的二叉树组成。

二叉树具有以下两个特点：

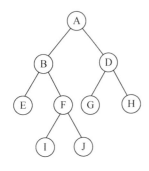

图 1-5-19　二叉树

1）非空二叉树只有一个根结点。

2）每一个结点最多有两棵子树，分别称为该结点的左子树与右子树。

由以上特点可以看出，在二叉树中，每一个结点的度最大为 2，即所有子树（左子树或右子树）也均为二叉树，而树结构中的每一个结点的度可以是任意的。另外，二叉树中的每一个结点的子树被明显地分为左子树与右子树。在二叉树中，一个结点可以只有左子树而没有右子树，也可以只有右子树而没有左子树。当一个结点既没有左子树，也没有右子树时，该结点即是叶子结点。图 1-5-19 是一棵深度为 4 的二叉树。

（2）二叉树的基本性质

二叉树主要涉及 3 方面内容：二叉树的基本概念、二叉树的基本性质及两种特殊的二叉树——完全二叉数和满二叉树。

性质 1　在二叉树的第 k 层上，最多有 2^{k-1}（$k \geq 1$）个结点。

根据二叉树的特点，这个性质是显然的。

性质 2　深度为 k 的二叉树最多有 2^k-1 个结点。

深度为 k 的二叉树是指二叉树共有 k 层。根据性质 1，只要将第 1 层到第 k 层上的最大结点数相加，就可以得到整个二叉树中结点数的最大值，即

$$1 + 2^1 + 2^2 + \cdots + 2^{k-1} = 2^k - 1$$

性质 3　在任意一棵二叉树中，度为 0 的结点（即叶子结点）总是比度为 2 的结点多一个，即

$$n_0 = n_2 + 1 \qquad\qquad（1\text{-}5\text{-}1）$$

对于这个性质说明如下：假设二叉树中有 n_0 个叶子结点，n_1 个度为 1 的结点，n_2 个度为 2 的结点，则二叉树中总的结点数为

$$n = n_0 + n_1 + n_2 \qquad\qquad（1\text{-}5\text{-}2）$$

由于二叉树中除了根结点外，其余每一个结点都有唯一的分支进入。设二叉树中所有进入分支的总数为 m，则二叉树中总的结点数为 n。

$$n = m + 1 \qquad\qquad（1\text{-}5\text{-}3）$$

又由于二叉树中这 m 个进入分支是分别由非叶子结点射出的，其中度为 1 的每个结点射出 1 个分支，度为 2 的每个结点射出 2 个分支，因此，二叉树中所有度为 1 与度为 2 的结点射出的分支总数为 $n_1 + 2n_2$。而在二叉树中，总的射出分支数应与总的进入分支数

相等，即

$$m = n_1 + 2n_2 \quad\quad (1\text{-}5\text{-}4)$$

将式（1-5-4）代入式（1-5-3），有

$$n = n_1 + 2n_2 + 1 \quad\quad (1\text{-}5\text{-}5)$$

最后比较式（1-5-2）和式（1-5-5），有

$$n_0 + n_1 + n_2 = n_1 + 2n_2 + 1 \quad\quad (1\text{-}5\text{-}6)$$

化简式（1-5-6）后得 $n_0 = n_2 + 1$，即在二叉树中，度为 0 的结点（即叶子结点）总是比度为 2 的结点多一个。

性质 4　具有 n 个结点的完全二叉树的深度 k 为 $\lfloor \log_2 n \rfloor + 1$。

性质 5　具有 n 个结点的完全二叉树，按从上至下和从左到右的顺序对所有结点从 1 开始顺序编号，则对任意结点 i，有

如果 $i = 1$，则该结点是根结点；否则（$i > 1$），其双亲结点序号为 $i/2$。

如果 $2i \leqslant n$，则其左子结点的序号为 $2i$。

如果 $2i > n$，则 i 结点无左子结点，显然也没右子节点。

如果 $2i + 1 \leqslant n$，则序号为 i 的结点的右孩子结点的序号为 $2i + 1$。

如果 $2i + 1 > n$，则序号为 i 的结点无右孩子结点。

（3）满二叉树

定义：如果一个二叉树深度为 k，结点数为 $2^k - 1$，则称为满二叉树。

特点：除最后一层外，每一层所有结点都有两个子结点。

（4）完全二叉树

定义：指深度为 k，有 n 个结点，且每一个结点都与深度为 k 的满二叉树中编号从 1 至 n 的结点一一对应。

特点：叶子结点只可能在最下面两层上，且最下层叶子结点集中在树的左部。任意结点，右分支下子孙结点最大层次为 h，则左分支必为 h 或 $h+1$。

4. 二叉树的存储结构

1）顺序存储结构：用一组连续的存储单元存放二叉树中的结点。

优点：适用于满二叉树和完全二叉树，按结点从上至下、从左到右的顺序存放，结点序号唯一反映出结点间的逻辑关系，又可用数组下标值确定结点位置。

缺点：对一般二叉树，需增加许多空结点将一棵二叉树改造成完全二叉树，浪费大量存储空间，否则数组元素下标间不能反映各结点间逻辑关系。

2）链式存储结构：每个结点由数据域、左指针域和右指针域组成。

5.5.2　遍历二叉树

定义：按照一定规律对二叉树中的每个结点访问一次。

目的：非线性结构线性化。二叉树是非线性结构，经过一次完整遍历，可将各结点的非线性排列变为某种意义的线性序列。

1. 先序遍历（DLR）

首先访问根结点，然后访问根结点的左子树，最后访问根结点的右子树。

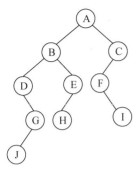

图 1-5-20 遍历二叉树

如果给定一棵二叉树的图形形态，可在图形基础上，采用填空法迅速写出该二叉树的先序遍历序列。具体做法：每个结点都由 3 个要素组成，即根结点、左子树、右子树；又已知先序遍历顺序是先访问根结点，然后访问左子树、访问右子树。那么，可按层分别展开，逐层填空即可得到该二叉树的先序遍历序列。如图 1-5-20 中的二叉树采用填空法的步骤如下（"左子树"和"右子树"分别简称"左""右"）：

1）（根，左子树，右子树）。

2）A，A左，A右。

3）A，（B，左，右），（C，左，右）。

4）A，B，B左，B右，C，C左，C右。

5）A，B，（D，左，右），（E，左，右），C，（F，左，右），无。

6）A，B，D，D左，D右，E，E左，E右，C，F，F左，F右。

7）A，B，D，无，（G，左，右），E，（H，左，右），无，C，F，无，（I，左，右）。

8）A，B，D，G，G左，G右，E，H，H左，H右，C，F，I，I左，I右。

9）A，B，D，G，（J，左，右），无，E，H，无，无，C，F，I，无，无。

10）A，B，D，G，J，J左，J右，E，H，C，F，I。

11）A，B，D，G，J，无，无，E，H，C，F，I。

12）ABDGJEHCFI 即为该二叉树的先序遍历序列。

2. 中序遍历（LDR）

首先访问根结点的左子树，然后访问根结点，最后访问根结点的右子树。

在图形基础上，采用填空法也可写出该二叉树的中序遍历序列。具体做法：先访问左子树，然后访问根结点，最后访问右子树。那么，可按层分别展开，逐层填空即可得到该二叉树的中序遍历序列。如图 1-5-20 中的二叉树中序遍历的步骤如下：

1）（左子树，根，右子树）。

2）A左，A，A右。

3）（左，B，右），A，（左，C，右）。

4）B左，B，B右，A，C左，C，C右。

5）（左，D，右），B，（左，E，右），A，（左，F，右），C，无。

6）D左，D，D右，B，E左，E，E右，A，F左，F，F右，C。

7）无，D，（左，G，右），B，（左，H，右），E，无，A，无，F，（左，I，右），C。

8）D，G左，G，G右，B，H左，H，H右，E，A，F，I左，I，I右，C。

9）D，（左，J，右），G，无，B，无，H，无，E，A，F，无，I，无，C。

10）D，J左，J，J右，G，B，H，E，A，F，I，C。

11）D，无，J，无，G，B，H，E，A，F，I，C。

12）DJGBHEAFIC 即为该二叉树的中序遍历序列。

注：后序遍历的序列亦可以此方法类推，请读者自己尝试。

3. 后序遍历（LRD）

首先访问根结点的左子树，然后访问根结点的右子树，最后访问根结点。

4. 利用遍历序列构造二叉树

如果已知一棵二叉树的先序遍历序列和中序遍历序列,则可以用这两个遍历序列构造一棵唯一的二叉树形态。任意一棵二叉树的先序遍历序列和中序遍历序列是唯一的,那么首先从给定的先序遍历序列入手,该先序遍历序列的第一个元素一定是该二叉树的根;其次分析这个根结点在中序遍历序列中的位置,中序遍历序列中根结点的左边即为左子树的全部元素,而根结点的右边即为右子树的全部元素;然后据此将先序遍历序列除根结点以外的其余部分分为左、右子树两部分,并在这两部分中分别找出左、右子树的根结点。依此类推,即可得到完整的二叉树。

例 1-5-3　已知一棵二叉树的先序遍历序列和中序遍历序列分别为

先序遍历序列:ABCIDEFHG。

中序遍历序列:CIBEDAHFG。

请构造这棵二叉树。

按前述分析,这棵二叉树的构造过程如图 1-5-21 所示。

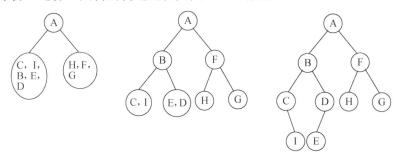

图 1-5-21　二叉树的构造过程

5.6　查 找 技 术

在计算机信息系统中,将用户输入的数据进行处理、保存的目的是方便以后的查找、输出等操作,其中查找是最常用的操作。例如,将通讯录保存到计算机中后,可能随时需要查找某个人的电话号码、通信地址等信息。

对于无顺序的数据,只有逐个比较数据,才能找到需要的内容,称为顺序查找。对于有顺序的数据,也可以采用顺序查找法逐个比较,还可以采取更快速的方法找到所需的数据。

5.6.1　顺序查找

在表的组织方式中,线性表是最简单的一种。顺序查找是一种最简单的查找方法。

顺序查找的基本思想:从表的一端开始,顺序扫描线性表,依次将扫描到的结点关键字和给定值 K 相比较。若当前扫描到的结点关键字与 K 相等,则查找成功;若扫描结束后,仍未找到关键字等于 K 的结点,则查找失败。

顺序查找方法既适用于线性表的顺序存储结构,也适用于线性表的链式存储结构(使用单链表作存储结构时,扫描必须从第一个结点开始)。

长度为 n 的线性表成功的平均查找长度为 $(n+1)/2$，即查找成功时的平均比较次数约为表长的一半。若 K 值不在表中，则须进行 $n+1$ 次比较之后才能确定查找失败。

5.6.2 折半查找

折半查找的基本思想：将数据有序（递增或递减）排列，查找过程中采用跳跃式方式查找，以递增排列为例，即先以有序数列的中间位置数据为比较对象，如果要找的元素值小于该元素，则将待查序列缩小为左半部分，否则为右半部分。通过一次比较，将查找区间缩小一半。折半查找是一种高效的查找方法。它可以明显减少比较次数，提高查找效率。但是，折半查找的先决条件是查找表中的数据元素必须有序。算法步骤描述如下：

1）确定整个查找区间的中间位置

$$mid = (left+right)/2$$

2）用待查关键字值与中间位置的关键字值进行比较。若相等，则查找成功；若待查关键字值大于中间位置的关键字值，则在后（右）半个区域继续进行折半查找；若待查关键字值小于中间位置的关键字值，则在前（左）半个区域继续进行折半查找。

3）对确定的缩小区域再按折半公式，重复上述步骤。最后，得到结果：要么查找成功，要么查找失败。

折半查找的存储结构采用一维数组存放。

例 1-5-4 对给定数列（有序）{3，5，11，17，21，23，28，30，32，50}，按折半查找算法，查找关键字值为 30 的数据元素，步骤如下：

1）mid=(0+9)/2=4.5，向上取整为 5，首次查找中心位置为 5，即数 23。

2）用待查找的关键字值 30 和 23 比较，查找的关键字值大于中间位置的关键字值，则在后半个区域（5～9）继续进行折半查找。

3）mid=(5+9)/2=7，第二次查找中心位置为 7，即数 30。

4）用待查找的关键字值 30 和中心位置的数 30 比较，待查找的关键字值等于中间位置的值，则查找成功。

折半查找算法的优点是每经过一次比较，查找范围就缩小一半，经 $\log_2 n$ 次比较就可以完成查找过程；缺点是要求查找数列必须有序，而对所有数据元素按大小排序是非常费时的操作。另外，顺序存储结构的插入、删除操作不便利。

5.7 排 序 技 术

排序是指将一个无序序列整理成有序序列（一般指升序，即非递减顺序）。

5.7.1 交换类排序法

1. 冒泡排序法

冒泡排序法的基本思想：从线性表开头逐次比较相邻数据元素的大小，若相邻两个元素中，前面元素大于后面元素，则将它们交换，依此类推，最后将最大元素换到了表的最后。再在剩下的线性表中按上述方法进行操作，直到剩余的线性表变空为止，此时线性表已经变为有序。

2．快速排序法

快速排序法的基本思想：从线性表中选取一个元素，设为 T，将线性表后面小于 T 的元素移到前面，而前面大于 T 的元素移到后面，结果就将线性表分成了两部分，T 插入其分界线的位置处，这个过程称为线性表的分割。通过对线性表一次分割，就以 T 为分界线，将线性表分成了两个子表，前面子表中所有元素均不大于 T，后面子表中的所有元素均不小于 T。对分割后的各子表再按上述原则进行分割，直到所有子表变空为止，则线性表就变成了有序表。快速排序法关键是对线性表进行分割，以及对各分割出的子表再进行分割。

5.7.2　插入类排序法

1．简单插入排序法

插入排序是将无序序列中的各元素依次插入已经有序的线性表中。

插入过程：选第 j 个元素放入一个变量 T 中，然后从有序子表的最后一个元素开始，往前逐个与 T 比较，将大于 T 的元素均依次向后移动一个位置，直到发现一个元素不大于 T 为止，此时就将 T 插入刚移出的空位置上，依此类推。

2．希尔排序法

希尔排序法的基本思想：将整个无序序列分割成若干小的子序列，分别进行插入排序。子序列的分割方法：将相隔某个增量 h 的元素构成一个子序列。在排序过程中，逐次减少这个增量，最后当 h 减到 1 时，进行一次插入排序。

5.7.3　选择类排序法

1．简单选择排序法

选择排序法基本思想：从整个线性表中选择出最小的元素，将它交换到最前面，然后对剩下的子表采用同样的方法，直到子表空为止。

2．堆排序法

堆排序法属于选择类的排序方法。

堆的定义如下：具有 m 个元素的序列（n_1，n_2，$\cdots$，n_m），当且仅当满足 $n_i \geqslant n_{2i}$ 和 $n_i \geqslant n_{2i+1}$ 或者 $n_i \leqslant n_{2i}$ 和 $n_i \leqslant n_{2i+1}$（$i=1$，2，$\cdots$，$m/2$）时称之为堆，这时只讨论前者堆。堆顶元素（第一个元素）必为最大项。

在实际处理中，可以用一维数组来存储堆序列中的元素，也可以用完全二叉树来直观表示堆的结构。例如，序列（91，85，53，36，47，30，24，12）是一个堆，它所对应的是完全二叉树。用完全二叉树表示堆时，树中所有非叶子结点均不小于其左、右子树的根结点值。

在调整建堆的过程中，总是将根结点值与左、右子树的根结点值进行比较，若不满足堆的条件，则将左、右子树结点值中的大者与根结点进行交换，直到所有子树均为堆为止。

设无序序列 $H(1:n)$ 以完全二叉树表示，从完全二叉树的最后一个非叶子结点（即第 $n/2$ 个元素）开始，直到根结点（即第一个元素）为止，对每一个结点进行调整建堆，最后就可以得到与该序列对应的堆。

如此得到堆的排序方法：

1）将一个无序序列建成堆。

2）将堆顶元素（序列中最大项）与堆中最后一个元素交换（最大项应该在序列的最后）。

本 章 小 结

本章主要包括两部分内容，即算法和数据结构。算法部分介绍了算法的基本概念、算法的时间复杂度与空间复杂度；数据结构部分介绍了数据结构的基本类型——线性表、栈、队列、树和二叉树等，同时介绍了查找与排序的算法。

第 6 章　数据库基础

- ➢ 掌握数据库的基本概念，包括数据、记录、属性、表、视图、数据库等。
- ➢ 了解各类数据模型，重点描述关系模型及其表示方法。
- ➢ 了解各种关系运算。

6.1　数据库基础知识

1946 年，世界上第一台通用电子计算机 ENIAC 诞生于美国宾夕法尼亚大学。自此，人类开始在计算机的辅助下对信息进行加工、处理、存储。但是，在这一阶段，计算机技术还没有普及，人们对大量数据的管理只能以手动方式进行，效率很低，也容易出错。这也是数据库技术发展的第一阶段——人工管理阶段。

渐渐地，人们在生产和生活中需要管理越来越多的数据；同时，在 20 世纪 60 年代以后，计算机在数据处理中的应用也逐渐广泛，它可以存储、操作数据。不过当时人们仅仅依赖计算机的文件系统进行数据操作，这一阶段称为文件系统阶段。这时的计算机技术得到了较大发展，计算机开始用于辅助人们工作，但数据库技术尚未产生。此时人们主要依赖计算机的文件系统进行信息管理。

上述这种传统方式无法进行数据的共享、更新等操作，于是，一种能够管理和共享数据的数据库管理系统（data base management system，DBMS）呼之欲出。

1961 年，通用电气公司（General Electric Co.）的 Charles Bachman 研发出"集成数据存储系统"（integrated datastore，IDS），它的功能全面、速度快捷，得到了广泛应用。它是全世界第一个数据库管理系统，并成为网状数据库的基础。在此基础上，发展出了层次型数据库。1968年，IBM 公司研发出 IMS（information management system，信息管理系统），它是一种适合 IBM 主机的层次数据库，这种数据库功能丰富、强大，成为当时层次型数据库的代表。

1976 年，由霍尼韦尔公司（Honeywell）开发的 Multics Relational Data Store，是世界上第一个商用关系数据库系统。关系型数据库是最晚发明的，但十分成熟，其技术水平远高于网状数据库和层次型数据库，同时也是现今应用最广泛的数据库系统。这一阶段被称为数据库系统阶段。数据库技术开始推广和普及，人们开始使用更为专业的 DBMS 进行数据的管理和操作，数据处理工作更为便捷、高效。

6.1.1　数据库的基本概念

1. 数据

要研究数据库，必须先弄清数据库中存放和处理的基本对象——数据。数据库中存放着大量的数据，数据库系统的任务就是管理和操作这些数据。

数据不仅是数据库的操纵对象，也是数据库的组成部分。数据按照特定的、结构化的方式组成数据库：多条数据（记录）组成一个数据表，多个数据表组成一个数据库，而数据库系统就是由很多不同的数据库组成的。

数据库系统能够从杂乱无章的数据、数据表、数据库中，找到隐藏在它们背后的规律，并将这些规律加以总结、归纳，形成图表，或抽象为必要的理论，为人们的工作提供支撑和指导。

所以，形成数据库的第一步，就是将"数据"存入系统中。那么，什么是"数据"呢？

所谓"数据"，就是描述事物的符号。这一定义是广义的，不仅仅包含数字，在日常的生产生活中，文字、数字、影像、声音、图片、图表等，都是数据。这些数据的表现形式不同，但它们都可以被数字化，存入计算机系统，形成数据表、数据库。

2. 记录（元组）

上面提到的数据，其使用范围是在具体条件下；而在数据库中，它有个专门的名称，称为记录（元组）。其中，在网状数据库模型中，数据称为"记录"；而在关系数据库模型中，数据称为"元组"。

在本质上，记录（元组）可以表示一个实体或实体之间的联系。它是数据的抽象表达，在关系表中的一行就可称为一条记录（元组）。

3. 属性（字段）

无论是数据，或称为记录，或称为元组，都有多方面的性质。如果把电视机作为一个数据，那么它具有型号属性、颜色属性、大小属性等性质。在数据库中，通常用"字段"来代表属性，一条记录拥有多个字段。例如，数据库中的学生信息表，为了描述一名学生，在建立这个信息表时，应该设计姓名字段、学号字段、性别字段、年龄字段、院系字段、班号字段、入学日期字段等。

在上述例子中，姓名、学号、院系、班号都能用多个汉字/英文/数字字符表达，这些字段属于字符串类型的字段；性别只用单个字符就能表达，属于字符类型的字段；年龄需要进行加减、比较大小等运算，属于数值类型；入学日期是一种固定类型的日期类型，属于日期字段类型。

4. 表

数据库的表是一个专用于关系数据库的概念，它是一些元组的集合。表是二维的，用于表示和存储元组之间的关系。

表由横向的行和纵向的列组成。其中，每一行代表一条记录（元组），也就是一个实体；每一列代表一个属性（字段），也就是实体的某一方面特性。

如此组成的表，不仅能够表示每个实体的相应特性，还能对所有实体的各种属性进行比较、分析，也就是能明确表示出实体之间的关系。

5. 视图

"视图"是数据库中的一个独特概念，它是由一个或几个基本表所生成的、能展现某些数据特征的虚表。

首先，视图是由一个或几个基本表生成的虚表。视图产生的前提是，必须已经存储好了一些基本的表。这些表中的数据将成为视图的源数据。数据库存储表时，需要存储它的全部数据；而存储视图时，只存储视图的定义。视图中的数据，将在其刚刚打开时，从基本表中取用，提供给用户。

其次，视图能够突出展现某些数据特征。视图在定义时，主要使用 SELECT 和 WHERE 语句从基本表中选择数据。通过此方法，可分割数据表：选用用户所关心的数据，并筛选掉用户不关心的数据。这样，用户在使用数据库时，便能把精力集中至某些所需数据，简化数据浏览和数据分析等工作。

视图不同于数据库的查询操作。视图是数据库的一部分，它虽然并不是基本表，但其定义存储于数据库中。视图不是一种操作，而是一个虚表。而查询，只是数据库的一种操作，它不在数据库中存储其定义。但查询操作比较灵活，用户可以根据自己的需求，实时得到查询结果。

6. 数据库

上述各种数据集合在一起，会形成数据表，多张数据表（包括相应的视图）形成数据库，多个数据库需要一个数据库系统去管理。

当然，这些海量数据的存放不能杂乱无章，必须按照一定的规则形成便于管理和使用的数据表和数据库，存储在物理设备上。

"数据库"也就是存放数据的"仓库"，是长期存放在计算机内的、有固定组织方式的、可被共享的数据集合。

数据库是被管理的对象。而数据库管理系统，负责管理数据库的物理和逻辑设备、数据操作方法和规则等，是管理者。

管理数据时，遵守一定的规则对数据进行描述，并将其按照一定的数学规则和顺序存放在数据库中。数据库中的数据冗余（重复）度很小，独立性却很高，同时，数据库具备了很好的可扩展性，并且可以被多个用户共享。

需要使用数据库中的数据时，用户依据相应的规则将数据输出到终端、打印机、分析软件等，或留在本地等待进一步处理。

"规则"对数据库而言十分重要。数据的输入和输出都必须按照确定的规则，不能随心所欲地取用。否则，数据的存放将杂乱无章，数据库系统也将失去对数据的管理和控制作用，对数据的总结和归纳更无从谈起。

6.1.2　数据库管理系统

数据和数据库只是数据库系统处理的对象，而实施对其管理和控制的工具则是数据库管理系统。它作为数据库的管理者，是数据库系统的心脏，是其核心软件。它不仅要负责把数据正确、高效地存入数据库；同时还要负责数据的修改、更新、删除；更要进行数据内在规律的描述，得出必要的结论；最后，还要能够快速地输出数据和相关结果。

以上各种工作，可以概括为对数据库内所存储数据的各种操作，而能够进行这些操作的"管理者"，被称为"数据库管理系统"。

1. 概念

数据库管理系统，是一种运行在操作系统之上，并且在操作系统的支持下，能够支撑、管理和操作数据库的大型软件，主要用来创建、使用数据库，并进行数据库的各种维护工作，简称 DBMS。

DBMS 为用户提供了访问和维护数据库的方法，其工作流程大致为，数据库管理员制定维护数据的规则→按规则存储数据→用户提出访问数据的要求→DBMS 按照不同要求分别使用 DDL（data definition language，数据定义语言）或 DML（data manipulation language，数据操纵语言）等进行底层数据库的各种操作→把结果反馈给用户/数据库管理员→结果数据进一步处理，形成相应的图表、统计结果。

DBMS 的主要任务是科学地组织和存储各类数据，同时，它还要能够高效地管理这些数据，以便用户能够方便、快捷地对这些数据进行获取、维护等操作。

DBMS 的主要功能包括以下几点：

1）使用 DDL 进行数据模式的构建，包括建立数据表的内部结构。其包括哪些字段、哪些是主键、每个字段的属性、表的属性；数据表以何种方式构造成数据库，哪些表彼此关联；按照规则输入数据，同时保证数据的唯一性。

2）定义数据存取的物理方式。哪些数据、数据表应该存储在哪个物理设备上——内存、磁盘等；数据/数据表的存储时间；数据/数据表应采用哪种存储方式——只读、只写、可读写；数据/数据表是否需要备份、是否建立视图；等等。

3）数据操控，包括数据表结构的改变、表的属性的更改；数据的更新、插入、删除；由原始数据生成新的数据或其他结果。

4）保障数据的完整性、安全性，并能实时检查。当用户向数据库中插入数据时，DBMS能够根据已设置的完整性约束，实时监控数据是否缺失某些重要属性、是否重复、是否满足独立性要求；时刻保证数据库不被损坏和入侵，对于非授权的使用，DBMS 能立即识别并保护数据。

5）数据库的并发控制。当多个用户同时访问数据库时，DBMS 要处理好他们的关系，使各个数据表都能被共享访问；当某一条记录同时被多个用户更改时，能够保证这种更改是可控的、顺序完成的；每当有用户进行数据更新时，其他用户都能看到并共享更新的内容；等等。

6）迅速解决故障。当数据表的结构意外更改、数据意外改变和丢失、数据插入失败等情况发生时，DBMS 应能自动识别并修复故障，并能迅速解决。

7）数据服务，包括固定格式的数据更新、数据复制、按要求删除某些数据、统计数据并将结果回传、分析数据等。

2. DBMS 数据语言

为了完成上面提到的各项任务，DBMS 使用几种不同的语言，以实现不同的功能。

数据定义语言：数据库语言集中的一类，该语言用于定义数据结构和数据库各个组件，其主要语句有 CREATE、ALTER、DROP 等。其中，CREATE 负责建立数据库的各种组件；ALTER 用于更改各组件的结构、属性；DROP 用于删除某个组件。

数据操纵语言：数据库语言集中的另一类，该语言用于对数据库中的组件和数据实施各种存储、更改、读取操作，其主要指令有 INSERT、UPDATE、DELETE 等。其中，INSERT是将某条或某些数据插入数据表中；UPDATE 是将某条或某些数据进行更改；DELETE 用于删除某条或某些数据、某个表。

数据控制语言（data control language，DCL）：数据库语言集中最为特殊的一类，能够对数据的存取权限等进行控制。具体来讲，就是能够控制用户对于数据表的结构与内容、数据库中的应用组件、自定义函数的操作方式。主要指令有 GRANT 和 REVOKE。其中，GRANT 是设置权限的指令；而 REVOKE 则是更改权限的指令。

以上 3 种数据语言的使用方式具备两种结构：一种是交互式命令语言，用户须同数据库系统实时交互，并将命令实时传给 DBMS；另一种是宿主型语言，用户将要执行的命令罗列在一起，编译、连接成功后，形成可执行的程序，交给 DBMS 执行。

3. 常见的数据库管理软件

1）DB2：全名为 DATABASE 2 for MVS，由 IBM 公司在 1983 年研发并推广。它基于 OS/2、Windows 等平台，可用于单用户环境，但主要应用于多用户的大型数据应用系统。DB2 提供了强大的数据查询功能，可同时运行千余个活动线程，既可以实现多用户联网查询，又可以进行多任务查询。作为一种关系型数据库，DB2 具有很好的数据利用性、完整性、安全性、可恢复性，能够执行从小规模到大规模的各种应用程序，它所能提供的基本功能稳定，和操作平台无关，并能有效执行各种 SQL（structured query language，结构化查询语言）命令。

2）FoxBASE：作为现今流行的数据库软件 FoxPro 的前身，1984 年，FoxBASE 由 Fox Software 正式推出。FoxBASE 相比于之前的数据库管理软件，速度大为提升，界面十分友好，功能较为完善。

3）Microsoft Access：Microsoft 公司开发的 Office 软件系列中的成员，用来实现较为简单的数据库应用。在个人应用方面，Access 可以整理个人的通信资料、影音记录；而在实际工作中，它可用于订单管理、仓储管理、人事资料的管理等。Access 能够有效地存储数据，而且能够提供一个友好的输入界面，能使用户快速而方便地查到所需信息；能够对输出结果进行总结并给出分析；能够与网络结合，并能实现与其他大型数据库的数据共享。

4）SQL Server：20 世纪 80 年代，ANSI（American National Standard Institution，美国国家标准局）规定了 SQL 所应具备的标准操作，包括对数据库的 SELECT、INSERT、UPDATE、DELETE、CREATE 及 DROP 等命令。1988 年，SQL Server 诞生，它是一个由 Microsoft、Sybase 和 Ashton-Tate 三个公司共同研发的关系数据库管理系统。该管理软件主要面向企业提供数据库管理服务，能够进行大规模联机事务处理，而且能很好地建立并管理数据仓库及实现电子商务应用。

5）Oracle：Oracle 公司是世界范围内最强大的数据处理软件提供商，它所开发并发布的数据库具备吞吐量大、效率高、安全性好、数据完备性好等特征，多为大型企业采用。

4. 数据库管理员

作为数据库的管理者，DBMS 能够根据数据库管理员的指令完成各种功能。前面提到的数据库管理员，是 DBMS 的管理者，也就是管理者的管理者。

数据库管理员的职责是在数据库的建立、使用、维护过程中对其进行管理和操作，使数据库能够正确、高效地运行。

数据库管理员的主要工作如下：

1）在数据库的建立阶段进行数据库的设计，包括数据库中包含哪些表、哪些数据，数据库的共享属性、安全性等。

2）在数据库的使用阶段，进行数据库的维护，改进其存在的各种问题，修改数据库中各个表的关联关系、调整表内结构等，即从总体上管理和协调数据库系统的各个部件，包括数据库本身和数据库管理系统；按系统部件区分，它的管理范围包含系统平台的硬件平台和软件平台，也就是包含辅助数据库系统的各个组件。

3）通过一段时间的使用和维护，明确影响数据库系统性能的问题并加以解决，从整体上提高系统的效率。

6.1.3 数据库系统

1. 概念

数据库系统不同于数据库，更不同于数据库管理软件，它是两者在硬件和软件存储层次的紧密结合体。

（1）硬件层次

硬件层次是指构成计算机系统的各种物理存储设备，主要包括内存、磁盘等。数据库系统需将自身数据按存入时间、大小、数据类型等分别存入不同的物理介质，并能够实时更新、插入、删除等。

（2）软件层次

软件层次是指计算机的各种系统软件、应用软件等。数据库系统需要协调好这些软件的顺序和优先级，确保某个程序在需要某些数据时能够正确读取。同时，它还要保证计算机的系统软件正常进行存储管理工作，也就是能够正确操纵数据。

以上两个层次只是设备、软件与数据的结合，要构成数据库系统，必须由数据库管理员从中协调和控制，使系统能正常、高效地运行。

综上，所谓数据库系统，就是由数据库及其管理系统构成的、由数据库管理员进行管理的、能进行数据操作并能协调计算机软硬件共同进行存储管理的软件系统。

2. 组成

根据其定义，数据库系统分为以下两大部分。

（1）数据库

数据库是数据库系统中存储有序数据的集合，存储于计算机的物理设备，如内存、磁盘等，能够提供对相应事物的描述，并可以在多个用户间共享数据。

（2）数据库管理系统

数据库管理系统在硬件方面与计算机的存储资源紧密相关。数据库管理系统一般安装在特定的磁盘上，负责将数据分配到具体的磁盘分区上、制定分区表等。在软件方面，数据库管理系统需要底层系统软件的支撑，如存储管理软件等，同时，它也为上层应用软件提供必要的数据支持。

3. 内部结构体系

数据库系统存在 3 级数据模式，自外向内分别是外模式、概念模式、内模式。

1）内模式属于数据库系统的最底层，它体现了数据在计算机中的物理结构中的实际存储模式。

2）概念模式属于数据库系统的中间层，它体现了数据的逻辑存储模式，主要由设计者进行全局设计后得到。

3）外模式属于数据库系统的最外层，它体现了用户对数据的各种需求和应用。

4. 特点

数据库系统作为一种大型的系统软件，具备如下特点：

1）数据集成：数据在存入数据库中时，应采用通用的数据结构方式，应把多个应用的需要统一为全局的、统一的数据结构，其数据模式虽然分属于多个应用，但都属于一个共同的全局的数据结构。

2）数据共享：数据可以被任意多个用户存入数据库，并且这些用户也可以同时存取、更改、查询这些数据，即数据的共享性高。其中，数据同步等的问题由数据库管理系统进行协调和组织，数据不会发生重复存入等问题，即数据的冗余性低。

3）数据简洁：数据库系统保证存入自身的数据具有简洁性，它将简化数据的重复属性，只保留必要属性，使数据在能够充分描述对象的同时减少冗余和重复。

4）数据相关性低：数据库系统对外要提供数据的插入、更改、查询和删除操作，对内要保证所修改数据的完整性和准确性。任意两个数据必须存在差异，才能保证如上数据操作在物理上和逻辑上的正确性。

5）数据受保护：数据只能被可靠用户存取、更改和查询，数据库管理系统必须采取一系列安全措施，保证数据不被恶意篡改。同时，数据自身的完整性也必须由数据库系统保证，数据在存入系统时必须保证和原始数据一致，并保证数据在并发访问时的正确性。同时，数据的安全性必须得到保证，即当数据被破坏时，数据库系统能够提供相应的恢复方法。

6.2 数 据 模 型

计算机是协助人们理解世界、解决问题的有效工具，而计算机的数据库系统又能帮助人们理清大量的事物和这些事物之间的关系。

数据库系统除了要输入数据、存储数据之外，还有一个更重要的任务就是通过数据模型描述现实世界中的事物，使用各种类型的数据表示它及它和其他事物之间的关系。

本节将对数据库描述世界的方法展开讨论，即怎样建立概念模型；接着讨论怎样把它转化为计算机可识别、可存储的数据模型。最终形成的数据模型，是数据特性的抽象，也是数据库设计、数据输入的依据。

6.2.1 数据库中模型的分类

按先后顺序分，数据库中涉及的模型分两类：人们对现实世界解释、分析后，形成概念模型；而把前者转换为在数据库中的表示，此时形成的是数据模型。

1. 概念模型

（1）基本概念

概念模型的形成通常是在需求分析阶段，它决定着后续数据模型的质量，也决定着数据库的好坏、运行效率、数据库的管理难度。所以，必须对事物进行客观的、全面的抽象，得到正确的概念模型，以进一步建立数据库。

概念模型是在需求分析阶段，数据库设计人员对相应现实事物的全面抽象；这种抽象面向用户，与数据库的技术细节无关，主要分析相关事物及事物之间的关系。

（2）常用术语

1）实体。通俗地讲，一个人、一朵花、一本书、一座城市、一个概念、一个公式等，都可以是一个实体。虽然以上事物的含义和领域不同，范围有大有小，或具体或抽象，但只要它是独立的，能与其他对象区分开，就属于实体。

实体就是能与其他事物相区别的客观事物。

2）属性。基于上面的例子，如果把一个人作为一个实体，那么这个人的姓名就是他的一个属性，除此以外，他的性别、年龄、所在单位、家庭住址等，也是他的属性。所以，属性是与实体相关的，是实体在某方面的表征。

属性就是描述实体的特性。相应的，属性值就是属性的值。例如，一个人有性别这个属性，张三的性别属性值为男等。

3）实体标识符。实体标识符是一种特殊的属性，它能够唯一地标识实体。

例如，身份证号码就可以作为"人"这种实体的标识符。张三的身份证号是 123，李四的身份证号是 456，世界上不会有两个人的身份证号码相同。

4）联系。在现实世界中，事物之间存在着多种多样的关系。例如，张三和李四间有合作关系，这种关系也可以是多对多的；王五和刘伟间又是班主任与学生的关系，这种关系一般是一对多的；而李四和刘伟间又是分公司与总公司的关系，这种关系是多对一的。

类似地，在概念模型中，事物所对应的实体间也存在着多种联系，而且这多种联系可以是多对多、一对多或多对一的。

概念模型的一个重要任务，就是对实体及实体间的联系做出详细描述，为今后建立数据库打下基础。

5）实体-联系方法（E-R 图）。E-R 图全称为 entity-relationship diagram，即实体-联系图，是概念模型的图形描述。该图中，将以图形的方式表示实体及实体之间的联系。

构成 E-R 图的要素就是上面提到的实体、属性、联系。其中，实体用矩形表示，属性用椭圆形表示，联系用菱形表示，这 3 种元素构成的图，称为 E-R 图。

2. 数据模型

概念模型是面对用户的，并不能被计算机所理解。数据库设计者或管理员应将其转换为数据模型，这个模型能在计算机中存储和操作。

（1）基本概念

数据模型是客观事物的数据表达。概念模型是对一个事物的全面抽象，而数据模型是对这个事物在数据上的抽象。更进一步说，数据模型所抽象的，不仅是事物，还有事物之间的联系。具体来讲，数据模型描述的内容，包括数据结构、数据的操作方式、数据约束。

（2）常用术语

1）字段。打开一个数据库管理软件，一般会出现一张默认的空数据表。这张表由若干行和列组成，行列交叉，就形成二维结构。例如，一个班有 40 人，每个人都有自己的姓名、性别、学号等，这样就形成了一个学生信息表。这里的"姓名""性别""学号"都是字段。

字段就是实体在某方面的数据特征。

字段对应着概念模型中的属性；也可以说，字段是属性的数据表达。

2）记录。类似的，记录对应着概念模型中的实体。

在上面的例子中，每一个同学的信息就是一条记录。例如，"张三，男，2071432"是一条记录，在这条记录中，姓名为"张三"，性别为"男"，学号为"2071432"。

综上，记录是实体的数据描述。记录是多个不同字段组合在一起，共同描述一个实体的数据。

3）文件。多个不同的字段组成一条记录，多条可区分的记录组成一张数据表，而多张不同内容的数据表就构成了一个数据库文件。

一个数据库管理系统中可能管理着多个不同的文件，这些文件可能位于计算机的不同存储器中，但从用户的角度，它们是同一个数据库系统中的文件。

4）关键字。在众多的字段中，有一个字段能够唯一地代表一条记录。例如，在上面的例子中，"姓名""性别""学号"这 3 个字段中，"学号"字段能够唯一地代表一个学生，那么它就是一个关键字。

所以，关键字是能够唯一地标识记录的字段。

（3）分类

数据模型通常分为 3 类：网状模型、层次模型和关系模型。

网状模型和层次模型都属于旧的数据模型体系，它们都是非形式化的。其中，网状模型十分复杂，每个结点表示一条记录，除根节点之外的每一个节点都有且仅有一个父结点，但有多个子节点；层次模型是树形结构，这种结构十分不便于数据的插入、删除和查找等操作。

1970 年，关系模型被提出，在这种模型中，所有的事物都被看作数据库中的记录，而事物之间的关系就用二维表来表示。这一模型大大提高了数据存储和管理的效率，现在关系模型是应用最普遍、最灵活的数据模型。

综上，首先，人们将数据特性的文字描述抽象为概念模型；然后，进一步将概念模型抽象为数据模型，此为逻辑层次上的数学模型；最后，数据模型将在 DBMS 上被具体实现，生成物理模型。

6.2.2　网状模型

网状模型是满足以下两个条件的基本层次联系的集合：①存在一个以上的结点，该结点没有双亲结点；②一个结点可以有多个双亲结点。

网状模型中的数据用记录（与 Pascal 语言中的记录含义相同）的集合来表示，数据间的联系用链接（可看作指针）来表示。数据库中的记录可被组织为任意图的集合。

6.2.3　层次模型

层次模型是满足以下两个条件的基本层次联系的集合：①有且只有一个结点没有双亲结点（这个结点称为根结点）；②除根结点外的其他结点有且只有一个双亲结点。

层次模型与网状模型类似，分别用记录和链接来表示数据和数据间的联系。与网状模型不同的是，层次模型中的记录只能组织成树的集合，而不能是任意图的集合。

层次模型可以看成网状模型的特例，它们都是格式化模型。它们从体系结构、数据库语言到数据存储、管理均有共同的特征。在层次模型中，记录的组织不再是一张杂乱无章的图，而是一棵"倒长"的树。

在计算机应用的早期，数据库管理系统的建立依赖于所采用的计算机系统。当时，这些数据库管理系统能够成功地应用于数据处理。但这类系统也存在若干缺点：采用了相当一部分与数据的操作任务无关的概念；缺乏对集合操作的支持，也就是未提供一次处理多个记录的功能；缺乏对终端用户与数据库服务器的通信支持，缺少为适应非预期查询而增加系统设施的能力。上述缺点使程序和数据的独立性大为降低，影响用户和系统管理员的操作效率，同时，限制端点用户对数据库的使用。

克服了上述诸种缺点，关系模型被开发并广泛使用。

6.2.4 关系模型

1. E-R 模型

关系模型是数据模型的一种，它是由一个个的关系构成的。关系其实是数据表，把零散的数据表集合在一起，就形成了关系模型。

所谓"关系"，就是由行和列交叉而成的二维表，在这个表中，每一行称为一条记录，每条记录代表一个"实体"；每一列称为一个"属性"，每条记录可以有多个属性。

关系模型中也存在着与概念模型中类似的"实体""属性""联系"，下面给出其准确定义。

实体：客观存在的事物在关系模型中的描述。实体可以是一名学生、一张桌子或一所学校。

属性：实体在某方面的特性。例如，"学生"这个实体可以有姓名、性别、学号、院系等多方面的属性。"桌子"这个实体可以有长、宽、高、材质等多方面属性。"学校"这个实体可以有学校类别、省份、招生类型等属性。

联系：在实体之间可以存在多种多样的联系。这种联系可以是一对一、一对多、多对多。例如，学生与学生间的"互帮互学"这种联系，就是一对一的，每名学生只能帮助一名学生，也只能被对方帮助；学校与学生间的"学籍管理"这种联系，就是一对多的，每所学校管理多名学生，而每名学生只属于一所学校；学校与学校间的"校际合作"这种联系，就是多对多的，每所学校都可以和其他多所学校合作。

2. E-R 图

承接概念模型中的 E-R 图，在关系模型中应存在更为详细、具体的 E-R 图。

E-R 图是 E-R 模型的图形表示法。在 E-R 图中，上述实体、联系、属性都有各自的图示方法，而实体与属性间的连接关系、实体与联系间的连接关系都有相应的表示方式。

1）实体（集）用矩形表示。

2）联系用菱形表示。

3）属性用椭圆表示。

4）实体（集）与属性间的连接关系用直线表示。

5）实体（集）与联系间的连接关系用直线表示。

一个典型的运动员、领队、比赛项目、成绩等的 E-R 图如图 1-6-1 所示。

3. 将 E-R 图转换为关系模型

概念模型设计的结果称为 E-R 图，即实体-关系图。概念模型的设计只是进一步抽象为数据模型的基础。

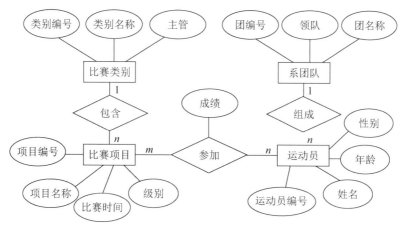

图 1-6-1　运动员、领队、比赛项目、成绩等的 E-R 图

如前所述，数据模型有 3 类：层次模型、网状模型和关系模型。层次和网状模型由于种种缺陷，现在已经很少使用。而关系模型描述清晰、抽象度好，应用十分广泛。

而所谓关系模型，是数据库管理的形式化的数学框架，用来描述实体、属性、实体之间的联系。

关系模型通常采用（二维）表来表示。在一个（二维）表中，元素的个数是有限的，其中的元组（记录）是唯一的，元组是无次序要求的，元组的分量（属性）具有原子性，表中的属性名具有唯一性，属性也无次序要求。

在关系表中，常用的操作是查询、增加、删除、修改等关系运算的相关操作，后面会详细介绍。

📎 **注意：**

在关系模型中的数据需要下列约束：实体完整性约束、参照完整性约束、用户定义的完整性约束。

在数据模型建立的过程中，一个重要的任务就是把 E-R 图转换为关系模型。转换的原则是，每个实体转换为一个关系（模式），实体的属性转换为相应的字段。

例如，想要建立一个学生信息库，在概念模型的建立阶段，应规划出如下几个实体：学生、学生选课、课程。

其中，学生实体需要有如下属性：学生姓名、性别、出生日期、民族、政治面貌、入学日期、院系、班号、学号。在转换时，需要把学生实体转换为学生记录，而各个属性将转换为相应字段。

选课实体需要有如下属性：学生姓名、学号、所选课程号、课程名、开课教师编号、授课地点。在转换时，需要把选课实体转换为选课记录，而各个属性将转换为相应字段。

课程实体需要有如下属性：课程号、课程名、课程内容、学时数、课程种类、开课教师编号、教师姓名、开课院系。在转换时，需要把课程实体转换为课程记录，而各个属性将转换为相应字段。

再如，将上述运动员、领队、比赛项目、成绩等的 E-R 图转化为关系模型，此模型包含

5个关系（表），下述文字括号中的内容是该表中的实体及其字段。

1）比赛类别［类别编号（关键字），类别名称，主管］。

2）比赛项目［项目编号（关键字），项目名称，比赛时间，级别，类别编号］。

3）系团队［团编号（关键字），团名称，领队］。

4）运动员［运动员编号（关键字），姓名，年龄，性别，团编号］。

5）参加［项目编号（关键字），运动员编号（关键字），成绩］。

4. 应用举例

以学生信息库为例：想要管理学生信息，首先应将它们设计为一个关系模型。在这个模型中，将包含如下几个关系：学生自然信息、学生选课信息、课程信息。

第一个关系：学生自然信息，其字段包含学生姓名、性别、出生日期、民族、政治面貌、入学日期、院系、班号、学号等。其记录就是每一位学生。

第二个关系：学生选课信息，其字段包含学生姓名、学号、所选课程号、课程名、开课教师编号、授课地点等。其记录为学生与所选课程的一一对应关系。

第三个关系：课程信息，其字段包含课程号、课程名、课程内容、学时数、课程种类、开课教师编号、教师姓名、开课院系等。其记录为所开设的各门课程。

6.3 关系运算

把实体所对应的数据存入数据库后，就要对这些数据进行管理。这里只讨论与关系数据库有关的管理操作。在关系数据库中，数据通常以集合的形式存储，所涉及的运算也是集合的相应操作。

首先，要决定哪些数据应该放在一起，哪些应该分开，这就需要集合的并、交、差等操作。

其次，需要对某一个数据表的数据进行特殊操作，即集合数据的选择、投影和连接操作。

6.3.1 概念

关系运算就是对关系型数据库中的数据集合所进行的运算。

关系运算包括集合运算、选择、投影、连接等操作。其中，集合运算包括集合的并、交、差等。下面一一讲解。

6.3.2 分类

1. 集合运算

两个集合能进行运算的前提是它们具备相同的字段，即它们的结构相同。

（1）并

两个关系（集合）A 和 B 的并的结果也是一个关系（集合），这个关系（集合）中的任意一个记录属于 A 或 B。

（2）交

两个关系（集合）A 和 B 的交的结果也是一个关系（集合），这个关系（集合）中的任意一个记录属于 A 且属于 B。

（3）差

两个关系（集合）A 和 B 的差的结果也是一个集合，这个关系（集合）中的任意一个记录只属于 A。反过来说，两个关系（集合）B 和 A 的差的结果也是一个关系（集合），这个关系（集合）中的任意一个记录只属于 B。

2. 选择

从一个关系中选出满足一定条件的记录，所形成的新的关系称为对原来关系的选择操作。

3. 投影

从一个关系中选出满足一定条件的字段，所形成的新的关系称为对原来关系的投影操作。

4. 连接

连接有很多种，有等值连接、自然连接等。但其基础只有一个——笛卡儿积。

两个关系（集合）的满足某种条件的连接，就是在两者笛卡儿乘积的基础上，选择满足该种条件的记录所形成的新的关系。

5. 插入

插入指向一个关系中加入一条或多条新的记录（元组），新的记录（元组）加入后的关系满足原有的唯一性、完整性等要求。

6. 删除

删除指从一个关系中去除一条或多条记录（元组），经去除操作后的关系仍满足原有的唯一性、完整性等要求。

7. 修改

修改指对一个关系中的一条或多条记录（元组）进行修改后，改动后的记录（元组）替换原有记录（元组），经改动后的关系满足原有的唯一性、完整性等要求。

8. 查询

在一个关系中，找出满足条件的记录（元组）或属性，按照一定次序排列所形成的新的关系称为查询。

6.3.3　数据库规范化理论

数据库规范化理论主要指对关系数据库的各种规定。

数据库规范化理论主要包括以下内容：

第一范式（1NF）：若有关系模式 R，R 的所有属性均是简单属性（即每个属性具有原子性，不可再分）。这时，称 R 属于第一范式，简记为 R∈1NF。

第二范式（2NF）：若有关系模式 R，R∈1NF，且 R 的每个非主属性都完全函数依赖于 R 的主属性，则称 R 属于第二范式，简记为 R∈2NF。

第三范式（3NF）：若有关系模式 R，R 的每一个非主属性既不部分函数依赖于 R 的主属性，也不传递函数依赖于主属性，则称 R 属于第三范式，简记为 R∈3NF。

在关系数据库中，关系模式应满足第一范式（1NF）。满足该范式的关系模式就是合理的，但不够充分，即存在若干问题，如插入和删除异常、修改操作较为复杂、数据存在冗余等。在此基础上，人们对关系模式增加一些规定并提出解决上述问题的办法，就形成了数据库规范化理论。

在数据库规范化理论中，基本思想是逐步去掉数据依赖中不适合、不充分的部分，使关系模式中的各个子模式在一定程度上独立于其他子模式，其模式设计原则可简称为"一事一地"。简单描述这个原则，就是"一个关系只描述一个实体、一种概念或实体与实体间的一种联系"。简单来说，就是数据库中的概念要具有独立性、单一性。

在对概念进行分解和转化时，除了要将实体和联系进行等价的转换外，还要考虑操作时的效率。也就是，当数据库的查询操作较多而更新操作较少时，为了维持较高的查询速度，应减少数据的单一性、保留其原有冗余，并且减少模式分解。这样，在查询时，可以避免使用大量的连接操作，在一个模式中就可以查到所需信息。

综上，对概念、模式进行分解时，遵循第一范式的同时，有时候可做小小的改动，基本要求是达到第三范式即可。

本 章 小 结

本章介绍了数据库的基本概念，包括数据、记录、属性、表、视图、数据库等。在此基础上，进一步介绍了各种数据模型，并对关系模型及其表示方法加以详细叙述。同时，简要介绍了包括集合运算、选择、投影、连接等多种操作在内的各种关系运算。

第2部分 应用实训

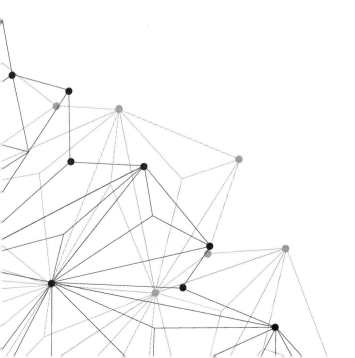

项目 1 Windows 7 基础实训

实训 1 Windows 7 的基本操作和程序管理

实训目的

1）掌握 Windows 7 的基本操作和基础知识。

2）掌握 Windows 7 的程序管理。

实训内容

任务 1 任务栏和桌面的设置

任务要求：

1）设置任务栏为自动隐藏。

2）设置"微软拼音输入法 2010"为默认输入法。

3）添加或删除中文输入法。

4）设置屏幕分辨率为 1280×800 像素，设置屏幕背景为"风景"方案，设置屏幕保护为"彩带"。

任务步骤：

1）设置任务栏为自动隐藏。在任务栏右击；在弹出的快捷菜单中选择"属性"命令，弹出"任务栏和「开始」菜单属性"对话框，如图 2-1-1 所示，在其中进行设置。

2）设置"微软拼音输入法 2010"为默认输入法。选择"开始 | 控制面板 | 区域和语言设置"选项，弹出"区域和语言"对话框，如图 2-1-2 所示。选择"键盘和语言"选项卡，单击"更改键盘"按钮，弹出"文本服务和输入语言"对话框，在"默认输入语言"下拉列表中可设置某种已安装的输入法为默认输入法，如"微软拼音输入法 2010"。

3）添加或删除"中文输入法"。

① 选择"开始 | 控制面板 | 区域和语言"选项，弹出"区域和语言"对话框，选择"键盘和语言"选项卡，单击"更改键盘"按钮，弹出"文本服务和输入语言"对话框，在"常规"选项卡中的"已安装的服务"列表框中进行设置。

② 当显示桌面语言栏时，可直接右击其上任一按

图 2-1-1 "任务栏和「开始」菜单属性"对话框

钮，在弹出的快捷菜单中选择"设置"命令，也可弹出"文字服务和输入语言"对话框，在"常规"选项卡中的"已安装的服务"列表框中进行设置。

4）设置屏幕分辨率为1280×800 像素，设置屏幕背景为"风景"方案，设置屏幕保护为"彩带"。

① 在桌面空白处右击，在弹出的快捷菜单中选择"屏幕分辨率"命令，打开如图 2-1-3 所示的窗口，在其中进行设置。

图 2-1-2　"区域和语言"对话框　　　　　　图 2-1-3　显示属性

② 在桌面空白处右击，在弹出的快捷菜单中选择"个性化"命令，在打开的窗口中选择"桌面背景"选项，在"风景"组中选择某一张风景图片，单击"保存修改"按钮。

③ 在桌面空白处右击，在弹出的快捷菜单中选择"个性化"命令，选择"屏幕保护程序"选项，在弹出的"屏幕保护程序设置"对话框中设置屏幕保护程序为"彩带"，单击"确定"按钮。

"桌面"背景的设置可以使桌面更加有趣和更具个性化特征（在 Windows 7 中可以选用任意的 Windows 位图作为背景），实现管理与美化桌面的目的。

> **提示**
>
> 　　对于容器型对象，如任务栏或桌面等，其快捷菜单是指当鼠标指针指向它的任一空白处时右击弹出的菜单；而对于非容器型对象，如"计算机"或某一确定的文件夹、文件等，其快捷菜单是指当鼠标指针指向对象本身时右击弹出的菜单。

任务2　程序的启动、运行及其管理

任务要求：

1）启动"记事本""画图"等应用程序。

2）在"记事本"和"画图"等应用程序之间切换。

3）使用多种方法关闭"记事本"和"画图"等应用程序。

4）在桌面上创建应用程序的快捷方式。

　　任务步骤：

　　1）启动"记事本""画图"等应用程序，并对这些应用程序窗口进行层叠、堆叠和并排显示等操作。

　　① 选择"开始│所有程序│附件│记事本或画图"命令，启动应用程序。

　　② 在任务栏中右击，在弹出的快捷菜单中选择"层叠窗口"/"堆叠显示窗口"/"并排显示窗口"命令。

　　2）在"记事本"和"画图"等应用程序之间切换。单击任务栏上活动任务区的对应按钮或者按【Alt+Tab】快捷键进行切换。

　　3）使用多种方法关闭"记事本"和"画图"等应用程序。单击应用程序的"关闭"按钮或者按【Alt+F4】快捷键。

　　4）在桌面上创建应用程序的快捷方式。

　　① 为"控制面板"中的"系统"建立快捷方式。

　　建立快捷方式的两种方法：一是用鼠标把"系统"图标直接拖动到桌面上；二是右击"系统"选项，在弹出的快捷菜单中选择"创建快捷方式"命令。

　　② 为"Windows 资源管理器"建立一个名为"资源管理器"的快捷方式。

　　两种简单方法：一是右击"附件"组中的"Windows 资源管理器"，在弹出的快捷菜单中选择"发送到│桌面快捷方式"命令；二是按住【Ctrl】键，直接把"附件"组中的"Windows 资源管理器"拖动到桌面上。

　　还可以右击桌面空白处，在弹出的快捷菜单中选择"新建│快捷方式"命令，弹出"创建快捷方式"对话框，单击"浏览"按钮查找"Windows 资源管理器"所在的文件夹及具体文件名。"Windows 资源管理器"对应的文件名是 Explorer.exe。如果不知道对应的文件名，则可右击"附件"组中的"Windows 资源管理器"，在弹出的快捷菜单中选择"属性"命令，在弹出的"Windows 资源管理器 属性"对话框中可以确定文件名及其路径。

　　③ 为"Word 2010"应用程序在桌面上创建快捷方式。

　　方法与为"Windows 资源管理器"在桌面上创建快捷方式相同：一是在"开始"菜单中选择"所有程序"命令，在"Microsoft Office"中找到"Microsoft Word 2010"命令并右击，在弹出的快捷菜单中选择"发送到│桌面快捷方式"命令；二是按住 Ctrl 键，直接把"Microsoft Word 2010"拖动到桌面上。

提示

　　快捷方式只是源程序的链接，所以被删除后不会影响源程序本身。建立快捷方式可以更方便、快捷地开展工作。

任务 3　特殊字符输入练习和汉字的输入

　　任务要求：

　　输入特殊字符，包括标点符号、数学符号和特殊符号。

　　任务步骤：

　　启动 Microsoft Word 2010，输入下列特殊字符，并以"练习.doc"为文件名保存。

　　1）标点符号：。　，　、　；　…　～　〖　【　《　『

2）数学符号：≈ ≠ ≤ ≮ :: ± ÷ ∫ Σ ∏

3）特殊符号：§ No ☆ ★ √ × ○ ◇ ◆ ※

可以通过输入法中的软键盘输入，也可以通过 Word 应用程序中"插入"选项卡中的"符号"命令输入。

任务 4 复制主窗口和屏幕

任务要求：

1）复制当前窗口。

2）复制屏幕。

任务步骤：

1）复制当前主窗口，将"计算器"的窗口界面保存成一个 JPG 文件。

① 打开"开始"菜单，选择"所有程序"命令，选择"附件"组中的"计算器"。

② 按【Alt+PrintScreen】键，将"计算器"窗口复制到剪贴板中。

③ 启动"画图"应用程序，用"主页｜剪贴板｜粘贴"命令将剪贴板上的内容复制到画板，并以 Calc.jpg 为文件名保存。

2）复制屏幕，将"桌面"保存成一个 JPG 文件。

① 按【PrintScreen】键，将整个屏幕复制到剪贴板中。

② 启动"画图"应用程序，用"主页｜剪贴板｜粘贴"命令将剪贴板上的内容复制到画板，并以 Desktop.jpg 为文件名保存。

任务 5 了解 Windows 7 的帮助和支持窗口

任务要求：

通过 Windows 7 的帮助和支持窗口了解计算机管理的相关内容。

任务步骤：

1）选择"开始｜帮助和支持"命令，或通过"计算机"、磁盘和文件夹等窗口中的"帮助｜查看帮助"菜单命令或直接按【F1】键，打开"Windows 帮助和支持"窗口。

2）选择一个帮助主题，如"了解有关 Windows 基本知识"，在打开的窗口中可以了解到 Windows 基本常识中的所有主题，如程序、文件和文件夹，查看相应的信息。

3）在"搜索"文本框中输入关键字获取帮助信息。例如，输入关键字"窗口"，查找有关"窗口"的帮助信息。

4）通过单击"Windows"网站的链接，用户可以通过网络获得更多 Windows 7 的帮助信息、下载资源和操作方法。

任务 6 回收站的使用和设置

任务要求：

1）删除桌面上的快捷方式，恢复删除的文件。

2）永久删除文件。

3）设置各个磁盘回收站的容量。

任务步骤：

1）删除桌面上已经建立的"资源管理器"快捷方式和"系统"快捷方式。

选中图标后按【Delete】键，或选中图标右击，在弹出的快捷菜单中选择"删除"命令。

2）恢复已删除的"资源管理器"快捷方式。

先打开"回收站"，选定要恢复的对象，然后选择"还原此项目"命令即可。

3）永久删除桌面上的文件对象，使之不可恢复。

按住【Shift】键的同时删除文件，将永久删除文件。

4）设置各个磁盘回收站的容量。

右击"回收站"图标，在弹出的快捷菜单中选择"属性"命令，弹出"回收站 属性"对话框，如图 2-1-4 所示。C 盘回收站的最大空间为该盘容量的 10%，其余硬盘上的回收站空间大小为该盘容量的 5%，通过"回收站 属性"对话框设置。

图 2-1-4　"回收站 属性"对话框

实训 2　文件与文件夹的管理

实训目的

1）了解在 Windows 7 中进行文件管理的途径。

2）熟练使用"资源管理器"和"计算机"进行文件和文件夹的管理。

3）了解 Windows 7 的一些设备管理功能。

4）掌握 Windows 7 的一些系统维护实用程序的使用。

实训内容

任务 1　了解"资源管理器"的使用

任务要求：

1）打开"资源管理器"，用文件夹的展开和折叠浏览文件。

2）设置文件夹的查看选项，并观察其中的区别。

3）分别用缩略图、列表、详细信息等方式浏览 Windows 7 主目录，观察各种显示方式之间的区别。

4）分别按名称、大小、文件类型和修改时间对 Windows 7 主目录进行排序，观察 4 种排序方式的区别。

任务步骤：

1）右击"开始"按钮，在弹出的快捷菜单中选择"打开 Windows 资源管理器"命令。

练习文件夹的展开与折叠。将鼠标指针指向左侧导航窗格中"计算机"下的"本地磁盘（C:）"，单击图标左侧的"▷"符号，此时观察到原来的"▷"号变为"◢"号，这表明磁盘（C:）下的文件夹已经展开；再单击该"◢"号，则可观察到此时"◢"号又变为"▷"号，这表明磁盘（C:）下的文件夹又折叠起来。

2）设置或取消下列文件夹的查看选项，并观察其中的区别：

① 显示隐藏的文件、文件夹和驱动器。

② 隐藏受保护的操作系统文件。

③ 隐藏已知文件类型的扩展名。

④ 在标题栏显示完整路径等。

图 2-1-5 "文件夹选项"对话框

在"资源管理器"窗口选择"工具｜文件夹选项"菜单命令，弹出"文件夹选项"对话框，再选择"查看"选项卡，如图 2-1-5 所示，实现各项设置。

3）分别用缩略图、列表、详细信息等方式浏览 Windows 7 主目录，观察各种显示方式之间的区别。

在"资源管理器"窗口，选择"查看"命令（可以是菜单栏命令或快捷菜单命令或工具按钮），通过各相应子菜单实现。

4）分别按名称、大小、文件类型和修改时间对 Windows 7 主目录进行排序，观察 4 种排序方式的区别。

在"资源管理器"窗口选择"查看｜排序方式"（或快捷菜单"排序方式"）命令，通过各相应子菜单实现。

任务 2　练习 Windows 7 的文件管理（要求在"资源管理器"中进行）

任务要求：

1）在某磁盘（如磁盘 D：）根目录上创建文件夹，文件夹结构如图 2-1-6 所示。

2）将相关文件移动到相应的文件夹。

3）文件夹、文件的删除和属性设置。

4）文件夹、文件的查找。

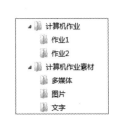

图 2-1-6　新建文件夹结构

任务步骤：

1）创建文件夹。

① 在空白处右击，在弹出的快捷菜单中选择"新建｜文件夹"命令，输入文件夹的名字"计算机作业"。

② 用同样的方法创建一个文件夹，名为"计算机作业素材"。

③ 打开"计算机作业"文件夹，用同样的方法创建两个文件夹，分别为"作业 1"和"作业 2"。

④ 打开"计算机作业素材"文件夹，用同样的方法创建 3 个文件夹，分别为"多媒体"、"图片"和"文字"。

提示

新建文件夹的用途是实现分门别类地存放文件，便于管理。

2）文件的创建、移动和复制。

① 用"记事本"建立一个文本文件，文件名为 T1.txt，保存在桌面；右击桌面空白处，在弹出的快捷菜单中选择"新建｜文本文档"命令，创建文本文件 T2.txt。两个文件的内容任意输入。

② 将桌面上的 T1.txt 用快捷菜单中的"复制"和"粘贴"命令复制到"D:\计算机作业\作业 1"中。

③ 将桌面上的 T2.txt 用【Ctrl+C】快捷键和【Ctrl+V】快捷键复制到"D:\计算机作业\作业 1"中。

④ 将桌面上的 T1.txt 用鼠标拖动的方法复制到"D:\计算机作业\作业 2"中。

⑤ 将桌面上的 T2.txt 移动到"D:\计算机作业\作业 2"中。

⑥ 将"D:\计算机作业\作业 1"文件夹移动到"D:\计算机作业\作业 2"中，要求移动整个文件夹，而不是仅仅移动其中的文件。

⑦ 将"D:\计算机作业\作业 1"用"发送"命令发送到桌面快捷方式。

⑧ 将"C:\Windows\Media"文件夹中的文件 Tada.wav、Windows 启动.wav 和 Flourish.mid 复制到"D:\计算机作业素材\多媒体"文件夹中。

⑨ 将"D:\计算机作业素材\多媒体"文件夹中的文件 Windows 启动.wav 在同一文件夹中复制一份，并更名为 sound.wav.

⑩ 将"D:\计算机作业素材\多媒体"文件夹中的 3 个".wav"文件同时选中，复制到"D:\计算机作业\作业 2"文件夹中。

3）文件夹、文件的删除和属性设置。

① 删除文件夹"作业 1"和文件"sound.wav"，再设法恢复。

② 用【Shift+Delete】快捷键删除桌面上的文件 T1.txt，观察是否送到回收站。

③ 设置"多媒体"文件夹中的文件 Tada.wav 的属性为只读，设置"D:\计算机作业素材 \ 文字"文件夹的属性为存档、隐藏。

④ 打开"D:\计算机作业素材"文件夹，为"文字"文件夹设置"隐藏"属性，使其不显示出来。

4）文件夹、文件的查找。

① 在"计算机"中查找文件"calc.exe"的位置。打开"计算机"窗口，在右侧的搜索框中输入"calc.exe"，在查找的结果中右击"calc.exe"，在弹出的快捷菜单中选择"属性"命令，查看文件的位置。

② 在磁盘 C：上查找文件夹 Fonts 的位置。打开"磁盘 C："窗口，在右侧的搜索框中输入"fonts"。

③ 查找磁盘 D：上所有扩展名为.txt 的文件。搜索时，可以使用"?"和"*"符号。"?"表示任一个字符，"*"表示任一字符串。因此，该题应输入"*.txt"作为文件名。

④ 查找磁盘 C：上扩展名为.bmp 的文件，并以"BMP 文件"为文件名将搜索条件保存在桌面上。

搜索时输入"*.bmp"作为文件名。搜索完成后，使用"文件 | 保存搜索"命令保存搜索结果。

⑤ 查找文件中含有文字"Windows"的所有文本文件，并把它们复制到"D:\计算机作业\作业 1"下。

实训 3　Windows 7 综合与提高实训

实训目的

1）了解文件共享的设置方法。

2）掌握屏幕保护程序的设置方法。

3）了解显示器分辨率的概念及设置方法。

4）了解显示器的刷新频率及设置方法。

5）了解任务管理器的使用方法。

实训内容

任务1　Windows 7 的文件共享设置

任务要求：

设置"D:\计算机作业素材"文件夹为共享文件夹，并设置共享权限。

任务步骤：

如果将文件夹设置为简单文件共享，那么可通过"网上邻居"设置成连接在局域网上的任何人都可以访问到、不需要访问者输入密码的共享文件夹。

1）右击桌面上的"网络"图标，在弹出的快捷菜单中选择"属性"命令，打开"网络和共享中心"窗口，如图 2-1-7 所示。

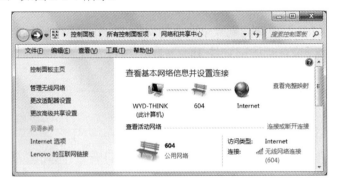

图 2-1-7　"网络和共享中心"窗口

2）选择"更改高级共享设置"选项，打开"高级共享设置"窗口，如图 2-1-8 所示。

图 2-1-8　"高级共享设置"窗口

3）双击"公用"，会出现一个列表，可设置相应内容，如图 2-1-9 所示。

4）选中"启用网络发现"单选按钮，单击"保存修改"按钮。

5）选择 D 盘"计算机作业素材"文件夹并右击，在弹出的快捷菜单中选择"属性"命令，在弹出的"计算机作业素材 属性"对话框中选择"共享"选项卡，如图 2-1-10 所示。

6）单击"高级共享"按钮，弹出"高级共享"对话框，如图 2-1-11 所示。

图 2-1-9 配置公用文件界面

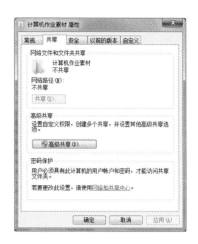

图 2-1-10 共享"计算机作业素材"文件夹

7）选中"共享此文件夹"复选框，输入共享名"计算机素材"，单击"权限"按钮，弹出"计算机素材的权限"对话框，如图 2-1-12 所示。

图 2-1-11 "高级共享"对话框

图 2-1-12 "计算机素材 的权限"对话框

8）观察"组或用户名"列表，应该有一个"Everyone"用户，如果没有，则单击"添加"按钮，弹出"选择用户或组"对话框，如图 2-1-13 所示。

图 2-1-13 "选择用户或组"对话框

9）单击"高级"按钮，在打开的对话框中单击"立即查找"按钮，搜索结果如图 2-1-14 所示。

10）在"搜索结果"列表中单击名称为"Everyone"的用户，单击"确定"按钮，返回"选择用户或组"对话框，如图 2-1-15 所示。

11）单击"确定"按钮，完成"Everyone"用户的添加，结果如图 2-1-16 所示。

12）设置"Everyone"用户的权限，如图 2-1-17 所示。

13）单击"确定"按钮，完成文件夹的共享设置。

图 2-1-14　查找用户

图 2-1-15　选择"Everyone"用户

图 2-1-16　完成"Everyone"用户的添加　　　　图 2-1-17　　"Everyone"用户的权限设置

> **提示**
>
> "完全控制"权限是指登录计算机的成员可以对该共享目录下的文件进行各种操作,用户拥有更改文件、删除文件的权限。如果对方通过网络删除了共享文件夹中的文件,则被删除的文件不会转移到回收站,而是直接被清除掉.共享特性不适用于C盘的 Documents and Settings、Program Files 及 Windows 系统文件夹。

任务 2   屏幕保护程序的设置

任务要求:

1)选择屏幕保护程序为"三维文字"。

2)等待时间为 15min,并要求在恢复时使用密码保护。

任务步骤:

1)准备工作。

① 选择"开始 | 控制面板"命令,打开"控制面板"窗口,单击其中的"显示"图标,打开"显示"窗口,如图 2-1-18 所示。

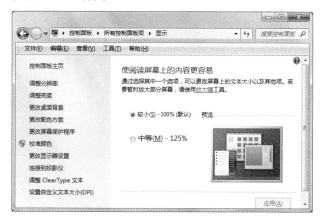

图 2-1-18   "显示"窗口

② 选择"更改屏幕保护程序"选项,弹出"屏幕保护程序设置"对话框,如图 2-1-19 所示。

③ 若"屏幕保护程序"下拉列表设置值为"无",表明当前计算机未设置屏幕保护程序。

2)选择屏幕保护程序。

① 单击"屏幕保护程序"下拉按钮,弹出当前计算机所有可用的屏幕保护程序列表,从中选择"三维文字"选项。

② 单击"预览"按钮,可预览所选屏幕保护程序的相应效果。

③ 在"等待"数值框中,指定计算机闲置多长时间之后启动屏幕保护程序,如"15 分钟",如图 2-1-20 所示。

> **提示**
>
> 如果想要防止未经授权者使用计算机,可以选中"在恢复时显示登录屏幕"复选框,当计算机进入屏幕保护状态后只有输入密码才能重新开启屏幕。

当需要暂时离开计算机，又不想关机中止所做工作时，从保密和保护屏幕的角度来看，可以为计算机设置一个屏幕保护程序。

图 2-1-19 "屏幕保护程序设置"对话框

图 2-1-20 屏幕保护程序时间设置

图 2-1-21 "窗口颜色和外观"对话框

任务 3 显示器配色方案和分辨率的设置

任务要求：

1）设置显示器的配色方案为"Windows 经典"。

2）将显示器的分辨率调整为 1280×800 像素。

任务步骤：

1）设置显示器的配色方案为"Windows 经典"。

① 在"控制面板"的"显示"窗口中选择"更改配色方案"选项，弹出"窗口颜色和外观"对话框，如图 2-1-21 所示。

② 选择"Windows 经典"选项，单击"确定"按钮完成设置。

2）将显示器的分辨率调整为 1280×800 像素。

提示

一般来说，应将屏幕的分辨率设为合适的状态，尽量不使用大字体、不设置背景图案，蓝色的底色配合白色的字体效果最好。有时文件的显示（如网页）对计算机显示器的分辨率有特殊要求，此时就需要调整分辨率以达到其要求。

① 在"控制面板"的"显示"窗口中，选择"调整分辨率"选项，弹出"屏幕分辨率"对话框。

② 单击"分辨率"右侧的下拉按钮，拖动滑块调整到合适的分辨率，如图 2-1-22 所示，单击"确定"按钮完成设置。

图 2-1-22 设置屏幕分辨率

> **提示**
>
> 分辨率以像素为单位，当分辨率为 800×600 像素时，桌面的图标会大一些，而选择 1280×800 像素，可以看到桌面的图标变小了，桌面变得开阔。只有显示适配器和显示器都支持本特征，才可以修改这些配置。

任务 4 显示器刷新频率的设置

任务要求：

1）了解显示器刷新频率的概念。

2）设置显示器刷新频率为 60 赫兹。

> **提示**
>
> 显示器刷新频率的高低直接影响使用者的眼睛疲劳程度。人眼所适应的显示器刷新频率是 60～85Hz，刷新频率过低会使人感觉到屏幕闪烁，但刷新频率过高会使显示器的使用寿命下降。有时格式化硬盘重装系统后，显示器的刷新频率只有默认的 60Hz，而无其他项可以选择。原因是在安装中 Windows 不能正确自动识别显示器的型号，因而也就无法安装最适合的驱动程序，这就导致了上述现象的产生。Windows 7 通常是把显示器识别为"即插即用监视器"或是"无法识别的监视器"，这在"显示 属性"和"系统 属性"中都可以看到。

任务步骤：

1）查看显示器型号。从随机资料中查出显示器的品牌和型号，有时显示器背面贴的标签中也有同样的内容。

2）从随机光盘或从网上下载最新的显示器驱动程序进行安装。

3）修改显示器刷新频率。

① 在"控制面板"的"显示"窗口中选择"调整分辨率"选项，进入"屏幕分辨率"界面。

② 单击"高级设置"按钮，在弹出的对话框中选择"监视器"选项卡，如图 2-1-23 所示。

图 2-1-23 "屏幕刷新频率"设置

③ 在"屏幕刷新频率"下拉列表中选择"60 赫兹"选项。

任务 5 了解任务管理器的作用

任务要求：

1）使用任务管理器关闭、打开应用程序。

2）使用任务管理器关闭当前正在运行的进程。

3）了解计算机的各种性能。

提示

默认情况下，在 Windows 7 操作系统中按【Ctrl+Alt+Delete】快捷键后，选择"启用任务管理器"可调出"Windows 任务管理器"，如图 2-1-24 所示；在任务栏处右击，在弹出的快捷菜单中选择"启用任务管理器"命令也可打开"Windows 任务管理器"。

图 2-1-24 "Windows 任务管理器"窗口

任务步骤：

1）使用任务管理器关闭、打开应用程序。

① 打开任务管理器，选择"应用程序"选项卡，这里只显示当前已打开窗口的应用程序，选中应用程序，单击"结束任务"按钮可直接关闭该应用程序，如果需要同时结束多个任务，可以按住【Ctrl】键复选。

② 单击"新任务"按钮，弹出"创建新任务"对话框，可以直接在"打开"文本框中输入，也可以单击"浏览"按钮进行搜索，打开相应的程序、文件夹、文档或 Internet 资源（如打开 C:\Program Files\javagirl.exe）。

2）使用任务管理器关闭当前正在运行的进程。

① 选择任务管理器的"进程"选项卡，这里显示了所有当前正在运行的进程，包括应用程序、后台服务等。那些隐藏在系统底层深处运行的病毒程序或木马程序都可以在这里找到，当然前提是要知道它的名称。

② 单击需要结束的进程名称（如 WINWORD.EXE），然后单击"结束进程"按钮，即可强行终止所选进程。

这种方式将丢失未保存的数据，而且如果结束的是系统服务，则系统的某些功能可能无法正常使用。

3）了解计算机的各种性能。

选择任务管理器的"性能"选项卡，如图 2-1-25 所示，可了解计算机的各种性能。

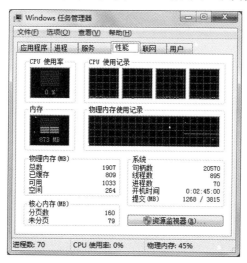

图 2-1-25　"性能"选项卡

① CPU 使用率：表明处理器工作时间百分比的图表，该计数器是处理器活动的主要指示器，查看该图表可以知道当前 CPU 的使用率。

② CPU 使用记录：显示处理器的使用程序随时间变化情况的图表，图表中显示的采样情况取决于"查看"菜单中所选择的"更新速度"设置值，"高"表示每秒 2 次，"正常"表示每两秒 1 次，"低"表示每 4 秒 1 次，"暂停"表示不自动更新。

③ 物理内存：计算机上安装的总物理内存，也称 RAM，"可用"表示可供使用的内存容量，"已缓存"显示当前用于映射打开文件的页面的物理内存。

④ 核心内存：操作系统内核和设备驱动程序所使用的内存。"分页数"是可以复制到页面文件中的内存，由此可以释放物理内存。"未分页"是保留在物理内存中的内存，不会被复制到页面文件中。

项目 2 Internet 基础实训

实训 1 Internet 的基本操作

实训目的

1）熟悉 Windows 7 的网络组建及各参数的设置和基本意义。

2）掌握 TCP/IP 的设置方法。

3）熟悉 IE 浏览器的使用。

实训内容

任务 1 TCP/IP 的设置

任务要求：

1）查看计算机的 IP 地址和 DNS 服务器地址。

2）了解 TCP/IP。

> **提示**
>
> TCP/IP 现在已成为 Internet 的标准协议。如果要访问局域网中的 UNIX/Linux 计算机，或通过局域网访问 Internet 或使用 modem 拨号连接 Internet，都要加载该协议。默认的情况下系统自动加载 TCP/IP。

任务步骤：

1）对于 TCP/IP，加载之后还要进行相关设置才能正常使用。

2）单击"控制面板"中的"网络和共享中心"图标，打开"网络和共享中心"窗口。

3）选择"更改适配器设置"选项，打开"网络连接"窗口。右击"本地连接"图标，在弹出的快捷菜单中选择"属性"命令，弹出"本地连接 属性"对话框。

4）选择"Internet 协议版本 4（TCP/IPv4）"选项 [图 2-2-1（a）]，单击"属性"按钮，弹出"Internet 协议版本 4（TCP/IPv4）属性"对话框，如图 2-2-1（b）所示，设置 IP 地址和 DNS 服务器地址。

5）如果 IP 地址使用动态分配，只要选中"自动获得 IP 地址""自动获得 DNS 服务器地址"单选按钮即可。

6）完成 TCP/IP 的设置后，右击桌面上的"网络"图标，在弹出的快捷菜单中选择"属性"命令，打开"网络和共享中心"窗口，其中出现了代表本地网络已经连通的图标，此时就可以通过网络浏览信息或收发邮件了。

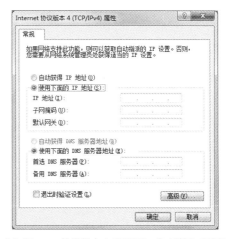

（a）"本地连接 属性"对话框　　　　（b）"Internet 协议版本 4（TCP/IP v4）属性"对话框

图 2-2-1　Internet 协议（TCP/IP）属性对话框

> **提示**
>
> 　　现在很多单位的局域网或家中使用的宽带网都可自动获取 IP 地址。但如果使用固定 IP 地址，需要让网络管理员给自己分配 IP 地址，同时获得相应的"子网掩码"的地址和 DNS 域名解析服务器的 IP 地址，如果安装了网关还需要知道网关的 IP 地址等，把这些地址填写到各自的文本框中即可。

任务 2　IE 浏览器的使用

任务要求：

1）浏览清华大学网站，并将其添加到收藏夹。

2）设置主页，并查看和删除历史记录。

任务步骤：

1）浏览网页。

① 单击任务栏中的 IE 图标或双击桌面上的 IE 图标，打开 IE 浏览器。

② 在 IE 地址栏中输入清华大学网址 http://www.tsinghua.edu.cn，然后按【Enter】键，打开清华大学主页。

③ 在主页上方导航栏中单击"招生就业"超链接，进入"招生就业"界面。滚动鼠标滚轮可以查看网页全部内容，按键盘上的上、下键也可以实现翻页，上下拖动窗口右侧滚动条也可以进行翻页。

④ 单击窗口上方的"后退"按钮，退回清华大学主页。

⑤ 右击主页上的图片，在弹出的快捷菜单中选择"图片另存为"命令，保存该图片。

⑥ 选择"文件 | 另存为"命令，保存当前网页。在"资源管理器"中查看保存的内容。

⑦ 选择"收藏夹 | 添加到收藏夹"命令，弹出"添加收藏"对话框，如图 2-2-2 所示。单击"新建文件夹"

图 2-2-2　"添加收藏"对话框

按钮，弹出"创建文件夹"对话框，在"文件夹名"文本框中输入"高校"，单击"创建"按钮，返回"添加收藏"对话框，单击"确定"按钮，把当前网页添加到"高校"文件夹中。

> **提示**
>
> 收藏是保存当前页面的 URL，以便今后从"收藏夹"选项快捷进入浏览。可以通过"整理收藏夹"选项对文件夹进行建立、重命名、删除、移动和复制等操作。

2）设置主页。

① 在任一个打开的窗口中选择"工具 | Internet 选项"命令，弹出"Internet 选项"对话框。

② 在"常规"选项卡的"主页"设置区中的地址文本框中输入一个网址，IE 浏览器就会在每次启动后自动浏览该页面。

③ 单击"使用默认值"按钮，地址文本框中的内容为"about blank"，表明 IE 每次启动后窗口中呈现的是空白页面，等待读者具体指定访问页面的地址。

④ 单击"使用当前页"按钮，地址文本框中的内容为当前 IE 窗口中呈现网页的地址。

3）查看和删除历史记录。

① 选择"查看 | 浏览器栏 | 历史记录"命令，打开历史记录界面。

② 可以选择"按日期查看"、"按站点查看"、"按访问次数查看"、"按今天的访问顺序查看"和"搜索历史记录"的方式进行查看。

③ 选择"工具 | 删除浏览历史记录"命令，在弹出的"删除浏览历史记录"对话框中选中相应复选框，即可删除浏览的历史记录。

④ 选择"工具 | Internet 选项"命令，弹出"Internet 选项"对话框，在"常规"选项卡的"浏览历史记录"选项组中选中"退出时删除浏览历史记录"复选框。

任务3 利用关键字查找相关的文字素材

任务要求：

1）利用百度搜索引擎，搜索"海南旅游"相关信息。

2）摘取所需文字素材。

任务步骤：

1. 进入百度搜索引擎界面

运行 IE 浏览器，然后在"地址"栏中输入网址 http://www.baidu.com，按【Enter】键，进入百度搜索引擎界面。

2. 输入查找内容的关键字

1）如果读者希望获得有关海南旅游方面的资料，可在搜索文本框中输入关键字"海南旅游"。

2）单击"百度一下"按钮。

3. 查阅搜索结果页

1）搜索结果，共有 14 800 000 个页面包含了所查找的两个关键词，部分内容呈现在浏览器窗口中。

2）每一个结果条目包括以下几项信息：

① 搜索结果标题。这实际上是一个超链接，单击它就可以直接跳转到相应的结果页面。

② 搜索结果摘要。一段有关页面内容的描述文字，内容中出现的关键字以红色显示。通过摘要，可以判断这个结果是否满足要求。

③ 百度快照。每个被收录的网页，在百度上都存有一个纯文本的备份，称为"百度快照"。如果原网页打不开或者打开速度慢，可以查看"快照"浏览页面内容。

④ 相关搜索。位于结果页面底部的"相关搜索"是其他用户相类似的搜索方式，如果搜索结果不佳，可以参考这些相关搜索。

> **提示**
>
> 　　搜索引擎是将输入的关键字与其数据库中存储的信息进行匹配，直到找出结果。如果输入的关键字过于简单，那么得到的搜索结果将不计其数。例如，以"网络"作为关键字，与之相关的信息就太多了。

如果想缩小搜索范围，只需输入更多的关键词，并在关键词中间留空格，即可表示搜索那些包含所有设置的关键字条件的内容。

4. 选择条目

单击条目标题，在新窗口中呈现具体的结果页面。

5. 摘取所需文字素材

1）选取相应的内容。

2）选择"编辑｜复制"命令。

3）运行字处理软件 Word，选择"开始｜剪贴板｜粘贴｜选择性粘贴"命令，在弹出的"选择性粘贴"对话框中，选择"无格式文本"，单击"确定"按钮，粘贴结果仅保留所复制的文字内容，执行"文件｜保存"命令，将素材文字内容保存下来。

> **提示**
>
> 　　每个搜索引擎的性能都有所不同，所以在搜索不到所需的信息时，不妨再用别的搜索引擎试试，或者用浏览器打开多个搜索引擎进行同时搜索。在 Internet 上有大量的搜索引擎，表 2-2-1 列出的搜索引擎不仅支持中文，还具有较高的搜索效率。
>
> 表 2-2-1　搜索引擎
>
> | 名称 | 网址 |
> | :---: | :---: |
> | 百度 | www.baidu.com |
> | 搜狐 | www.sohu.com |
> | 新浪搜索 | search.sina.com.cn |
> | 网易搜索 | search.163.com |
> | 搜狗 | www.sogou.com |
>
> 　　每一个搜索引擎在使用上都有细微的差别，所以在使用前应先查阅相关的使用方法，这些信息的链接通常就在关键字输入框的旁边。

实训 2　收发电子邮件

实训目的

1）了解电子邮件的属性。
2）掌握电子邮件的撰写与发送方法。
3）掌握电子邮件的接收、阅读与处理方法。
4）掌握电子邮箱规则的设置方法。

实训内容

任务 1　申请一个免费电子邮箱

任务要求：

申请一个免费的电子邮箱。

任务步骤：

1）提供免费申请邮箱的网站有 www.sina.com.cn、www.sohu.com、www.163.com、www.yahoo.com.cn、www.hotmail.com、www.qq.com 等各大网站。

2）在浏览器的地址栏上输入上述所列的某个网站地址，单击主页上"邮箱"超链接，在打开的界面中申请一个电子邮箱。

3）在申请电子邮箱时要填写姓名、密码、性别、职业等信息，如已有相同注册名称，则申请不能完成。

4）记录电子邮箱的地址和密码。

任务 2　通过免费邮箱收发电子邮件

任务要求：

1）给自己发一封带附件的电子邮件。
2）接收并查看收到的电子邮件，并下载附件。
3）设置电子邮箱的规则，如果信件来自自己的电子邮箱，则自动转移到"我的文件"。

> **提示**
> 若已经申请 QQ 号，可利用 QQ 邮箱收发电子邮件。

图 2-2-3　QQ 邮箱登录

任务步骤：

1）发送邮件。

① 启动浏览器，在地址栏输入 mail.qq.com，打开 QQ 邮箱的登录界面，如图 2-2-3 所示。

② 用自己的账号和密码登录后，打开邮箱，如图 2-2-4 所示。

③ 单击"写信"按钮创建新邮件，在"收件人"地址栏中输入自己的 QQ 邮箱地址，主题指定为"测试邮件"，在正文区输入一些文字。

④ 在桌面新建一个文本文件 file1.txt。在邮箱中单击"添加附件"命令，弹出"选择要上载的文件"对话框，如图 2-2-5 所示。

图 2-2-4　QQ 邮箱　　　　　　　　　　　图 2-2-5　选择要上传的文件

⑤ 到"桌面"找到 file1.txt 文件，单击"打开"按钮，附件添加成功，如图 2-2-6 所示。单击"删除"命令可删除附件。

⑥ 单击"发送"按钮，邮件发送成功。

2）接收邮件。

① 登录 QQ 邮箱。

图 2-2-6　成功添加附件

② 单击"收信"按钮，查看是否有新邮件，此时应该出现题目为"测试邮件"的新邮件。双击该邮件的主题，可查看邮件内容。

③ 单击附件的"下载"链接，可下载附件中的 file1 文件。

3）设置收件规则。如果发信人地址是自己的邮箱，将邮件转到"我的文件"中。

① 右击"我的文件夹"，在弹出的快捷菜单中选择"新建文件夹"命令，如图 2-2-7 所示，创建名为"我的文件"的文件夹。

② 单击"设置"按钮，打开"邮箱设置"界面，如图 2-2-8 所示。

图 2-2-7　创建文件夹　　　　　　　　　图 2-2-8　邮箱设置

③ 选择"收信规则"选项卡，单击"创建收信规则"按钮，进入如图 2-2-9 所示界面。

④ 选中"如果收件人"复选框，在对应的栏中输入自己的邮箱；选中"邮件移动到文件夹"复选框，在对应的栏中选择"我的文件"文件夹。

⑤ 单击"立即创建"按钮即可创建规则。

⑥ 用自己的邮箱给自己发封邮件，查看邮件是否按规则转移到"我的文件"中。

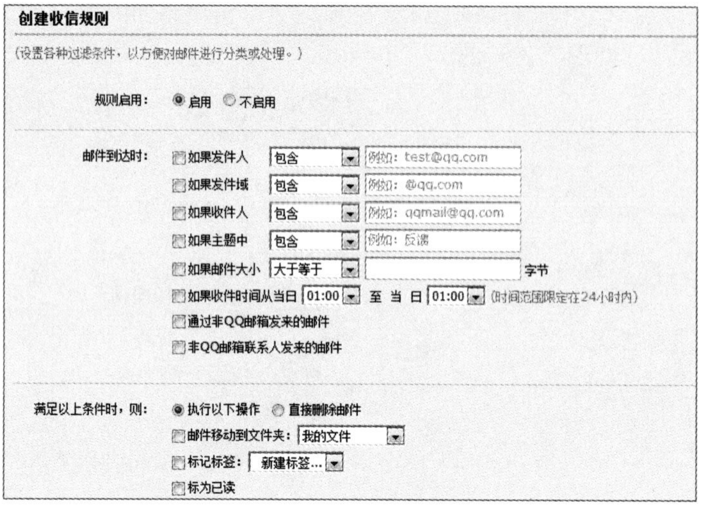
创建收信规则
(设置各种过滤条件，以方便对邮件进行分类或处理。)
规则启用：
启用
不启用
邮件到达时：
如果发件人
包含
例如：test@qq.com
如果发件域
包含
例如：@qq.com
如果收件人
包含
例如：qqmail@qq.com
如果主题中
包含
如果邮件大小
大于等于
字节
如果收件时间从当日
01:00
至 当 日
01:00
(时间范围限定在24小时内)
通过非QQ邮箱发来的邮件
非QQ邮箱联系人发来的邮件
满足以上条件时，则：
执行以下操作
直接删除邮件
邮件移动到文件夹：
我的文件
标记标签：
新建标签...
标为已读

图 2-2-9　创建收信规则

项目 3　Word 应用实训

实训 1　文档的基本排版

实训目的

1）掌握新建、保存与打开 Word 文档的方法。

2）掌握文档的输入、复制、移动、删除、查找和替换等基本操作。

3）掌握文档的字符排版、段落排版和页面排版功能。

实训内容

任务 1　文档的输入与编辑

任务要求：

1）在 D 盘新建一名为"W1.docx"的文档，输入如下内容，保存后关闭该文档。

W1.docx：

> 　　这是一种关于智能机的行为主义的观点。以回答问题的能力作为具有智能的判据有一定局限性，因为人的智能涉及许多方面，有些智能（如形象思维）就不可以言传。这种测试也难以反映自学习、自适应能力。
>
> 　　人们一方面追求用机器实现智能，另一方面又不大相信电子器件的自动开与关能实现人的思维。因此，当一种实现智能应用的方法很有效时，往往认为这是一种已知的技术，与其他计算机程序运行没什么不同，人们对于机器模拟人类思维的矛盾心理趋向于认为，一个能工作的系统是有用的，但不是真正有智能的。

2）打开 W1.docx 文档，执行如下操作：

① 用不同方法分别选中第一行、第一段、任意文本块和全文。

② 将第一段内容复制成为正文的第三段，并将第一、二段互换位置，然后将第一、二段内容合并为一段。

③ 在原有内容最前面一行插入文字"智能计算机"作为文章标题。

④ 在文档末尾插入 W2.docx 文档的内容。

W2.docx：

> 　　实际上，智能计算机已经成为一个动态的发展的概念，它始终处于不断向前推进的计算机技术的前沿。
>
> 　　人工智能的权威学者 M.明斯基定义人工智能的任务是研究还没有解决的计算机问题。这一观点反映了人工智能与智能机研究有别于其他学科的显著特点。

⑤ 用"拼写和语法"功能检查全文是否有拼写和语法错误。

⑥ 以不同的视图方式显示文档。

⑦ 查找文字"计算机"。

⑧ 将全文中的"计算机"用"computer"自动替换。

⑨ 删除文档的第三段。

⑩ 将该文档的纸张大小设为"自定义大小":宽度"14 厘米",高度"8 厘米"。页边距:上、下"2.6 厘米",左、右"2 厘米"。左装订线:"0.5 厘米"。方向:横向。其他设置不做改动。

⑪ 给该文档添加居中的页眉文字:※智能计算机※。

⑫ 给页面添加任意一种艺术形边框,并设置页面颜色为"浅绿"。

⑬ 以"W3.docx"为名将形成的文档以"1234"为密码加密保存在"我的文档"文件夹中,但不关闭文档。

参考样张如图 2-3-1 所示。

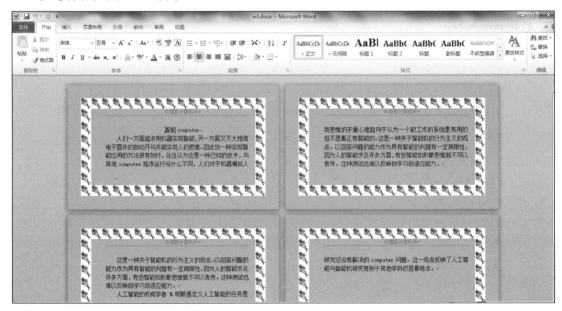

图 2-3-1　任务 1 样张

任务步骤:

1) 在 D 盘窗口空白处右击,在弹出的快捷菜单中选择"新建 | Microsoft Word 文档"命令,则窗口中出现一个默认名为"新建 Microsoft Word 文档.docx"的文档图标,将其名称改为"W1.docx",并双击打开该文档。

选择合适的汉字输入法,输入要求的文字。

保存、关闭、新建文档的方法如下:

① 保存文档:选择"文件 | 保存"命令,或者单击快速访问工具栏中的"保存"按钮,也可以按【Ctrl+S】快捷键。

② 关闭文档:选择"文件 | 关闭"命令,或者单击 Word 文档窗口右上角的"关闭"按钮即可。

③ 新建文档：选择"文件 | 新建"命令，然后在展开的界面中选择文档模板的类型，单击"创建"按钮即可，也可以通过按【Ctrl+N】快捷键新建文档。

提示

输入正文时应注意：

① 不要每行都按【Enter】键。Word 2010 有自动换行的功能，只有在一个段落结束时才使用【Enter】键换行。

② 若输入的文档中既含有中文又含有英文，要注意中英文标点符号的区别。

③ 要经常存盘。Word 2010 默认 10min 自动存盘一次，建议用户几分钟存一次盘，以避免意外情况导致输入内容丢失。

自动保存设置方法：选择"文件 | Word 选项"命令，弹出如图 2-3-2 所示的"Word 选项"对话框，按图 2-3-2 所示进行设置，单击"确定"按钮即可。

图 2-3-2　"Word 选项"对话框

④ 使用"撤销"功能。如果在输入过程中，无意的操作使文档格式发生很大变化，这时不需要重新操作一次，只要单击快速访问工具栏中的"撤销"按钮即可恢复原来的状态。

⑤ 若在输入文本中有错误和遗漏，此时只需将光标移动到要插入文本的位置，然后输入文本即可（Word 中的默认输入状态为"插入"）；若要改写光标处的文本，只需按【Insert】键，将输入状态转换到"改写"即可。【Insert】键是一个反复开关键，每按动一次，会在两种状态之间切换。

2）打开 W1.docx 文档，执行如下操作：

① 打开"我的文档"窗口，双击 W1.docx 文档图标，或者右击 W1.docx 文档图标，在弹出的快捷菜单中选择"打开"命令。

选中第一行：鼠标指针指向行首，按住鼠标左键拖动至行尾；或者单击行首，按住【Shift】键，单击行尾。

选中第一段：鼠标指针指向段首，按住鼠标左键拖动至段尾；或者单击段首，按住【Shift】键，单击段尾；还可以将鼠标指针定位在第一段处连击三次左键。

用同样的方法选中任意文本。

选中全文：按住【Ctrl+A】键，或者切换到功能区的"开始"选项卡，单击"编辑"选项组中的"选择"下拉按钮，在弹出的下拉菜单中选择"全选"命令。

② 复制文本：选中第一段，指向选中区域，按住【Ctrl】键的同时按住鼠标左键，将选中的文本块拖动至第二段下一行开始处即可；或者选中后，选择功能区"开始"选项卡"剪贴板"选项组中的"复制"命令，将光标定位于第二段下一行开始处，选择功能区"开始"选项卡"剪贴板"选项组中的"粘贴"命令。

> **提示**
>
> 如果要在短距离内复制文本，则可以按住【Ctrl】键，然后拖动选定的文本块，到达目标位置后释放鼠标左键，并放开【Ctrl】键。

互换位置：选中第一段，指向选中区域，按住鼠标左键拖动至第三段开始处即可；或者选中后，选择功能区"开始"选项卡"剪贴板"选项组中的"剪切"命令，将光标定位于第三段开始处，选择功能区"开始"选项卡"剪贴板"选项组中的"粘贴"命令。

合并第一、二段内容：将光标置于第一段的末尾，按【Delete】键。

③ 将光标置于文档的开始处，输入"智能计算机"，按【Enter】键。将光标再次定位于文档开始处，选择功能区"开始"选项卡"段落"选项组中的"居中"命令或者按【Ctrl+E】快捷键即可使文字居中。

④ 将光标定位于文档末尾的下一行处，单击功能区"插入"选项卡"文本"选项组中的"对象"下拉按钮，在弹出的下拉菜单中选择"文件中的文字"命令，弹出"插入文件"对话框，在"查找范围"下拉列表中选择"我的文档"，单击窗口中的"W2.docx"文档图标，单击"插入"按钮。

⑤ 选择功能区"审阅"选项卡"校对"选项组中的"拼写和语法"命令，弹出"拼写和语法：中文（中国）"对话框，如图 2-3-3 所示。根据需要单击"更改"按钮，直到弹出更改完毕的对话框，单击"确定"按钮。

⑥ 在功能区"视图"选项卡"文档视图"选项组中单击不同按钮切换不同的视图方式。

⑦ 查找文字：在功能区"开始"选项卡"编辑"选项组"查找"下拉菜单中选择"高级查找"命令，弹出"查找和替换"对话框，在"查找内容"文本框中输入"计算机"，如图 2-3-4 所示。

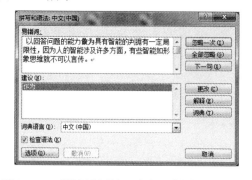

图 2-3-3　"拼写和语法：中文（中国）"对话框

图 2-3-4　"查找"选项卡

单击"查找下一处"按钮，则找到"计算机"文字且突出显示。

⑧ 将光标置于文档开始处，切换到功能区中的"开始"选项卡，在"编辑"选项组中单击"替换"按钮，弹出"查找和替换"对话框，在"查找内容"文本框中输入"计算机"，在"替换为"文本框中输入"computer"，如图 2-3-5 所示。

图 2-3-5　"替换"选项卡

单击"全部替换"按钮即可，最后关闭"查找和替换"对话框。

⑨ 删除文档：选中第三段，按【Delete】键。

⑩ 页面设置：单击功能区"页面布局"选项卡"页面设置"选项组中的"页边距"下拉按钮，在弹出的下拉列表中选择"自定义边距"选项，弹出图 2-3-6 所示的"页面设置"对话框。在"页边距"选项卡中输入或者选择所要求的页边距及装订线数值，如图 2-3-6 所示。

选择"纸张"选项卡，在"宽度"文本框中输入"14 厘米"，在"高度"文本框中输入"8 厘米"，如图 2-3-7 所示，单击"确定"按钮。

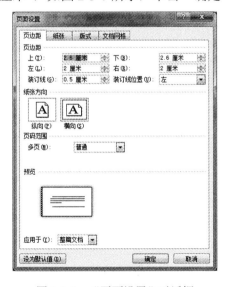

图 2-3-6　"页面设置"对话框

图 2-3-7　"纸张"选项卡

提示

若对话框中设置的格式单位与题目设置单位不一样，则可以采取直接输入单位的方法，如 1.5 厘米、20 磅。

⑪ 插入页眉：选择功能区"插入"选项卡"页眉和页脚"选项组中的"页眉"命令，在弹出的下拉菜单中选择"编辑页眉"命令并进入页眉编辑状态，输入文字"智能计算机"，如图 2-3-8 所示。

图 2-3-8　插入页眉

　　输入完毕，选择功能区"页眉和页脚工具-设计"选项卡"关闭"选项组中的"关闭页眉和页脚"命令，或在文档区双击即退出页眉编辑状态。

> **提示**
>
> 　　若想在奇偶页插入不同的页眉和页脚，具体操作步骤如下：双击页眉区或页脚区，进入页眉或页脚编辑状态，并显示"页眉和页脚工具-设计"选项卡。选中"选项"选项组内的"奇偶页不同"复选框。此时，在页眉区的顶部显示"奇数页页眉"字样，用户可以根据需要创建奇数页的页眉。单击"页眉和页脚工具-设计"选项卡"导航"选项组中的"下一节"按钮，在页眉区的顶部显示"偶数页页眉"字样，用户可以根据需要创建偶数页的页眉。如果想创建偶数页的页脚，可以单击"页眉和页脚工具-设计"选项卡"导航"选项组中的"转至页脚"按钮，切换到页脚区进行设置。设置完毕后，单击"页眉和页脚工具-设计"选项卡"关闭"选项组中的"关闭页眉和页脚"按钮。

　　"※"的插入方法：选择功能区"插入"选项卡中的"符号"选项组，单击"符号"下拉按钮，在弹出的下拉菜单中选择"※"。若该符号没有列出，则需选择"其他符号"命令，弹出如图 2-3-9 所示的"符号"对话框，在"字体"下拉列表中选择"普通文本"选项，在"子集"下拉列表中选择"广义标点"选项，单击"插入"按钮。

图 2-3-9　"符号"对话框

⑫ 设置页面边框：选择功能区"页面布局"选项卡中的"页面背景"选项组，单击"页面边框"按钮，弹出"边框和底纹"对话框，选择"页面边框"选项卡，如图 2-3-10 所示。

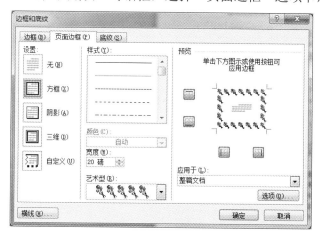

图 2-3-10　"边框和底纹"对话框

在"艺术型"下拉列表中选择合适的艺术边框，并设置宽度为"20 磅"，在"应用于"下拉列表中选择"整篇文档"选项，单击"确定"按钮。

选择功能区"页面布局"选项卡中的"页面背景"选项组，单击"页面颜色"下拉按钮，在弹出的下拉菜单中选择"标准色"中的"浅绿"，为整篇文档设置背景色。

⑬ 文档加密：选择"文件"选项卡，单击"信息 | 保护文档"按钮，如图 2-3-11 所示。

图 2-3-11　设置文档加密

在弹出的下拉菜单中选择"用密码进行加密"命令，弹出如图 2-3-12 所示的"加密文档"对话框。在该对话框中的文本框中输入密码"1234"，单击"确定"按钮，弹出"确认密码"对话框，再次输入密码，单击"确定"按钮。返回"文件"选项卡，单击其菜单中的"另存为"命令，则弹出"另存为"对话框，单击"保存"按钮即可加密保存。

图 2-3-12　"加密文档"对话框

任务2 文档的排版1

任务要求：

1）在 D 盘根目录下新建一个名为"范例 1.docx"的 Word 文档。在文档中输入以下内容：

> 母亲节之夜。妈妈在厨房里对着一大盆碗发愁。
>
> 玛丽走进来说："妈妈，今天是母亲节，
>
> 不要洗碗了，休息一下吧。"
>
> 母亲听了，甚为感动。
>
> 但玛丽接着又说："留到明天再洗好了！"

2）针对"范例 1.docx"进行以下操作。

① 在第一段之前插入一段，输入"笑话一则"，并作为标题居中显示。设置该段的段前间距为"12 磅"，段后间距为"12 磅"。

② 设置第一段"母亲节之夜"的字体为"隶书"，字形为"加粗"，字号为"14 号"，字体颜色为"红色"，效果为"阴文"。

③ 使用格式刷使第四段"母亲听了"格式与第一段"母亲节之夜"的格式相同。

④ 将第二段至结尾的段落设置底纹填充颜色为"红色，强化文字颜色 2，淡色 40%"。

参考样张如图 2-3-13 所示。

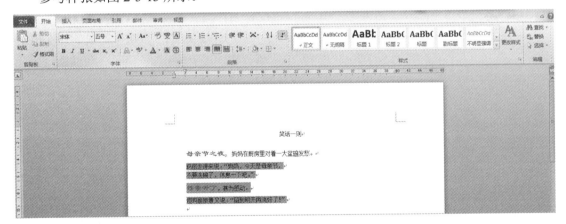

图 2-3-13 任务 2 参考样张

任务步骤：

1）插入标题：将光标定位到第一段开头，按【Enter】键，再将光标定位至第一行，输入"笑话一则"，按【Ctrl+E】快捷键。

设置段前、段后间距：选择功能区"开始"选项卡中的"段落"选项组，单击"段落"选项组右下角的"对话框启动器"按钮，弹出"段落"对话框，在"缩进和间距"选项卡中设置段前和段后间距，直接输入"12 磅"，如图 2-3-14 所示。

2）设置字体：选中"母亲节之夜"，然后选择功能区"开始"选项卡，单击"字体"选项组右下角的"对话框启动器"按钮，弹出"字体"对话框，如图 2-3-15 所示，在"字体"选项卡中分别进行设置。

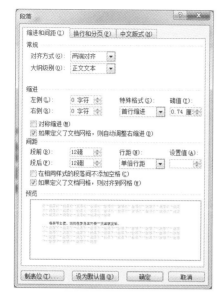

图 2-3-14　"段落"对话框

图 2-3-15　"字体"对话框

　　3）格式刷的使用方法：使用格式刷可以快速将指定文本或段落的格式复制到其他文本或段落上，格式越复杂，效率越高。选中要引用格式的文本或段落，单击"格式刷"按钮，此时鼠标指针显示为带一个刷子的图案。移动鼠标指针，使小刷子从欲排版的文本头尾拖过，然后释放鼠标，即完成复制格式工作。如果要把格式复制到多个文本或段落上，则要双击"格式刷"按钮，复制格式结束后，再单击"格式刷"按钮或者按【Esc】键即可取消格式刷。

　　4）底纹填充：使用鼠标拖动的方法，选中从第二段到结尾的文字，选择功能区"开始"选项卡中的"段落"选项组，单击"底纹"下拉按钮，在弹出的下拉菜单中进行如图 2-3-16所示的设置。

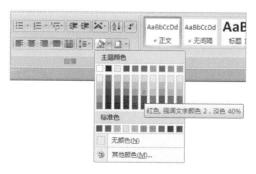

图 2-3-16　"底纹"下拉菜单

任务 3　文档的排版 2

任务要求：

1）在桌面上新建一个名为"W4.docx"的 Word 文档。在文档中输入以下内容：

老生常谈

人生像游山。

山要亲自游过，才能知道山中风景的实况。

旁人的讲说，纸上的卧游，究竟隔膜。即如画图，摄影，银幕，算比较亲切了，也不是那回事。朝岚夕霭的变化，松风泉韵的琤琮，甚或沿途所遇见的一片石，一株树，一脉流水，一声小鸟的飞鸣，都要同你官能接触之后，才能领会其中的妙处，渲染了你的感情思想和人格之后，才能发现它们灵魂的神秘。

凡是名山，海拔总很高，路径也迂回陡峭难于行走，但游山的人反而爱这迂回，爱这陡峭。

困难是游名山的代价，而困难本身也具有一种价值。胜景与困难，给予游山者以双倍的乐趣。名山而可以安步当车去游，那又有多大的意思呢。

提示

chēngcóng

文档中"琤琮"二字读作　琤　琮。

若想给汉字加上拼音可以通过选择功能区中的"开始"选项卡，单击"字体"选项组中的"拼音指南"按钮，在弹出的"拼音指南"对话框中进行设置。

2）将"W4.docx"另存到 D 盘根目录下，并改名为"老生常谈.docx"。以下内容针对"老生常谈.docx"进行。

① 将标题"老生常谈"所在段落的文本效果设为"空心"，字形设为"加粗"，字号设为"16 号"，文字颜色设为"绿色"，对齐方式设为"居中"。

② 正文第一段首行缩进"2 字符"。

③ 正文第二段加边框为方框，线型为"实线"，宽度为"0.5 磅"，颜色为"蓝色"。

④ 正文第三段第一个字下沉三行，距离正文"0.5 厘米"，下沉文字字体为"华文行楷"。

⑤ 将第三段"旁人的讲说，纸上的卧游……"进行分栏操作，栏数为"3 栏"。

⑥ 将最后两段添加项目符号，项目符号样式随意。

⑦ 任选第四段四个字合并字符，字体为"宋体"，字号为10。

⑧ 正文第五段（从"胜景与困难，"开始）加双删除线。

⑨ 在文章开头插入特殊符号 ☺。

⑩ 在文章结尾处插入当前日期。

⑪ 添加文字水印，文字内容为"水边的故事"，设置为"隶书"，颜色为"红色""半透明""斜式"。

参考样张如图 2-3-17 所示。

任务步骤：

1）选中"老生常谈"所在段落，选择功能区"字体"选项卡，单击右下角的"对话框启动器"按钮，弹出"字体"对话框，在"字体"选项卡上分别进行设置。单击"开始"选项卡"段落"组中的"居中"按钮，设置居中对齐方式。

2）首行缩进：选择功能区"开始"选项卡中的"段落"选项组，单击右下角的"对话框启动器"按钮，弹出"段落"对话框，在"缩进和间距"选项卡中的"特殊格式"下拉列表中选择"首行缩进"选项，度量值输入"2 字符"。

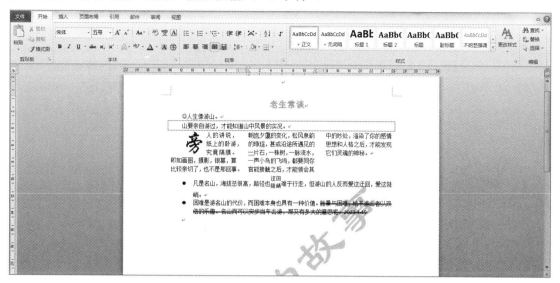

图 2-3-17　任务 4 参考样张

3）段落边框：选择功能区"页面布局"选项卡中的"页面背景"选项组，单击"页面边框"按钮，在弹出的"边框和底纹"对话框中的"边框"选项卡中设置样式为"实线"，颜色为"蓝色"，宽度为"0.5 磅"，如图 2-3-18 所示。

4）首字下沉：选中"旁"字或将光标定位至该段落，选择功能区"插入"选项卡，单击"文本"选项组的"首字下沉"下拉按钮，在弹出的下拉菜单中选择"首字下沉选项"，在弹出的如图 2-3-19 所示的"首字下沉"对话框中进行设置。

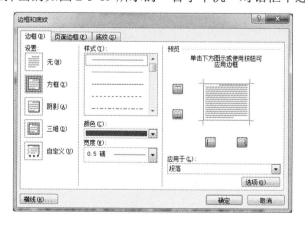

图 2-3-18　"边框"选项卡

图 2-3-19　"首字下沉"对话框

5）分栏：连续单击三次选中该文章中的第三段，选择功能区的"页面布局"选项卡，在"页面设置"选项组中单击"分栏"下拉按钮，在弹出的下拉菜单中选择"三栏"命令。也可以在弹出的下拉菜单中选择"更多分栏"命令，弹出如图 2-3-20 所示的"分栏"对话框，设置栏数为 3。

6）添加项目符号：选中后两段，选择功能区的"开始"选项卡，单击"段落"选项组中的"项目符号"按钮，直接为其设置一默认样式的项目符号。也可以单击"项目符号"下拉按钮，在弹出的下拉菜单（图 2-3-21）中选择其他符号进行设置。

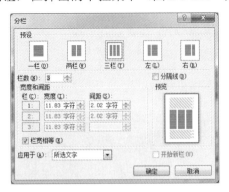

图 2-3-20　"分栏"对话框 　　　　　　　　　 图 2-3-21　"项目符号"下拉菜单

7）合并字符：选中任意四个字符，选择功能区的"开始"选项卡，单击"段落"选项组中的"中文版式"下拉按钮，在弹出的下拉菜单中选择"合并字符"命令，在弹出的如图 2-3-22 所示的"合并字符"对话框中进行设置，单击"确定"按钮。

8）加双删除线：选中文字，选择功能区"开始"选项卡，单击右下角的"对话框启动器"按钮，弹出"字体"对话框，利用"字体"选项卡的"双删除线"复选框进行设置。若只加删除线，只需选择功能区"开始"选项卡，单击"字体"选项组中的"删除线"按钮进行设置即可，具体如图 2-3-23 所示。

图 2-3-22　"合并字符"对话框 　　　　　　　　 图 2-3-23　"删除线"按钮

9）插入特殊符号：选择功能区"插入"选项卡，单击"符号"选项组的"符号"按钮，在弹出的下拉菜单中选择"其他符号"命令，弹出如图 2-3-24 所示的"符号"对话框。在"符号"选项卡中的"字体"下拉列表中选择"Wingdings"找到☺，单击"插入"按钮。

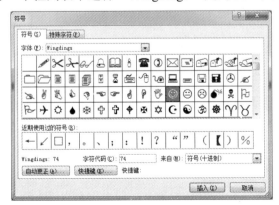

图 2-3-24　"符号"对话框

10）插入当前日期：将光标定位到文章结尾，选择功能区"插入"选项卡，单击"文本"选项组的"日期和时间"按钮，弹出如图 2-3-25 所示的"日期和时间"对话框，从中选择一种当前日期的显示格式，单击"确定"按钮。

11）添加文字水印：选择功能区"页面布局"选项卡，单击"页面背景"选项组的"水印"下拉按钮，在弹出的下拉菜单中选择"自定义水印"命令，在弹出的如图 2-3-26 所示的"水印"对话框中进行相应的设置。

图 2-3-25 "日期和时间"对话框 　　　　 图 2-3-26 "水印"对话框

实训 2 表 格 操 作

实训目的

1）掌握插入和绘制表格的方法。

2）掌握插入表格和在表格中插入行列的方法。

3）掌握合并和拆分单元格及表格的方法。

4）掌握表格的边框、行高、列宽，以及表格中文字格式的设置方法。

5）掌握绘制斜线表头的方法。

6）掌握进行表格的自动调整的方法。

7）掌握对表格中内容进行排序和计算的方法。

实训内容

任务 1 表格的插入

任务要求：

1）在 D 盘根目录下新建一个名为"表格 1.docx"的 Word 文档。在文档中插入一个 5 行 5 列的表格，表格中用宋体、五号字输入如图 2-3-27 所示的内容，并将"表格 1.docx"另存为"表格 3.docx"。

学号	姓名	英语	高等数学	计算机基础
05001	王玲玲	76	67	71
05002	李和平	81	85	90
05003	袁军	90	88	94
05004	张民生	65	56	70

图 2-3-27 表格 1 样张

2）在 D 盘根目录下新建一个名为"表格 2.docx"的 Word 文档。在文档中插入如图 2-3-28 所示的内容。

课程节\星期名	星期一	星期二	星期三	星期四	星期五
1	语文	英语	英语	数学	语文
2	数学	语文	语文	音乐	数学
3	英语	音乐	体育	数学	语文
4	美术	数学	数学	英语	英语
5	音乐	英语	语文	英语	美术
6	语文	英语	英语	体育	音乐

图 2-3-28　表格 2 样张

任务步骤：

1. 插入表格

方法 1：使用菜单命令创建表格。

将光标定位到文本中要插入表格的位置，选择功能区的"插入"选项卡，单击"表格"选项组的"表格"下拉按钮，在弹出的下拉菜单中移动鼠标选择"5×5 表格"（图 2-3-29）并单击，即可插入一个 5 行 5 列的表格。

方法 2：将光标定位到文本中要插入表格的位置，选择功能区的"插入"选项卡，单击"表格"选项组的"表格"下拉按钮，在弹出的下拉菜单中选择"插入表格"命令，弹出如图 2-3-30 所示的"插入表格"对话框，设置"行数"为 5，"列数"为 5。单击"确定"按钮后，页面即插入了一个符合要求的空白表格。

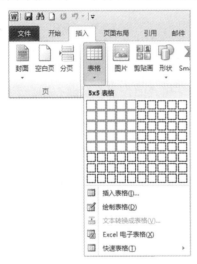

图 2-3-29　"表格"菜单　　　　　　　图 2-3-30　"插入表格"对话框

方法 3：手动绘制表格。

1）选择功能区的"插入"选项卡，单击"表格"选项组的"表格"下拉按钮，在弹出的下拉菜单中选择"绘制表格"命令，此时鼠标指针自动变为笔形图标，可直接在想要绘制表格的位置上拖动鼠标绘制。从要创建的表格的一角拖动至其对角，可以确定表格的外围边框。在创建的外框或已有表格中，可以利用拖动笔形指针绘制横线、竖线、斜线，绘制表格的单元格。

2）选择功能区的"开始"选项卡，单击"段落"选项组最后一项旁边的下拉按钮，在弹出的下拉菜单中选择"绘制表格"命令，如图 2-3-31 所示，同样也可以绘制表格。

输入文字：插入表格后，光标会自动定位到第一行第一列的单元格中，这是输入文字的位置。要移动光标只要按上、下、左、右键或单击即可。

图 2-3-31　"绘制表格"命令

<table>
<tr><td>提示</td></tr>
<tr><td>　　若表格绘制不符合要求，可通过快速访问工具栏的"撤销"命令进行撤销后重新绘制。若想要删除已经绘制的表格，可通过功能区"表格工具-布局"选项卡的"删除"下拉菜单中的"删除表格"命令来实现，如图 2-3-32 所示。</td></tr>
</table>

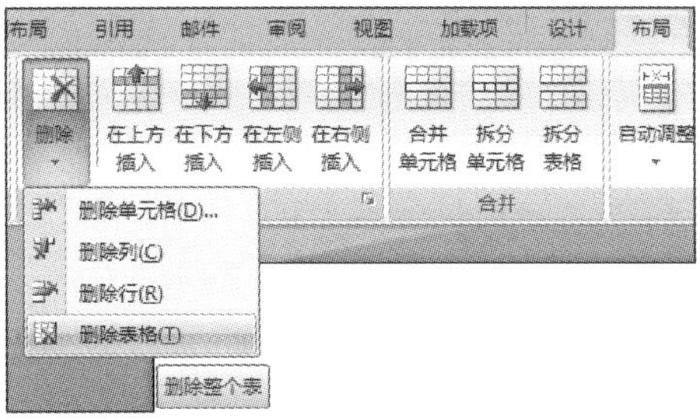

图 2-3-32　"删除表格"命令

2. 绘制斜线表头

斜线表头一般位于表格第一行的第一列。在设置斜线表头前，要将该斜线表头的单元格拖动到足够大，然后执行下述的操作：选择功能区的"插入"选项卡，单击"表格"选项组的"表格"下拉按钮，在弹出的下拉菜单中选择"绘制表格"命令，此时鼠标指针自动变为笔形图标，可直接在第一行第一列单元格左上角拖动到右下角绘制斜线。但此方法只是插入了一个斜线，输入文字时文字的位置需要设计者自己调整。

若要插入图 2-3-28 所示样式的表头，需要利用功能区"插入"选项卡"插图"选项组中的"直线"形状（图 2-3-33）直接到表头上去画，根据样张画相应的斜线并与输入相应文字的横排文本框共同组合即可。

图 2-3-33　"形状"下拉菜单

注意：

文本框中文字的位置可通过【Enter】键和空格键进行调整。

按住【Shift】键单击后可将直线与文本框选中，在"绘图工具-格式"选项卡中的"排列"选项组中单击"组合 | 组合"命令，可将表头部分组合为一个图形，当表格发生格式变化时，可以利用鼠标拖动表头适应表格的变化。

任务 2　表格样式的设置 1

任务要求：

将文档“表格 3.docx”中的表格设置成如图 2-3-34 所示的样式。

1）在表格第一行之前插入一行。

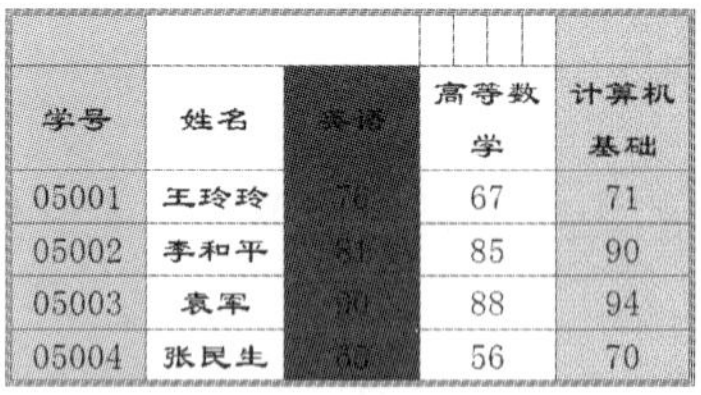

学号	姓名	英语	高等数学	计算机基础
05001	王玲玲	76	67	71
05002	李和平	81	85	90
05003	袁军	90	88	94
05004	张民生	85	56	70

图 2-3-34　任务 2 样张 1

2）将第一行第二列和第三列合并单元格。

3）将第一行第四列拆分成水平方向的 4 个单元格。

4）将文字字体设为隶书、二号字、水平居中。

5）将第一列底纹设为“橄榄色，强调文字颜色 3，淡色 40%”；第三列底纹设为红色；第五列底纹设为橙色，图案黄色，图案样式 37.5%。

6）将表格边框设为三维、紫色、三实线。

任务步骤：

1. 插入行

方法 1：将光标定位在表格的第一行并右击，在弹出的快捷菜单中选择“插入 | 在上方插入行”命令，即可在表格第一行之前插入一行。也可以将鼠标指针停留在第一行左侧，鼠标指针会变成空心指针样式，右击，会弹出相同的快捷菜单。

方法 2：将光标定位于第一个单元格，选择功能区的“表格工具-布局”选项卡，单击“行和列”选项组中的“在上方插入”按钮。

2. 合并单元格

方法 1：选中第一行第二列和第三列单元格并右击，在弹出的快捷菜单中选择“合并单元格”命令。

方法 2：选中第一行第二列和第三列单元格，选择功能区的“表格工具-布局”选项卡，单击“合并”选项组中的“合并单元格”按钮。

3. 拆分单元格

将光标定位到第一行第四列并右击，在弹出的快捷菜单中选择“拆分单元格”命令，弹出“拆分单元格”对话框，具体设置如图 2-3-35 所示，单击“确定”按钮。

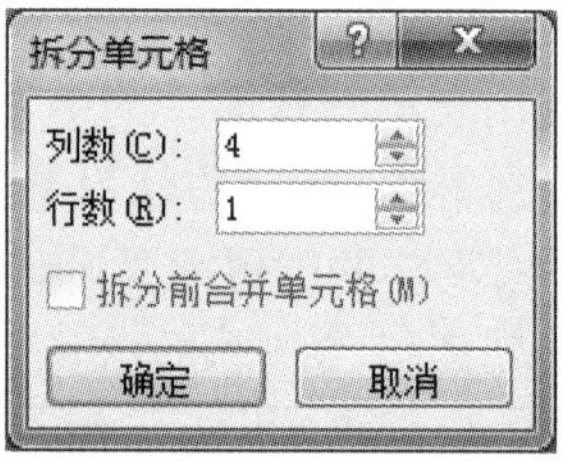

图 2-3-35　“拆分单元格”对话框

4. 字体设置

选择功能区的“开始”选项卡，在“字体”选项组上进行字体设置。

水平居中：选中文字并右击，在弹出的快捷菜单中选择“单元格对齐方式 | 中部居中”命令，如图 2-3-36 所示。

5. 底纹颜色设置

方法 1：选择功能区的“开始”选项卡，单击“段落”选项组中的“底纹”下拉按钮，在弹出的下拉菜单中进行选择，如图 2-3-37 所示。

图 2-3-36　单元格对齐方式设置方法 2　　　　　图 2-3-37　"底纹"设置方法 1

方法 2：选中一列或列中的全部文字，右击，在弹出的快捷菜单中选择"边框和底纹"命令，在弹出的"边框和底纹"对话框的"底纹"选项卡中进行设置，如图 2-3-38 所示。

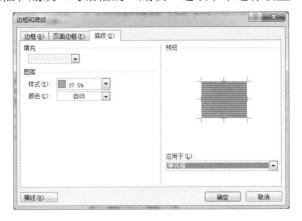

图 2-3-38　"底纹"选项卡

提示

选中表格、单元格和行、列的方法：

1）把鼠标指针移到表格的左上角，当指针变成囤时，单击即可选中整个表格。

2）将鼠标指针移到该单元格左边框外，当鼠标指针变成➴时，单击即可选中单独的一个单元格。

3）将鼠标指针停留在表格边框左侧或上方，单击，则停留位置所在的行或列就被选中。

---

6. 设置边框

在选中的表格中右击，在弹出的快捷菜单中选择"边框和底纹"命令，弹出如图 2-3-39 所示的"边框和底纹"对话框。选择"边框"选项卡，在"设置"区域中有 5 个选项可以用来设置表格四周的边框，选择"虚框"选项。在"样式"列表框中选择三实线，单击"颜色"下拉按钮，在弹出的下拉菜单中选择"紫色"作为线条颜色，应用于"表格"。

图 2-3-39 "边框"选项卡

在"边框和底纹"对话框中，还可以通过"预览"区域下边的▦或▤类型的按钮选择是否对某一部分边框进行设置。

任务 3　表格样式的设置 2

任务要求：

将文档"表格 2.docx"中的表格设置成如图 2-3-40 所示的样式。

1）在表格前插入一行文本，输入内容为"课程表"，字体为"华文彩云""蓝色""小二"，居中对齐。

2）在表格末尾插入两行，并在第七节和第八节课程中均输入"自习"。

3）在表格右侧增加两列，在第一行分别输入星期六和星期日。

4）设置表格内文本字体为"楷体"，字号为"小三""黑色""加粗"。

5）设置表格外边框为方框，颜色为黑色，3 磅实线。

6）设置表格内部边框为黑色，1.5 磅虚线。

7）根据窗口调整表格。

8）重新设置斜线表头。

课程名\节	星期一	星期二	星期三	星期四	星期五	星期六	星期日
1	语文	英语	英语	数学	语文		
2	数学	语文	语文	音乐	数学		
3	英语	音乐	体育	数学	语文		
4	美术	数学	数学	英语	英语		
5	音乐	英语	语文	英语	美术		
6	语文	英语	英语	体育	音乐		
7	自习	自习	自习	自习	自习		
8	自习	自习	自习	自习	自习		

图 2-3-40 任务 3 样张

任务步骤：

1）在表格前插入一行文本：将光标定位在第一行第一列单元格的首位置，按【Enter】键，则光标定位到表格上方，此时我们可以输入一行文字并设置成"华文彩云""蓝色""小二"，并按【Ctrl+E】快捷键使其居中，作为表格标题。

2）在表格末尾插入两行有以下两种方法：

方法 1：将鼠标指针移到最后一行并右击，在弹出的快捷菜单中选择"插入丨在下方插入行"命令。重复一次插入第二行。

方法 2：将光标定位至最后一个单元格右侧边线外，按【Enter】键，再重复一次即插入两行。

3）插入列：将鼠标指针停留在最后一列第一行上方，鼠标指针会变成黑色实心箭头样式，右击，在弹出的快捷菜单中选择"插入 | 在右侧插入列"命令。重复一次插入第二列。

4）选中表格中文字，选择功能区的"开始"选项卡，在"字体"选项组中设置字体。

5）表格外边框的设置有以下两种方法：

方法 1：右击表格，在弹出的快捷菜单中选择"边框和底纹"命令。在弹出的"边框和底纹"对话框中设置表格外边框为方框，黑色，3 磅实线，如图 2-3-41 所示。

方法 2：将光标定位至表格内，选择功能区的"表格工具-设计"选项卡，在如图 2-3-42 所示的下拉菜单中选择表格外侧框线。也可通过图 2-3-42 中所示的"绘制表格"命令直接在表格的边框上拖动画出框线。

图 2-3-41　设置外侧框线方法 1

图 2-3-42　设置外侧框线方法 2

6）设置表格内部边框：在"边框和底纹"对话框的"边框"选项卡中设置"自定义"类型的边框，选择样式为"虚线"，颜色为"黑色"，宽度为"1.5 磅"，在"预览"区域内通过单击两个内部边框按钮进行设置，具体如图 2-3-43 所示，单击"确定"按钮即可。

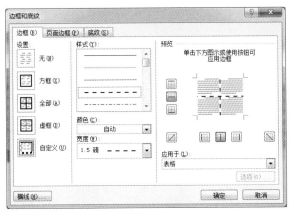

图 2-3-43　设置内部边框方法

7）调整表格：右击表格，在弹出的快捷菜单中选择"自动调整 | 根据窗口调整表格"命令。

如果想改变表格的行高和列宽，还可以通过以下两种方法实现。

方法 1：右击表格，在弹出的快捷菜单中选择"表格属性"命令，在弹出的"表格属性"对话框的"行""列"选项卡中分别设置行高和列宽的值。

方法 2：将鼠标指针指向需要设置列宽的列边框上，当鼠标指针变成双箭头形状时，拖动鼠标即可调整列宽。如果要调整表格的行高，其操作方法与调整列宽类似。

8）重新设置斜线表头：由于表格的格式改动，改变了表头的格式，可以通过鼠标拖动边界调整大小的方式使表头重新适合调整后的单元格大小。

任务 4　表格内容的排序和计算

任务要求：

将"表格 1.docx"中的表格制作成如图 2-3-44 所示的样式。

学号	姓名	英语	高等数学	计算机基础	总分
05004	张民生	65	56	70	191
05001	王玲玲	76	67	71	214
05002	李和平	81	85	90	256
05003	袁军	90	88	94	272

图 2-3-44　任务 4 样张

对文档"表格 1.docx"进行以下操作：

1）在表格右侧插入一列，作为"总分"列。

2）利用公式计算每个学生的总分。

3）对"总分"列进行递增排序。

4）将该表格应用表样式"彩色型 1"。

5）将表格后两行拆分成另外一个表格。

任务步骤：

1）光标定位在表格的最后一列，将鼠标指针停留在最后一列第一行上方，鼠标指针会变成黑色实心箭头样式，右击，在弹出的快捷菜单中选择"插入 | 在右侧插入列"命令。在第一行最后一列输入"总分"字样。

图 2-3-45　"公式"对话框

2）将光标定位于总分列第二行的单元格内，选择功能区的"表格工具-布局"选项卡，单击"数据"选项组的"公式"按钮，弹出如图 2-3-45 所示的"公式"对话框，单击"确定"按钮。重复同样的操作，计算每个同学的总分。

若公式中显示"=SUM(ABOVE)"则需要将其改为"=SUM(LEFT)"（大小写均可）；若需要使用其他函数，则可在"粘贴函数"部分进行选择，还可以根据需要设置数字格式。

3）排序。

方法 1：拖动鼠标选择"总分"列，选择功能区的"表格工具-布局"选项卡，单击"数据"选项组的"排序"按钮，弹出如图 2-3-46 所示的"排序"对话框，选中"有标题行"单选按钮，则主关键字名字改为"总分"，默认"升序"，单击"确定"按钮。

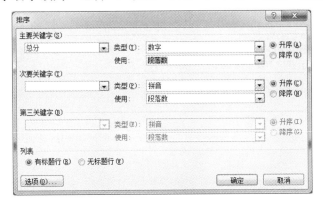

图 2-3-46　"排序"对话框

方法 2：拖动鼠标选择"总分"列，选择功能区的"开始"选项卡，单击"段落"选项组的"排序"按钮，也可弹出如图 2-3-46 所示的"排序"对话框。

4）选择功能区的"设计"选项卡，单击"表样式"选项组右下角按钮（如图 2-3-47 所示的其他外观样式按钮），则会弹出如图 2-3-48 所示的表外观样式菜单，从中选择"彩色型 1"。

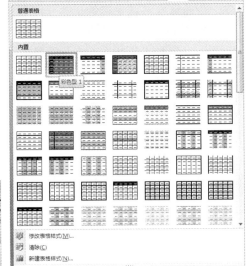

图 2-3-47　"表样式"选项组　　　　　　　　图 2-3-48　其他表样式

5）合并和拆分表格：要将一个表格拆分成两个表格，请单击第二个表格的首行。选择功能区的"表格工具-布局"选项卡，单击"合并"选项组的"拆分单元格"按钮。

要合并两个表格，可以采用删除两个表格之间的所有文字和回车换行符的方法。

实训 3　图文混排

◼ 实训目的

1）掌握在 Word 文档中插入图片、剪贴画、艺术字和文本框的方法。

2）掌握利用 Word 2010 绘制图形的方法。

3）掌握对图形和图片进行格式设置的方法。

4）掌握 Word 2010 图文混排功能。

◼ 实训内容

任务 1　文档的排版 3

任务要求：

在 D 盘根目录下新建一个名为"W5.docx"的 Word 文档，在文档中输入如下内容：

盼望着，盼望着，东风来了，春天的脚步近了。

一切都像刚睡醒的样子，欣欣然张开了眼。山朗润起来了，水涨起来了，太阳的脸红起来了。

小草偷偷地从土地里钻出来，嫩嫩的，绿绿的。园子里，田野里，瞧去，一大片一大片满是的。坐着，躺着，打两个滚，踢几脚球，赛几趟跑，捉几回迷藏。风轻悄悄的，草软绵绵的。

桃树、杏树、梨树，你不让我，我不让你，都开满了花赶趟儿。红的像火，粉的像霞，白的像雪。花里带着甜味；闭了眼，树上仿佛已经满是桃儿、杏儿、梨儿。花下成千成百的蜜蜂嗡嗡地闹着，大小的蝴蝶飞来飞去。野花遍地是：杂样儿，有名字的，没名字的，散在草丛里像眼睛，像星星，还眨呀眨的。

并进行如图 2-3-49 所示样式的排版。

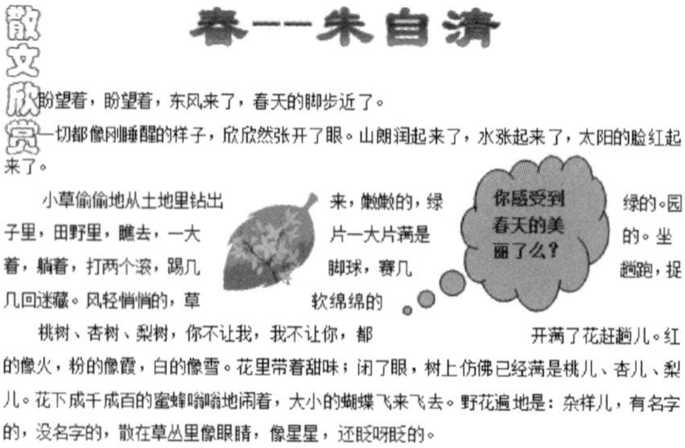

图 2-3-49　任务 1 参考样张

1）将"W5.docx"另保存为"春.docx"文档。

2）插入"艺术字"下拉列表中第三行第四列样式的艺术字。

3）输入文字"春——朱自清"，设置字体为"隶书"，字号为36，加粗，并适当调整大小。

4）将光标定位于第三段开始，插入一类别为"春天"的任意剪贴画。

5）设置该剪贴画的高度与宽度均缩小为原来的50%，环绕方式为"紧密型"，并调整到适当位置。

6）插入如样张所示自选图形，样式为"云形标注"。

7）在标注内输入"你感受到春天的美丽了么？"，设置字体颜色为"深蓝色"，字体为"宋体""五号"，并填充颜色为浅绿，调整为"紧密型"，将其移至合适位置。

8）在文章开头插入竖排文本框，在文本框中输入文字"散文欣赏"，设置字体为"华文彩云""二号"，调整文本框到适当大小，并将其移至合适位置。

9）设置文本框线条颜色为"无线条颜色"，填充色中设置为"无填充色"，隐藏文本框边框；设置文本框环绕方式为"衬于文字下方"。

任务步骤：

1）选择"文件 | 另存为"命令，在弹出的"另存为"对话框中输入文件名为"春.docx"，保存位置仍然为 D 盘，单击"保存"按钮。

2）选择功能区的"插入"选项卡，单击"文本"选项组的"艺术字"按钮，从弹出的艺术字样式列表中选择第三行第四列的艺术字样式，如图 2-3-50 所示。

图 2-3-50　"艺术字"下拉列表

3）在弹出的艺术字文本框中输入文字"春——朱自清"，并设置字体为"隶书"，字号为36，加粗，如图 2-3-51 所示，单击"确定"按钮并适当调整大小。

图 2-3-51　艺术字文本框

提示

插入的艺术字默认是嵌入型的，受到行距限制，可能会出现不能够完全显示出来的情况。可通过增大行距或将艺术字变为其他浮动式的类型的方法，使其完全显示出来。修改艺术字版式的具体设置方法：选中艺术字，单击"绘图工具 – 格式 | 排列 | 自动换行"下拉按钮，在弹出的如图 2-3-52 所示的下拉菜单中选择"上下型环绕"或"四周型环绕"命令。

图 2-3-52　"自动换行"下拉菜单

图 2-3-53 "剪贴画"任务窗格

4）选择功能区的"插入"选项卡，单击"插图"选项组的"剪贴画"按钮，在打开的"剪贴画"任务窗格中输入搜索文字"春天"，单击"搜索"按钮，下面会给出如图 2-3-53 所示的多个剪贴画，在任意剪贴画上单击，则可将其插入文档中。

> **提示**
>
> 插入其他图片的方法：选择功能区的"插入"选项卡，单击"插图"选项组的"图片"命令，在弹出的"插入图片"对话框中查找要插入的图片文件，选中图片，单击"插入"按钮即可。

5）双击该剪贴画后，选择功能区的"图片工具-格式"选项卡，单击"大小"选项组右下角的"对话框启动器"按钮，在弹出的"布局"对话框中选择"大小"选项卡，选中"锁定纵横比"复选框后，将高度与宽度均缩小为原来的50%，如图 2-3-54 所示；再在"文字环绕"选项卡中将环绕方式改为"紧密型"，单击"确定"按钮，选中剪贴画并拖动鼠标，将其拖动到适当位置释放鼠标。

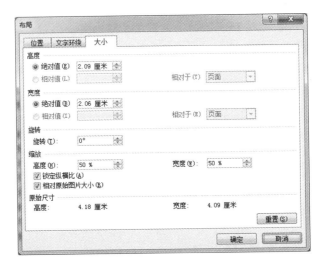

图 2-3-54 "布局"对话框

> **提示**
>
> 调整图片大小的方法：
>
> 方法 1：单击所要操作的图片，图片的四周会出现 8 个控制点。把鼠标指针放置在控制点上，这时鼠标指针变成双箭头形。拖动鼠标可修改图片的大小。特别要指出的是，拖动四个角上的控制点可成比例地改变图片的大小，拖动上、下边中间的控制点可改变图片的高度，拖动左、右边中间的控制点可改变图片的宽度。

方法 2：右击图片，在弹出的快捷菜单中选择"大小和位置"命令，弹出"布局"对话框，在其"大小"选项卡中设置图片大小。

改变图片位置的方法：把鼠标指针放置在所要操作的图片中间，鼠标指针变成十字箭头形，拖动鼠标可调整图片的位置。

改变图片文字环绕方式的方法：

方法 1：选中剪贴画并右击，在弹出的快捷菜单中选择"大小和位置"命令，弹出如图 2-3-54 所示的"布局"对话框，在"文字环绕"选项卡的"环绕方式"选项组中选择一种环绕方式即可。

方法 2：选中剪贴画，选择功能区的"图片工具-格式"选项卡，单击"排列"选项组的"自动换行"下拉按钮，在弹出的下拉菜单（图 2-3-52）中选择一种环绕方式即可。

6）自选图形的绘制：选择功能区的"插入"选项卡，单击"插图"选项组的"形状"下拉按钮，在弹出的下拉菜单中选择"云形标注"项，如图 2-3-55 所示。鼠标指针变成十字形状，拖动画出云形标注。

图 2-3-55　选择"云形标注"

> **提示**
>
> 从"形状"下拉菜单中选择要绘制的图形，在需要绘制图形的开始位置按住鼠标左键并拖动到结束位置，释放鼠标左键，即可绘制出基本图形。如果要绘制正方形，需要单击"矩形"按钮后，按住【Shift】键并拖动；如果要绘制圆形，需要单击"椭圆"按钮后，按住【Shift】键并拖动。

7）在标注内输入"你感受到春天的美丽了么？"，设置字体颜色为"深蓝色"，字体为"宋体""五号"，调整为"紧密型"，将其移至合适位置。

形状颜色填充：

方法 1：右击云形标注，在弹出的快捷菜单中选择"设置形状格式"，弹出如图 2-3-56 所示的"设置形状格式"对话框，在其"填充"选项卡中的"颜色"下拉菜单中选择"浅绿"命令进行设置。

方法 2：选中自选图形，选择功能区的"绘图工具-格式"选项卡，单击"形状样式"选项组中的"形状填充"下拉按钮，在弹出的下拉菜单中选择"浅绿"命令，如图 2-3-57 所示。

> **提示**
>
> 如果要用图片、渐变、纹理等效果来填充图形，则在"形状填充"下拉菜单中选择"图片""渐变""纹理"。例如，选择"渐变"命令，从弹出的子菜单中选择渐变效果进行设置。

8）插入文本框的方法：选择功能区的"插入"选项卡，单击"文本"选项组的"文本框"下拉按钮，可以在弹出的下拉菜单中选择预设格式的文本框。若选择图 2-3-58 所示的"绘制文本框"命令，则可以通过拖动鼠标的方法绘制文本框。若选择"绘制竖排文本框"命令，则可通过鼠标拖动的方法绘制竖排文本框。

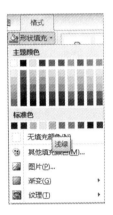

图 2-3-56 "设置形状格式"对话框　　　图 2-3-57 "形状填充"下拉菜单

在文本框的光标处输入文字，并按题目要求设置格式，拖动到合适的位置。

9）右击文本框，在弹出的快捷菜单中选择"设置形状格式"命令，则弹出如图 2-3-59 所示的"设置形状格式"对话框。在该对话框的各个界面上进行设置即可。

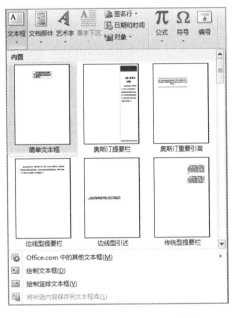

图 2-3-58 "文本框"下拉菜单　　　图 2-3-59 "设置形状格式"对话框

提示

设置边框与背景：

方法 1：选中对象，选择功能区"绘图工具–格式"选项卡，单击"形状样式"选项组中的"形状填充"与"形状轮廓"按钮，设置边框与背景，如图 2-3-60 所示。

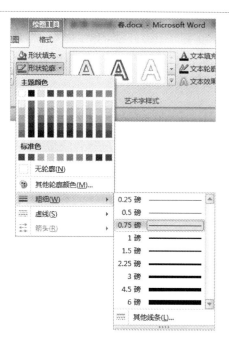

图 2-3-60　设置边框与背景方法 1

方法 2：右击对象，在弹出的快捷菜单中选择"设置形状格式"命令，弹出"设置形状格式"对话框，在"填充"选项卡中设置填充的颜色、纹理和图案，在"线条颜色"和"线型"选项卡中设置边框的颜色、线型、虚实和粗细，单击"确定"按钮，即可添加边框和背景。

任务 2　文档的排版 4

任务要求：

将"W5.docx"进行如图 2-3-61 样张所示样式的排版。

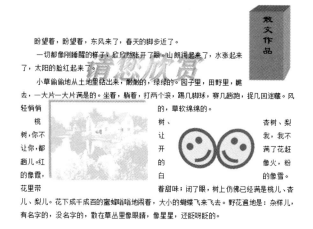

图 2-3-61　任务 2 样张

1）在文章的任意位置插入一竖排文本框，文本框内输入"散文作品"，字体为"隶书"，字号为"16 号",文本框的环绕方式为"四周型",填充颜色为"橙色",设置文本框的形状效果为"棱台"中的"艺术装饰"。

2)在整个文章的任意位置插入任意一幅剪贴画,剪贴画的宽度为 150 磅,高度为 120 磅,环绕方式为"紧密型",设置图片为"冲蚀"效果,给图片添加阴影样式为"外部向右偏移"。

3)插入一自选图形,选择样式为基本形状中的"笑脸",设置自选图形的填充颜色为"黄色",线条颜色设为"紫色,强调文字颜色 4",线条线型为"实线",线条粗细为"5 磅"。设置环绕方式为"四周型",适当调整大小和位置。

4)创建相同样式的"笑脸",分别移动和旋转至样张所示样式。

5)插入第六行第二列艺术字"请您欣赏",字体为"宋体",字号为 48,加粗,倾斜,版式为"衬于文字下方",调整到适当位置。

任务步骤:

1)选择功能区的"插入"选项卡,在"文本"选项组的"文本框"下拉菜单中选择"绘制竖排文本框"命令,通过拖动鼠标的方法绘制一竖排文本框。文本框内输入"散文作品",在功能区的"开始"选项卡的"字体"选项组中设置字体为"隶书",字号为"16 号"。

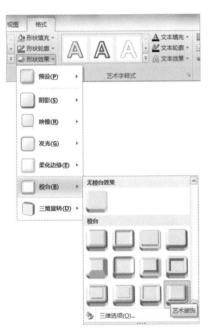

图 2-3-62　形状效果设置

选中文本框,选择功能区"绘图工具-格式"选项卡,单击"形状样式"选项组中的"形状填充"下拉按钮,在弹出的下拉菜单中设置填充颜色为"橙色"。

选中文本框,选择功能区"绘图工具-格式"选项卡,单击"排列"选项组的"自动换行"下拉按钮,在弹出的下拉菜单中选择"四周型环绕"命令。

选中文本框,选择功能区"绘图工具-格式"选项卡,单击"形状样式"选项组中的"形状效果"下拉按钮,在弹出的下拉菜单中选择"棱台｜艺术装饰"命令,如图 2-3-62 所示。

2)选择功能区的"插入"选项卡,单击"插图"选项组的"剪贴画"按钮,打开"剪贴画"任务窗格,在任务窗格中单击"搜索"按钮,插入任意一幅剪贴画,右击剪贴画,在弹出的快捷菜单中选择"大小和位置"命令,在弹出的"布局"对话框的"大小"选项卡中设置宽度为 150 磅,高度为 120 磅,在"文字环绕"选项卡中设置环绕方式为"紧密型"。

设置图片颜色:

方法 1:右击对象,在弹出的快捷菜单中选择"设置图片格式"命令,在弹出的"设置图片格式"对话框中的"图片颜色"选项卡中的"重新着色"选项组的"预设"下拉列表中选择"冲蚀"效果。

方法 2:选中对象,选择功能区的"图片工具-格式"选项卡,单击"调整"选项组的"颜色"下拉按钮,在弹出的下拉菜单中选择"重新着色"选项组中的"冲蚀"效果。

设置图片阴影效果:选中剪贴画,选择功能区的"图片工具-格式"选项卡,单击"图片样式"选项组中的"图片效果"下拉按钮,在弹出的下拉菜单中选择"阴影｜外部｜向右偏移"命令，如图 2-3-63 所示。

3）选择功能区的"插入"选项卡，单击"插图"选项组的"形状"下拉按钮，在弹出的下拉菜单中选择"基本形状"中的"笑脸"。右击"笑脸"，在弹出的快捷菜单中选择"设置形状格式"命令，弹出"设置形状格式"对话框，在"填充"选项卡中选中"纯色填充"单选按钮，在"颜色"下拉菜单中选择"黄色"；在"线条颜色"选项卡中选中"实线"单选按钮，在"颜色"下拉菜单中选择"紫色，强调文字颜色 4"，如图 2-3-64 所示；在"线型"选项卡中设置"宽度"为"5 磅"。右击"笑脸"，在弹出的快捷菜单中选择"自动换行｜四周型环绕"命令，拖动鼠标调整大小，并拖动到适当位置。

图 2-3-63　设置阴影样式

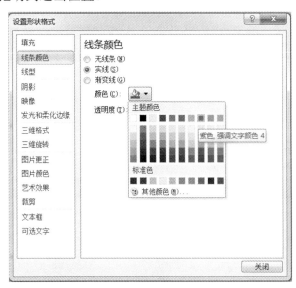

图 2-3-64　设置填充颜色和线条

单击"笑脸"，"笑脸"四周会出现 8 个空心控制点，将鼠标指针停留在上方的绿色旋转控制点，向左拖动鼠标，将"笑脸"向左旋转至样张所示角度。

复制笑脸，在任意位置粘贴。选择功能区的"绘图工具-格式"选项卡，单击"排列"选项组中的"旋转"下拉按钮，在弹出的下拉菜单中选择"水平翻转"命令，如图 2-3-65 所示。

图 2-3-65　水平翻转设置

拖动鼠标或者在键盘上按上、下、左、右键调整"笑脸"位置。

提示

图像的旋转和翻转：

方法 1：对于自选图形和艺术字，可以通过图形上的绿色旋转控制点将其旋转到任意角度。

方法 2：选择功能区的"绘图工具-格式"选项卡，单击"排列"选项组中的"旋转"下拉按钮。

4）选择功能区的"插入"选项卡，单击"文本"选项组的"艺术字"下拉按钮，在弹出的下拉菜单中选择第六行第二列艺术字。在弹出的文本框中输入文字内容"请您欣赏"，字号为48，加粗，倾斜，宋体。选中所设置的艺术字，选择"绘图工具-格式"选项卡，单击"排列"选项组中的"自动换行"下拉按钮，在弹出的下拉菜单中选择"衬于文字下方"命令。拖动鼠标将艺术字调整到任意位置。

任务3　图形绘制

任务要求：

1）绘制如图 2-3-66 所示的流程图。

2）绘制如图 2-3-67 所示的组织结构图。

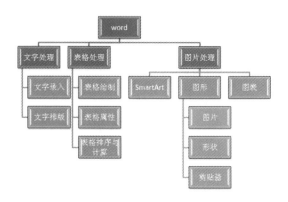

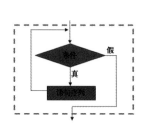

图 2-3-66　流程图参考样张

图 2-3-67　组织结构图参考样张

任务步骤：

1）绘制如图 2-3-66 所示的流程图。

> **提示**
>
> 　由于流程图由多个基本图形构成，为了整体操作方便，绘制完流程图后需要将各个对象组合成一个图形。

① 选择功能区的"插入"选项卡，单击"插图"选项组的"形状"下拉按钮，在弹出的下拉菜单中分别选择"流程图：决策"和"流程图：过程"这两个命令按钮绘制菱形和矩形框，如图 2-3-68 所示。每当选中一个命令按钮后，鼠标指针就会变成十字形，拖动鼠标即可创建相应大小的图形。填充背景色为"红色"。

② 图形中文字的输入需要右击，在弹出的快捷菜单中选择"添加文字"命令，在菱形框中输入"条件"，在矩形框中输入"语句序列"。字体设置为宋体 5 号、加粗。

③ 箭头和线条的绘制方法：在"绘图工具-格式"选项卡的"插入形状"选项组中单击 ＼ ＼ 这两个按钮，分别绘制直线与箭头。粗细均为 1.5 磅。

图 2-3-68　绘制流程图

> **提示**
>
> 　　按【Shift】键的同时拖动鼠标可绘制水平和垂直方向的直线，以及水平、垂直方向的箭头。

　　④ "真""假"两个字分别通过建立横排文本框来实现，其中文本框的边框和填充均为无颜色。字体为宋体、5 号、加粗。

　　⑤ 将鼠标指针停留在每一个图形上，鼠标指针会变成十字箭头样式，通过拖动鼠标调整所有对象的位置如样张所示。

> **提示**
>
> 　　按【Ctrl】键的同时按上、下、左、右键移动图形，可起到微调位置的作用。

　　⑥ 给绘制好的流程图通过 "插入形状" 选项组中的矩形工具绘制矩形，设置如图 2-3-66 所示的粉色，粗细为 2.25 磅， "短划线" 样式，拖动到适当位置，具体参见图 2-3-66 样张样式。

　　2）绘制如图 2-3-67 所示的组织结构图。

　　① 插入组织结构图的方法：选择功能区中的 "插入" 选项卡，在 "插图" 选项组中单击 "SmartArt" 按钮，弹出如图 2-3-69 所示的 "选择 SmartArt 图形" 对话框。在对话框中选择 "层次结构" 的第一项 "组织结构图"，单击 "确定" 按钮。则弹出如图 2-3-70 所示的对象样式，单击 "文本" 区域输入样张所示文字内容。

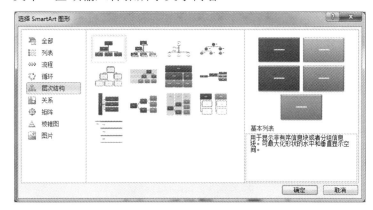

图 2-3-69　"选择 SmartArt 图形" 对话框

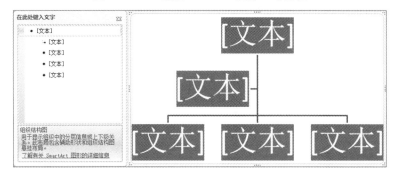

图 2-3-70　文本输入区

　　② 插入形状：选中要插入形状的对象，选择功能区 "SmartArt 工具-设计" 选项卡，单

图 2-3-71 "添加形状"下拉菜单

击"创建图形"选项组中的"添加形状"下拉按钮,在弹出的下拉菜单(图 2-3-71)中选择要插入的形状和当前形状之间的关系,插入如图 2-3-67 所示所有形状。

③ 按照图示文字输入。

方法 1:直接在"文本"区输入。

方法 2:单击组织结构图对象框左侧的三角形按钮,则弹出如图 2-3-72 所示的文字编辑区,可在此对文字进行输入和更改。

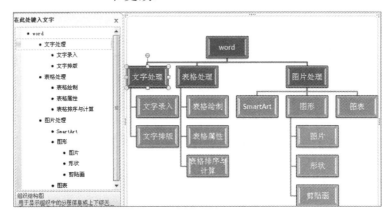

图 2-3-72 组织结构图的文字编辑

④ 在"SmartArt 工具-设计"选项卡中单击"SmartArt 样式"选项组中的"卡通"按钮,如图 2-3-73 所示。

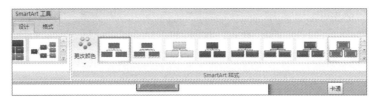

图 2-3-73 SmartArt 样式

⑤ 在"SmartArt 工具-设计"选项卡中单击"SmartArt 样式"选项组中的"更改颜色"下拉按钮,在弹出的下拉菜单中选择"彩色"选项组中的"彩色范围-强调文字颜色 3 至 4"命令。

任务 4 公式应用

任务要求:

在 D 盘新建一个名称为"公式应用.docx"的文档,插入如图 2-3-74 所示样张的内容。

$$(\arcsin x)' = \frac{1}{\sqrt{1-x^2}}$$

图 2-3-74 公式样张

任务步骤:

1)选择功能区的"插入"选项卡,单击"符号"选项组的"公式"下拉按钮,在弹出的下拉菜单中选择"插入新公式"命令,如图 2-3-75 所示。文档中会出现如图 2-3-76 所示的公式输入框。

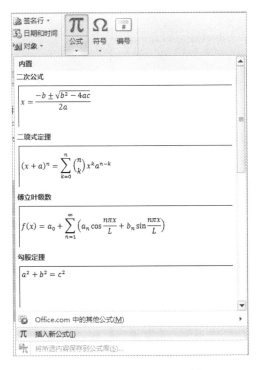

图 2-3-75　"公式"工具栏

2）输入"arcsinx="后，单击功能区"公式工具-设计"选项卡"结构"选项组中的"分数"和"根式"等相应按钮（图 2-3-77）就可在文档光标位置编辑一个公式。编辑过程中注意切换光标的位置。

图 2-3-76　公式输入框

图 2-3-77　"结构"选项组

任务 5　制作简报

任务要求：

制作一张如图 2-3-78 所示的简报。

应用 Word 2010 提供的图文混排的功能使文档界面规整、美观。

任务步骤：

1）新建一个名称为"计算机发展史.docx"的文档。

2）设置简报的版面，将简报大致分成 6 个组成部分，如图 2-3-79 所示。

3）选择"页面布局"选项卡，在"页面设置"选项组的"纸张大小"下拉菜单中设置文档的纸张大小为 A4，在"页边距"下拉菜单中选择"自定义边距"命令，在弹出的"页面设置"对话框中设置上、下、左、右页边距为 90 磅。

4）编排各版块的内容：

① 版块 1：选择"插入"选项卡，在"文本"选项组的"艺术字"下拉列表中选择第六行第二列艺术字，内容为"计算机发展史"，设置字体为隶书、44 号、加粗。将该艺术字

作为文章的标题，移动到合适位置。

图 2-3-78　简报参考样张

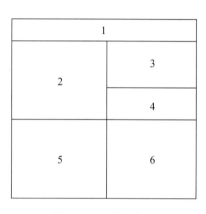

图 2-3-79　简报布局

② 版块 2：选择"插入"选项卡，在"文本"选项组的"文本框"下拉菜单中选择相应命令，插入一个文本框，在"绘图工具-格式"选项卡的"形状样式"选项组中设置边框为蓝色、3 磅，填充颜色为浅绿，在其中输入以下内容：

> 早期的计算机:
>
> 　现代计算机的真正起源来自英国数学教授 Charles Babbage。他设计了包含现代计算机基本组成部分的分析机。
>
> 　1884 年，美国工程师赫尔曼·霍雷斯（Herman Hollerith）制造了第一台电动计算机"马克一号"，采用穿孔卡和弱电流技术进行数据处理，在美国人口普查中大显身手。
>
> 　1946 年 2 月，世界上第一台通用电子数字计算机诞生，取名为"ENIAC"，它的特点为：
>
> 5000 次加法/秒
>
> 体重 30 吨
>
> 占地 $170m^2$
>
> 18000 只电子管
>
> 1500 个继电器
>
> 功率 150kW

选中第一段文字，选择"开始"选项卡，在"字体"选项组中设置字体为宋体、小四号、加粗、倾斜，颜色为深红。选择"开始"选项卡，在"段落"选项组中将最后 6 段插入如图 2-3-78 所示的项目符号。其他段落设为段前 0.5 行，行距为固定值 13 磅，字体为华文行楷、小四号、加粗、黑色。

③ 版块 3：在版块 3 位置插入一张冯·诺依曼的图片（图片可以上网搜索），将图片格式设置为四周型环绕，调整到适当大小，并放在合适的位置上。图片下方插入文本框，内容如下：

> 　　约翰·冯·诺依曼（John von Neumann，1903—1957），美籍匈牙利人，被人们称为"现代电子计算机之父"。

设置字体为楷体、五号。选择"绘图工具-格式｜插入形状｜编辑形状｜更改形状"命令，在弹出的子菜单中选择圆角矩形，将文本框转换为圆角矩形。设置边框颜色为紫色，粗细为 2.25 磅。

④ 版块 4：插入一个文本框，设置边框为橙色、3 磅，在其中输入以下内容：

> 　　现代计算机：
> 　　计算机的发展历史经历了电子管、晶体管、中小规模集成电路和大规模及超大规模集成电路四个发展阶段，个人使用的计算机朝着体积越来越小、功能越来越强的方向发展。

设置第一段字体为宋体、小四号、加粗、倾斜、深红色，第二段字体为楷体、小四号、黑色。

⑤ 版块 5：在版块 5 位置插入一个剪贴画，搜索剪贴画内容为"计算机"，选择合适的图片插入并调整到合适位置。插入云形标注，填充黄色，中心辐射渐变，输入"思考：未来的计算机将会是什么样子呢？"设置字体为宋体、五号、加粗。设置边框为浅蓝、1.5 磅。

⑥ 版块 6：插入一个文本框，输入以下内容：

> 　　计算机的发展方向：
> 　　巨型化
> 　　微型化
> 　　网络化
> 　　智能化

设置第一段字体为宋体、小四号、加粗、倾斜、蓝色，第二段字体为宋体、小四号、深红。后 4 段插入如图 2-3-78 所示的项目符号。将该文本框转换为椭圆，填充纹理"羊皮纸"，进行适当的三维样式设置。

5）在版块 4、版块 6 位置插入与文档内容相关的图片（上网搜索），放到合适的位置上。

6）为整篇文档设置页眉，内容为插入中文日期和时间第三项。

7）为整篇文档设置如图 2-3-78 所示的艺术型边框。

8）保存文档。

实训 4　Word 综合与提高实训

实训目的

1）掌握建立和应用样式的方法。

2）掌握自动生成目录的方法。

3）掌握邮件合并功能。

实训内容

任务 1　毕业论文目录的生成

任务要求：

新建一个名称为"毕业论文"的 Word 文档，输入以下内容：

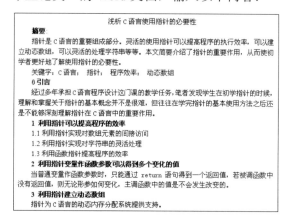

对"毕业论文.docx"进行以下操作：

1）将文章标题和摘要及关键字作为文章第一页。0、1、2、3 部分分别独立成页。

2）新建名称为"样式 1"的段落样式，该样式的字体设置为黑体、加粗、二号。

3）新建名称为"样式 2"的段落样式，该样式的字体设置为黑体、加粗、三号。

4）将"毕业论文"中的加粗字体段落应用"样式 1"。

5）将 1.1、1.2、1.3 三个段落应用"样式 2"。

6）在文章前插入一页，输入"目录"二字，居中，字体为宋体、三号、加粗。

7）设置页码，要求目录页不显示页码。

8）在文章第一页插入目录，将"样式 1"设为目录级别 1，"样式 2"设为目录级别 2。

9）设置目录内容字体为宋体、三号。自动生成的目录参考样张如图 2-3-80 所示。

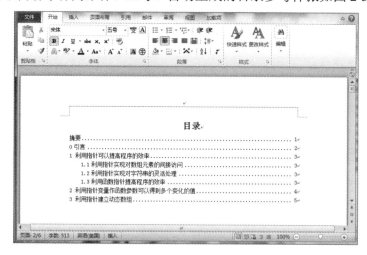

图 2-3-80　自动生成的目录参考样张

任务步骤：

1）将光标分别定位于摘要和关键字、0、1、2、3 各部分最后，选择功能区的"插入"选项卡，单击"页"选项组的"分页"按钮，则可将各部分独立分页。

2）选择功能区的"开始"选项卡，单击"样式"选项组右下角的"对话框启动器"按钮，在打开的"样式"任务窗格中单击"新建样式"按钮，如图 2-3-81 所示，在弹出的如图 2-3-82 所示的"根据格式设置创建新样式"对话框中新建名称为"样式 1"的样式，该样式的字体设置为黑体、加粗、二号，单击"确定"按钮。

图 2-3-81　"新建样式"对话框　　　　图 2-3-82　"根据格式设置创建新样式"对话框

3）同 2）中方法建立样式 2。

4）将光标分别定位于除标题外的加粗字体的所有段落，在"样式"任务窗格中单击"样式 1"，则光标定位的段落就设置成了"样式 1"。

5）同 4）中方法将 1.1、1.2、1.3 段落应用"样式 2"。

6）将光标定位在标题前，单击"插入"选项卡"页"选项组中的"分页"按钮，插入"分页符"。在第一页输入"目录"，设置为居中、宋体、三号、加粗。

7）选择"插入"选项卡中的"页眉和页脚"选项组，在"页码"下拉菜单中选择"页面底端"命令，如图 2-3-83 所示，设置在页面底端插入页码。

在"页码"下拉菜单中选择"设置页码格式"命令，在弹出的如图 2-3-84 所示的"页码格式"对话框中设置"页码编号"为起始页码"0"。

将光标切换至第一页页脚编辑区，在"页眉和页脚工具-设计"选项卡"选项"选项组中选中"首页不同"复选框，删掉页码 0，则目录页不显示页码。

8）将光标定位在目录标题下一行，选择功能区的"引用"选项卡，单击"目录"选项组的"目录"下拉按钮，在弹出的"目录"下拉菜单中选择"插入目录"命令，弹出如图 2-3-85 所示的"目录"对话框。

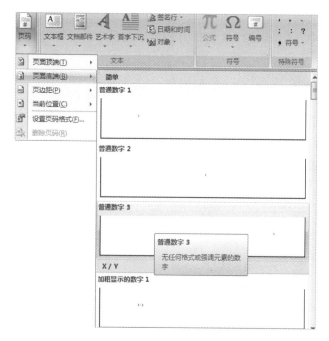

图 2-3-83　设置在页面底端插入页码

图 2-3-84　"页码格式"对话框

单击"选项"按钮，在弹出的如图 2-3-86 所示的"目录选项"对话框中，将"标题 1""标题 2""标题 3"的目录级别"1""2""3"去掉，拖动目录级别右侧的滚动条，将"样式 1"设为目录级别 1，"样式 2"设为目录级别 2（分别输入 1、2 即可），单击"确定"按钮。

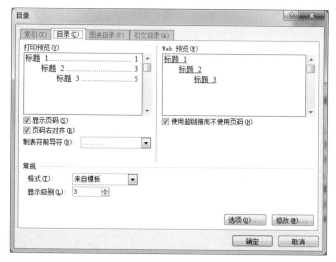

图 2-3-85　"目录"对话框

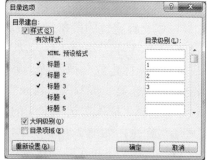

图 2-3-86　"目录选项"对话框

9）选中目录内容，在功能区的"开始"选项卡"字体"选项组中设置字体为宋体、三号。

任务 2　利用邮件合并的方法自动生成录取通知书

任务要求：

1）给录取表中的所有同学各自发一份录取通知书，通知书内容如图 2-3-87 样张所示。

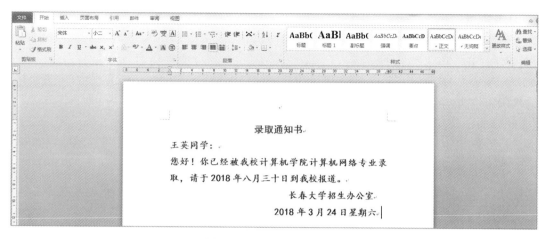

图 2-3-87　通知书内容样张

2）基本文档准备：

① 在 D 盘根目录下新建名为"录取表.docx"的文档，创建如图 2-3-88 所示样式的表格。

编号	姓名	学院	专业	报到时间
1	王英	计算机	计算机网络	八月三十日
2	杨晓丽	经济	国际经济与贸易	八月三十日
3	张楠	机械	机械自动化	八月三十日
4	李明	管理	会计学	八月三十日
5	李晓阳	外语	俄语	八月三十日
6	丁童	理	数学	八月三十日
7	赵建明	经济	国际经济与贸易	八月三十日
8	鲁秀	机械	机械自动化	八月三十日
9	唐欣欣	计算机	计算机应用	八月三十日
10	王宏鸣	中文	政治学	八月三十日

图 2-3-88　"录取表"样张

② 在 D 盘根目录下新建名为"录取通知书.docx"的文档，创建如图 2-3-89 所示样张样式的文档。

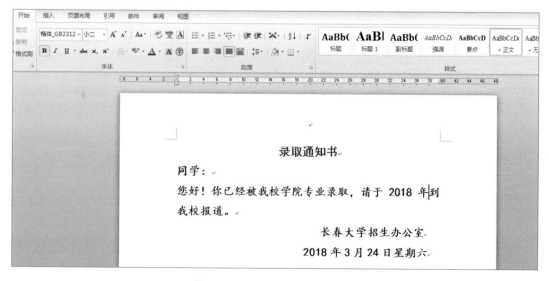

图 2-3-89　"录取通知书"样张

任务步骤：

给录取表中的所有同学各自发一份基本样式相同的录取通知书，可通过 Word 2010 提供的"邮件合并"功能来实现。

1）打开"录取通知书.docx"，选择功能区的"邮件"选项卡，单击"开始邮件合并"选项组中的"选择收件人"下拉按钮，在弹出的下拉菜单中选择"使用现有列表"命令，如图 2-3-90 所示。

2）在弹出的如图 2-3-91 所示的"选取数据源"对话框中选择 D 盘下的"录取表.docx"，单击"打开"按钮。

图 2-3-90　选择文档类型　　　　　　　　　　图 2-3-91　"选取数据源"对话框

在弹出的如图 2-3-92 所示的"邮件合并收件人"对话框中选择全部的收件人，单击"确定"按钮。

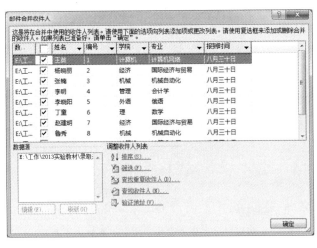

图 2-3-92　"邮件合并收件人"对话框

3）将光标定位至要将收件人信息添加到信函中的位置（如在"同学"前需要插入学生的姓名，则需在"同学"二字前单击），单击"邮件"选项卡"编写和插入域"选项组中的"插入合并域"下拉按钮，在弹出的如图 2-3-93 所示的下拉列表中选择"姓名"选项，则姓名域被插入要添加姓名的位置。再将光标重新定位于下一个插入点，重复以上步骤，直到完成信函的撰写。

撰写信函完毕后，信函如图 2-3-94 所示。

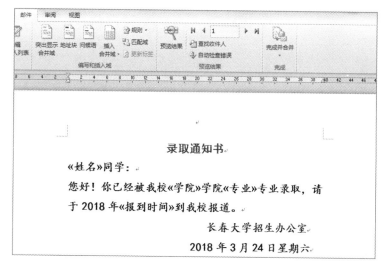

图 2-3-93　撰写信函　　　　　　　　图 2-3-94　主文档编辑后样式

4）选择"邮件"选项卡，单击"预览结果"选项组中的"预览结果"按钮，则文档变化为如图 2-3-95 所示样式。可使用"预览结果"选项组中的向左和向右按钮，分别查看所有的信件。

5）切换到功能区中的"邮件"选项卡"完成"组，选择"完成并合并"下拉菜单中的"编辑单个文档"命令，弹出"合并到新文档"对话框，如图 2-3-96 所示，选中"全部"单选按钮，将所有的信函合并到新文档。

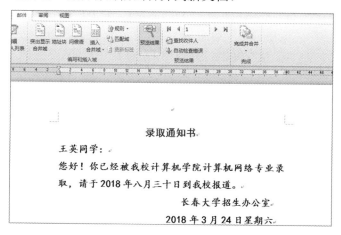

图 2-3-95　预览信函　　　　　　　图 2-3-96　"合并到新文档"对话框

6）将新文档另存，完成给所有收件人的信件。

项目 4 Excel 应用实训

实训 1 数据输入与格式的编辑

实训目的

1）掌握 Excel 应用程序的启动与退出，熟悉 Excel 工作窗口的构成。

2）掌握单元格内容的输入、编辑及格式化。

3）掌握自动填充及自定义序列功能的使用。

实训内容

任务 1 利用自动填充及自定义序列功能进行输入

任务要求：

建立空白工作簿文档，利用自动填充和自定义序列功能进行输入，参考样张如图 2-4-1 所示。具体要求如下：

	A	B	C	D	E	F
1	1	第一节	第二节	第三节	第四节	
2	2					
3	3					
4	4					
5	5					
6	6					
7	7					
8	8					
9	9					
10	10					

图 2-4-1 任务 1 样张

1）启动 Excel 应用程序，建立空白工作簿文档。

2）利用自动填充功能，在 A1:A10 单元格区域中产生序列 1，2，3，…，10。

3）利用自定义序列功能，在 B1:E1 单元格区域中生成序列第一节至第二节。

4）保存文档，并退出 Excel 应用程序。

任务步骤：

1）启动 Excel，系统建立空白工作簿"工作簿 1.xlsx"，在当前工作表 Sheet1 中进行输入。

2）将鼠标指针指向 A1 单元格并双击，光标在 A1 单元格中闪烁，即为单元格输入状态。在单元格 A1 中输入数字 1，A2 中输入 2。

> **提示**
>
> 在单元格中输入结束后，要按【Enter】键，才意味着输入结束并且确定输入内容。要想删除单元格中的内容，则选中单元格（或区域），按【Delete】键即可删除。

3）将鼠标指针指向 A1 单元格，按下鼠标左键，向下拖动至 A2 单元格，释放鼠标，如图 2-4-2 所示，即为 A1:A2 单元格区域被选中。选中单元格右下角的黑色小方块称为填充柄。

4）将鼠标指针指向填充柄，此时指针变成黑色的"+"形状，按住鼠标左键向下拖动到 A10 单元格，释放鼠标，即可完成序列 1～10 的输入。

5）选择"文件"选项卡，如图 2-4-3 所示。单击"选项"按钮，弹出"Excel 选项"对话框，如图 2-4-4 所示。选择"高级"选项卡，在右侧"常规"选项组中单击"编辑自定义列表"按钮，弹出"自定义序列"对话框，如图 2-4-5 所示。

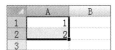

图 2-4-2　选中 A1:A2 单元格　　　图 2-4-3　"文件"选项卡

图 2-4-4　"Excel 选项"对话框

6）在"输入序列"列表中按照图 2-4-5 所示输入"第一节""第二节""第三节""第四节"，单击"添加"按钮，单击"确定"按钮。

图 2-4-5　"自定义序列"对话框

> **提示**
>
> "第一节"输入完毕后，按【Enter】键，换到下一行再进行输入。

7）返回"Excel 选项"对话框，单击"确定"按钮，至此即完成了自定义序列的设置。

8）在 B1 单元格中输入"第一节"，将鼠标指针指向填充柄，按住鼠标左键并向右移动，拖动到 E1 单元格释放鼠标左键，即可完成第二节至第四节的填充。

> **提示**
>
> 如果使用微软拼音输入法，在单元格中输入中文汉字后，中文下方有一条虚线，按【Enter】键，虚线消失，意味着确定了所选汉字，再按一次【Enter】键，才意味着输入结束并确定了输入内容。

9）选择"文件"选项卡，单击"保存"命令，在弹出的"另存为"对话框中确定保存位置，保存类型为"Excel 工作簿（*.xlsx）"，文件名为"实训 1-1"，单击"保存"按钮。

10）单击 Excel 应用程序窗口右上角的"关闭"按钮，关闭 Excel 文档，同时退出应用程序。

任务 2　设置"期末成绩表"格式

任务要求：

按照图 2-4-6 所示参考样式进行输入，设置成如图 2-4-7 所示的"期末成绩表"样张。具体要求如下：

1）启动 Excel 应用程序，建立空白工作簿文档，按照图 2-4-6 所示的内容进行输入。

2）在 A 列之前插入一列，在 A1 单元格输入"学号"；在第 1 行之前插入一行，在 A1 单元格输入"期末成绩表"。

3）在 A3:A12 单元格区域输入学号 00101，00102，…，00110。

4）设置第 2～12 行的行高为 18，设置 A～E 列的列宽为 12。

5）将 A1:E1 单元格区域合并，将合并后的单元格对齐方式设为水平居中、垂直居中，字体为黑体，字号为 20，颜色为蓝色。

6）设置 A2:E2 和 B3:B12 单元格区域的对齐方式为水平居中、垂直居中；设置 A2:E2 单元格区域的字形为加粗，字号为 16。

姓名	数学	英语	计算机
李小明	90	85	95
张大为	85	87	92
汪平卫	76	81	70
郭晓华	87	80	81
陈月华	69	75	80
刘洋	72	50	88
胡俊	64	82	96
李佳	68	60	89
田奇	79	100	99
姚亮	77	66	100

图 2-4-6 任务 2 输入样式

期末成绩表

学号	姓名	数学	英语	计算机
00101	李小明	90.0	85.0	95.0
00102	张大为	85.0	87.0	92.0
00103	汪平卫	76.0	81.0	70.0
00104	郭晓华	87.0	80.0	81.0
00105	陈月华	69.0	75.0	80.0
00106	刘洋	72.0	50.0	88.0
00107	胡俊	64.0	82.0	96.0
00108	李佳	68.0	60.0	89.0
00109	田奇	79.0	100.0	99.0
00110	姚亮	77.0	66.0	100.0

图 2-4-7 任务 2 设置完成后的样式

7）设置 A3:A12 单元格区域的对齐方式为水平靠左、垂直居中。

8）设置 C3:E12 单元格区域的对齐方式为水平靠右、垂直居中，数字分类为数值，保留 1 位小数。

9）将 A2:E12 单元格区域的外边框设为粗匣框线；内部边框线条为实线，颜色为蓝色；将 A2:E2 单元格区域的下边框设为双实线。

10）将 A2:E2 单元格区域的底纹颜色设为橙色；将 A3:A12 单元格区域的底纹图案设为 6.25%灰色。

11）保存文档，并退出 Excel 应用程序。

任务步骤：

1）启动 Excel 应用程序，系统建立空白工作簿"工作簿 1.xlsx"，在当前工作表 Sheet1 中按照图 2-4-6 所示内容进行输入。

2）将鼠标指针指向 A 列的列标处（窗口上方边缘），当指针变为黑色向下箭头↓时，单击 A 列，选择"开始｜单元格｜插入｜插入工作表列"命令，如图 2-4-8 所示，插入一空白列。在 A1 单元格中输入"学号"。

图 2-4-8 列的插入

3）将指针指向第 1 行的行标处（窗口左侧边缘），当指针变为黑色向右箭头→时，单击第 1 行，选择"开始｜单元格｜插入｜插入工作表行"命令，如图 2-4-9 所示，插入一空白行。在 A1 单元格中输入"期末成绩表"。

提示

在选项卡中的操作也可以通过右击来完成。例如，右击选中的第 1 行或 A 列，在弹出的快捷菜单中选择"插入"或"删除"命令，即可完成对行或列的插入与删除。

图 2-4-9 行的插入

4）在 A3 单元格中输入英文半角的单撇符号，然后输入数字 00101，如图 2-4-10 所示。按【Enter】键，数字转化为文本格式的学号，单元格左上角有绿色三角提示。

提示

如果不输入英文半角的单撇符号，输入的数字在按【Enter】键后将转变为数值形式的 101，前面的 00 将会丢失。

图 2-4-10 输入文本型数字

5）利用自动填充功能，在 A4:A12 单元格区域输入学号 00102～00110。

6）选中第 3～12 行，选择"开始 | 单元格 | 格式 | 行高"命令，如图 2-4-11 所示，在弹出的"行高"对话框中输入 18，如图 2-4-12 所示，单击"确定"按钮。

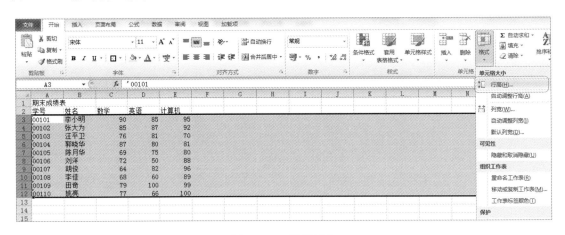

图 2-4-11 设置行高

7）选中 A～E 列，选择"开始 | 单元格 | 格式 | 列宽"命令，在弹出的"列宽"对话框中输入 12，单击"确定"按钮。

8）选中 A1:E1 单元格区域，单击"开始 | 对齐方式 | 合并后居中"按钮，单击"开始 | 对齐方式 | 垂直居中"按钮，选择"开始 | 字体 | 字体 | 黑体"，选择字号为 20，选择"开始 | 字体 | 字

图 2-4-12 "行高"对话框

体颜色 | 蓝色",如图 2-4-13 所示。

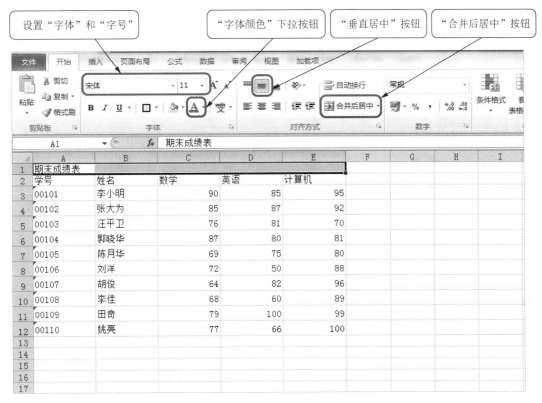

图 2-4-13　单元格格式的设置

9）选中 A2:E2 和 B3:B12 单元格区域，如图 2-4-14 所示，对齐方式设置为水平居中、垂直居中。

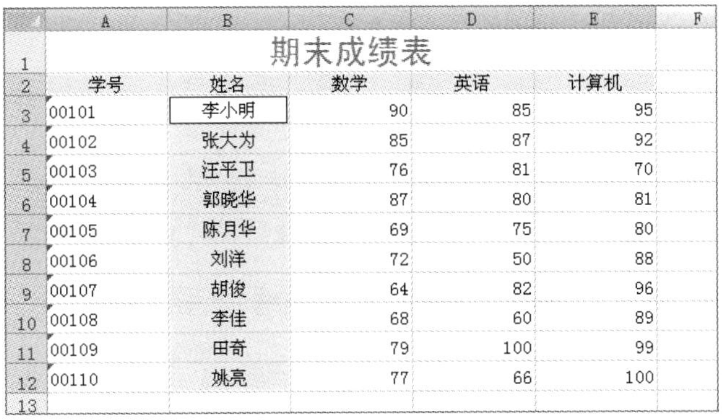

图 2-4-14　非连续单元格的选择

提示

对于选择连续单元格，只要单击按住鼠标左键，拖动到欲选单元格即可，也可以配合【Shift】键进行操作。选择不连续单元格的时候，一定要配合【Ctrl】键进行操作。例如，先通过鼠标选中 A2:E2 单元格区域之后，按住【Ctrl】键，同时拖动鼠标来选中 B3:B12 单元格区域。

10）选中 A2:E2 单元格区域，将字形设为加粗，字号为 16。

11）设置 A3:A12 单元格区域的对齐方式为水平靠左、垂直居中。

12）选中 C3:E12 单元格区域，在"开始｜数字｜数字格式"下拉菜单中选择"数字"格式（系统默认保留两位小数），单击"减少小数位数"按钮设置为保留 1 位小数；单击"开始｜对齐方式｜垂直居中"按钮，单击"开始｜对齐方式｜文本右对齐"按钮，如图 2-4-15 所示。

图 2-4-15　设置数字格式及小数位数

13）选中 A2:E12 单元格区域，在"开始｜字体｜边框"下拉菜单（图 2-4-16）中选择粗匣框线（默认是黑色）。

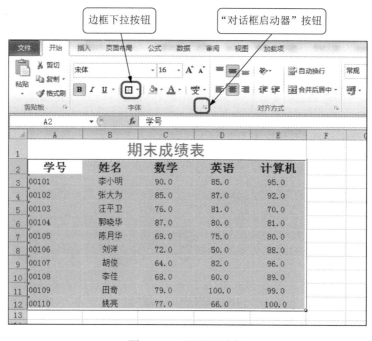

图 2-4-16　设置外边框

14）选中 A2:E12 单元格区域，单击"开始｜字体｜对话框启动器"按钮，如图 2-4-16 所示，在弹出的"设置单元格格式"对话框中选择"边框"选项卡，选择线条样式为实线，选择颜色为蓝色，预置位置设为"内部"，单击"确定"按钮，如图 2-4-17 所示。

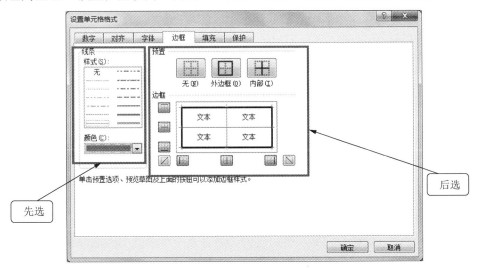

图 2-4-17　"设置单元格格式"对话框

提示

对于边框的设置，在"边框"选项卡中必须按照选择线条样式、选择颜色、选择预置位置的顺序进行。

15）选中 A2:E2 单元格区域，单击"开始｜字体｜对话框启动器"按钮，在弹出的"设置单元格格式"对话框中选择"边框"选项卡，选择线条样式为双实线，边框位置设为下框线；选择"填充"选项卡，选择背景色为橙色，单击"确定"按钮，如图 2-4-18 所示。

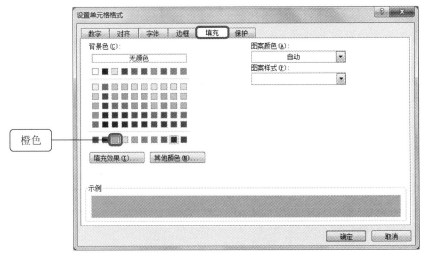

图 2-4-18　设置单元格背景颜色

16）选中 A3:A12 单元格区域，单击"开始｜字体｜对话框启动器"按钮，在弹出的"设置单元格格式"对话框中，选择"填充"选项卡，选择单元格图案样式为 6.25%灰色，单击

“确定”按钮，如图 2-4-19 所示。

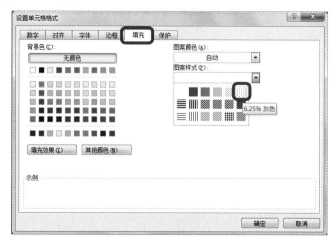

图 2-4-19　设置单元格图案样式

17）选择“文件｜保存”命令，在弹出的“另存为”对话框中确定保存位置，保存类型为“Excel 工作簿（*.xlsx）”，文件名为“实训 1-2”，单击“保存”按钮。

18）单击 Excel 应用程序窗口右上角的“关闭”按钮，关闭 Excel 文档，同时退出应用程序。

实训 2　公式与函数的应用

实训目的

1）进一步熟练掌握单元格的输入及编辑。

2）掌握自动套用格式的方法。

3）掌握利用公式进行计算的方法。

4）掌握几种常用函数的使用方法。

实训内容

任务 1　编制公式进行计算

任务要求：

建立工作簿文档，编制公式进行计算，使用自动套用格式，完成如图 2-4-20 所示表格。具体要求如下：

1）按照图 2-4-21 所示的内容进行输入。

	A	B	C	D	E	F
1	商品名称	销售额	利润	去年同期销售额	同期比	
2	录音机	￥40,000.00	￥10,000.00	￥20,000.00	200.0%	
3	洗衣机	￥30,000.00	￥7,500.00	￥25,000.00	120.0%	
4	电子词典	￥30,000.00	￥7,500.00	￥20,000.00	150.0%	
5	冰箱	￥1,300.00	￥325.00	￥1,000.00	130.0%	
6	吸尘器	￥1,200.00	￥300.00	￥1,000.00	120.0%	
7	电视	￥1,000.00	￥250.00	￥800.00	125.0%	
8						

图 2-4-20　任务 1 样式效果

	A	B	C	D	E
1	商品名称	销售额	利润	去年同期销售额	同期比
2	录音机	40000		20000	
3	洗衣机	30000		25000	
4	电子词典	30000		20000	
5	冰箱	1300		1000	
6	吸尘器	1200		1000	
7	电视	1000		800	
8					

图 2-4-21　任务 1 输入样式

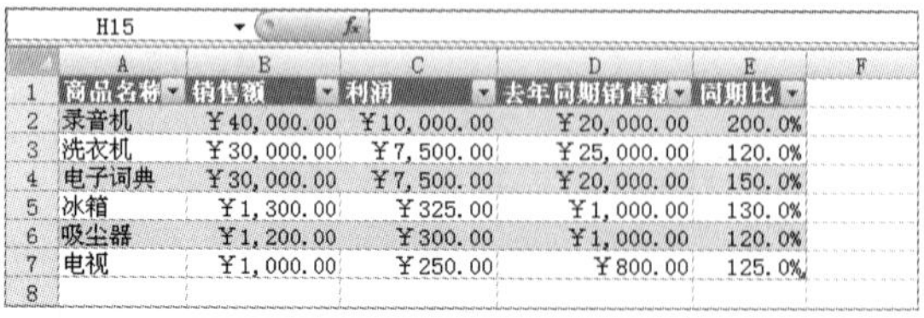

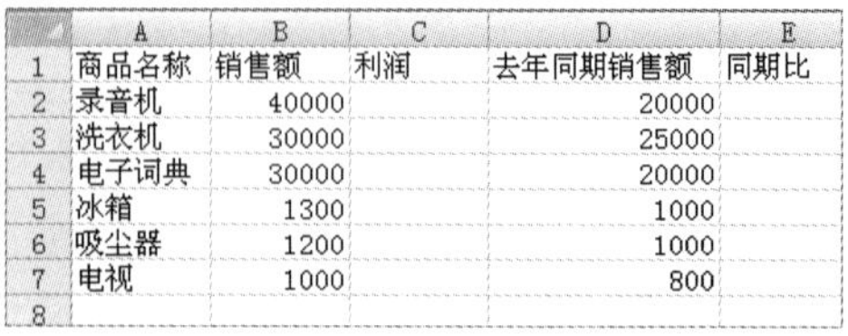

2）计算 C2:C7 单元格区域的利润值，计算公式为"利润=销售额*0.25"。

3）在 E2:E7 单元格区域计算销售额与去年销售额的同期比，计算公式为"同期比=销售额/去年同期销售额"。

4）将所有金额单元格的数据格式设为货币样式（负数的第 4 种形式），要求显示货币符号¥，保留 2 位小数。

5）将 E2:E7 单元格区域的同期比设置为百分数格式。

6）将此数据表的格式设置为套用表格格式的"中等深浅 2"。

任务步骤：

1）启动 Excel 应用程序，系统建立空白工作簿"工作簿 1.xlsx"，在当前工作表 Sheet1 中按照图 2-4-21 所示的内容进行输入。

2）选中 C2 单元格，输入公式"=B2*0.25"，如图 2-4-22 所示，按【Enter】键，C2 单元格中即显示出计算结果。

提示
在单元格中输入公式要以"="开始，以表示将要输入的数据是个公式；公式中不能包含空格；输入完成后要按【Enter】键，以使公式生效；公式生效之后，公式将显示在编辑栏的数据区中，单元格中只显示计算结果；公式中包含的单元格的数值改变时，由此公式生成的值也将随之改变；公式中的单元格，如 B2，也可以通过鼠标进行选择。

3）选中 C2 单元格，利用右下角的填充柄向下拖动至 C7 单元格，如图 2-4-23 所示，完成 C3:C7 单元格区域的计算。

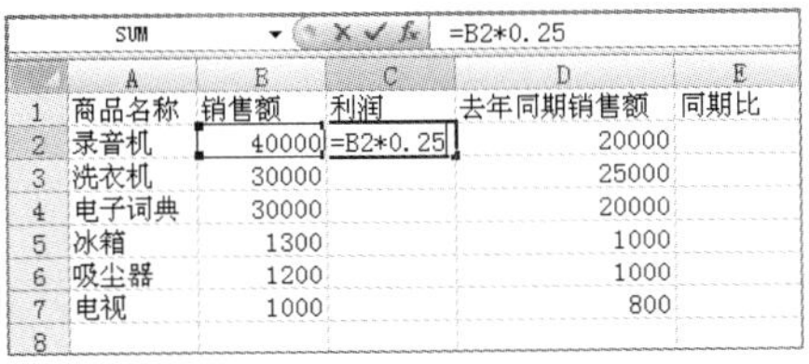

图 2-4-22　输入公式　　　　　　图 2-4-23　利用自动填充功能计算利润

提示
选中 C2 单元格，将鼠标指针指向右下角的填充柄，当指针变为黑色的"+"形状时，双击鼠标左键，也可以完成对 C3:C7 单元格区域的快速填充。

4）选中 E2 单元格，输入公式"=B2/D2"，按【Enter】键，E2 单元格中即显示出计算结果。利用自动填充功能，完成 E3:E7 单元格区域的计算，如图 2-4-24 所示。

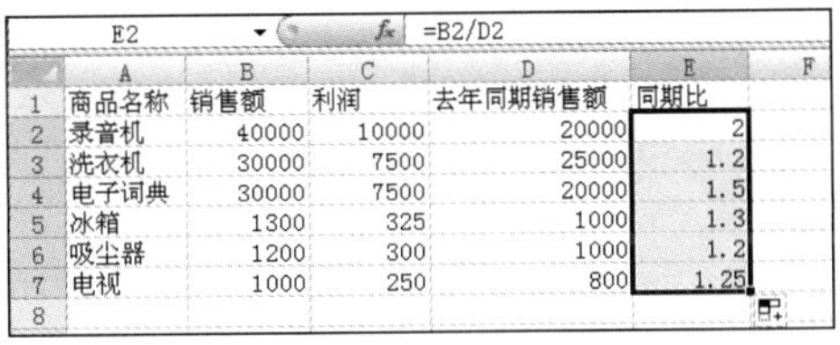

图 2-4-24　计算同期比

5）选中 B2:D7 单元格区域，单击"开始｜数字｜对话框启动器"按钮，在弹出的"设置单元格格式"对话框中选择"数字"选项卡，选择数字分类为货币，小数位数设为保留 2 位小数，选择货币符号为¥，选择负数为第 4 种形式，单击"确定"按钮，如图 2-4-25 所示。

提示

在选中的单元格中右击，在弹出的快捷菜单中选择"设置单元格格式"命令，也可以弹出"设置单元格格式"对话框。

图 2-4-25　设置货币格式

6）选中 E2:E7 单元格区域，在"开始|数字|数字格式"下拉菜单中选择"百分比"格式（系统默认保留两位小数），如图 2-4-26 所示，单击"数字"选项组中的"减少小数位数"按钮，则小数位数变为保留 1 位小数。

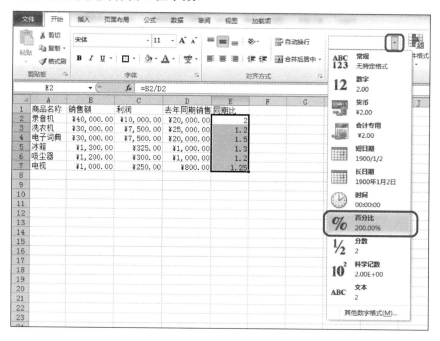

图 2-4-26　设置百分比格式

7）选中 A1:E7 单元格区域，在"开始|样式|套用表格格式"下拉菜单（图 2-4-27）中选

择"表样式中等深浅 2"，在弹出的"套用表格式"对话框（图 2-4-28）中单击"确定"按钮。

图 2-4-27　应用套用表格格式

8）选择"文件 | 保存"命令，在弹出的"另存为"对话框中确定保存位置，保存类型为"Excel 工作簿（*.xlsx）"，文件名为"实训 2-1"，单击"保存"按钮。

9）单击 Excel 应用程序窗口右上角的"关闭"按钮，关闭 Excel 文档，同时退出应用程序。

图 2-4-28　"套用表格式"对话框

任务 2　利用函数进行计算并编辑格式

任务要求：

建立工作簿文档进行输入，利用函数进行计算并编辑格式，完成如图 2-4-29 所示的"期末成绩统计表"。具体要求如下：

1）启动 Excel 应用程序，建立空白工作簿文档，按照图 2-4-30 的内容进行输入。

	A	B	C	D	E	F	G	H	I J
1				期末成绩统计表					
2	学号	姓名	数学	英语	计算机	总分	平均分	名次	总评等级
3	10401	李小明	90.0	85.0	91.0	266.0	88.7	2	优秀
4	10402	张大为	85.0	87.0	92.0	264.0	88.0	3	优秀
5	10403	汪平卫	76.0	81.0	56.0	213.0	71.0	8	
6	10404	郭晓华	87.0	80.0	81.0	248.0	82.7	4	
7	10405	陈月华	58.0	75.0	80.0	213.0	71.0	8	
8	10406	刘洋	72.0	50.0	88.0	210.0	70.0	10	
9	10407	胡俊	64.0	82.0	96.0	242.0	80.7	6	
10	10408	李佳	68.0	60.0	89.0	217.0	72.3	7	
11	10409	田奇	79.0	100.0	99.0	278.0	92.7	1	优秀
12	10410	姚亮	77.0	66.0	100.0	243.0	81.0	5	
13	最高分		90.0	100.0	100.0				
14	平均分		75.6	76.6	87.2				
15	分数段人数	0-59	1	1	1				
16		60-69	2	2	0				
17		70-79	4	1	0				
18		80-89	2	5	4				
19		90-100	1	1	5				
20									

图 2-4-29　任务 2 完成设置效果

	A	B	C	D	E	F	G	H	I
1	期末成绩统计表								
2	学号	姓名	数学	英语	计算机	总分	平均分	名次	总评等级
3	10401	李小明	90	85	91				
4	10402	张大为	85	87	92				
5	10403	汪平卫	76	81	56				
6	10404	郭晓华	87	80	81				
7	10405	陈月华	58	75	80				
8	10406	刘洋	72	50	88				
9	10407	胡俊	64	82	96				
10	10408	李佳	68	60	89				
11	10409	田奇	79	100	99				
12	10410	姚亮	77	66	100				
13	最高分								
14	平均分								
15	分数段人数	0-59							
16		60-69							
17		70-79							
18		80-89							
19		90-100							

图 2-4-30　任务 2 输入样式

2）在 F3:F12 单元格区域，利用 SUM 函数计算总分。

3）在 G3:G12 单元格区域，利用 AVERAGE 函数计算平均分。

4）在 H3:H12 单元格区域，利用 RANK 函数求出每位学生的排名。

5）在 I3:I12 单元格区域，利用 IF 函数进行判断，如果平均分高于 85 分（含 85 分），则在相应单元格中显示“优秀”。

6）在 C13:E13 单元格区域，利用 MAX 函数找出单科最高分。

7）在 C14:E14 单元格区域，利用 AVERAGE 函数计算每一科的平均成绩。

8）利用 COUNTIF 函数计算每一门课程的各分数段人数，并记入 C15:E19 单元格区域。

9）利用条件格式，将 C3:E12 单元格区域中低于 60 分的成绩显示为红字，单元格图案样式为 6.25%灰色。

10）合并 A1:I1 单元格区域，并将合并后的单元格对齐方式设置为水平居中、垂直居中，字体为黑体，字号为 18。

11）将标题栏 A2:I2 单元格区域字体设置为宋体、加粗，字号为 14，水平居中。

12）将姓名列、总评等级列都设置为水平居中，所有成绩设置为数值形式，保留 1 位小数，所有成绩和名次列水平靠右。将“最高分”和“平均分”单元格分别与右侧单元格合并，水平居中。“分数段人数”单元格与下方 4 个单元格合并，水平、垂直均居中。C15:E19 单元格区域靠右显示。

13）整个表格的 A2:I19 单元格区域外边框和内部均加实线。

14）保存文档，并退出 Excel 应用程序。

任务步骤：

1）启动 Excel 应用程序，系统建立空白工作簿“工作簿 1.xlsx”，在当前工作表 Sheet1 中按照图 2-4-30 所示的内容进行输入。

2）选中 F3 单元格，单击“公式｜函数库｜插入函数”按钮，如图 2-4-31 所示，在弹出的“插入函数”对话框中选择 SUM 函数，如图 2-4-32 所示，单击“确定”按钮，弹出“函数参数”对话框，选中 C3:E3 单元格区域（被选中区域外有虚线框），单击“确定”按钮，如图 2-4-33 所示，结果就会显示在 F3 单元格中。其他求和的方法参照提示内容。

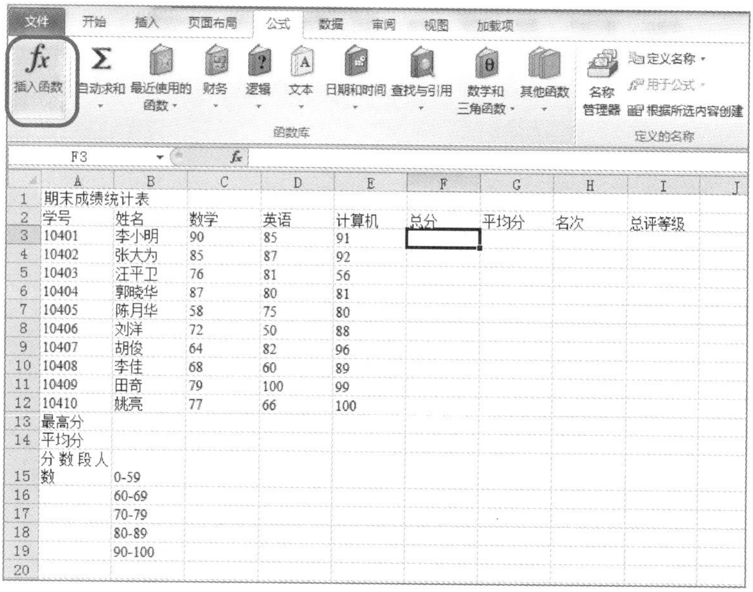

图 2-4-31 "插入函数"按钮

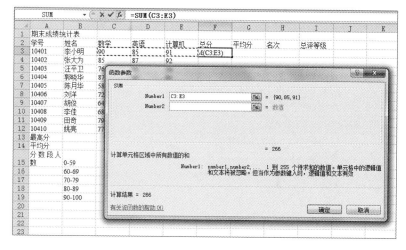

图 2-4-32 "插入函数"对话框

图 2-4-33 "函数参数"对话框

提示

可以在 F3 单元格中输入公式："=SUM(C3:E3)"，按【Enter】键确认；也可单击"开始｜编辑｜自动求和"按钮；还可单击"公式｜函数库｜自动求和"按钮，如图 2-4-34 所示。

图 2-4-34　"自动求和"按钮

3）选中 G3 单元格，在"公式｜函数库｜自动求和"下拉菜单中选择"平均值"命令，如图 2-4-35 所示，选中 C3:E3 单元格区域，如图 2-4-36 所示，按【Enter】键，结果就会显示在 G3 单元格中。

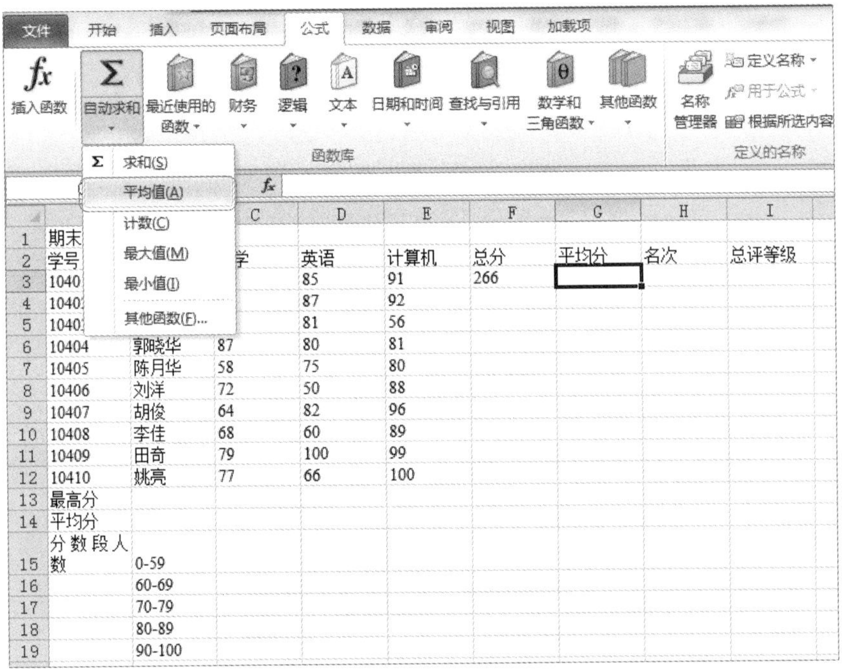

图 2-4-35　选择"平均值"命令

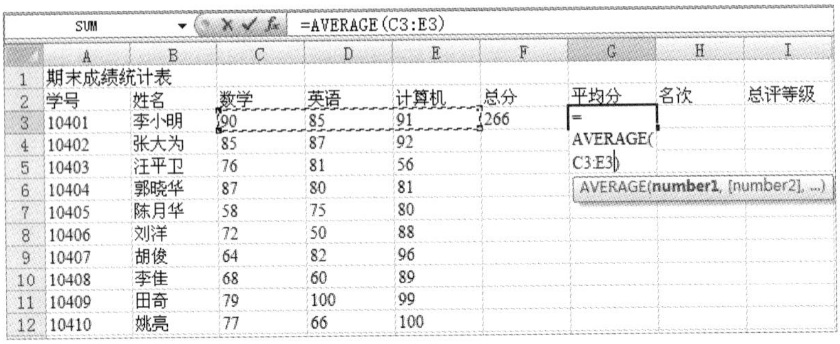

图 2-4-36　计算平均分

4）选中 H3 单元格，单击"公式 | 函数库 | 插入函数"按钮，在弹出的"插入函数"对话框中选择 RANK 函数（如果在常用函数中找不到，则将"或选择类别"设为"全部"，如图 2-4-37 所示），单击"确定"按钮；弹出"函数参数"对话框，在 Number 文本框中输入"F3"（或者通过单击 F3 单元格亦可），在 Ref 文本框中输入"$F$3:$F$12"，如图 2-4-38 所示，单击"确定"按钮，结果就会显示在 H3 单元格中。

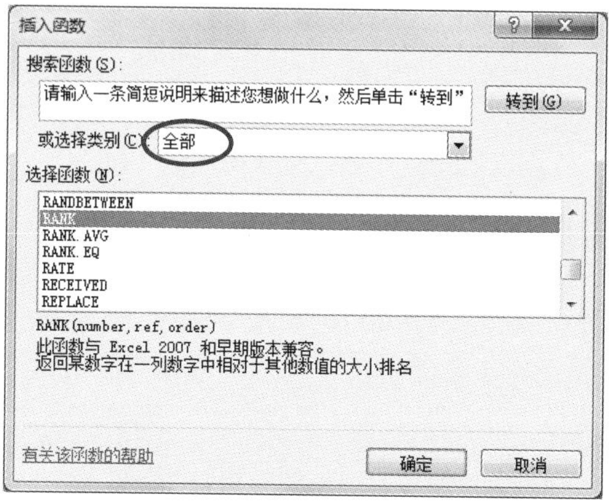

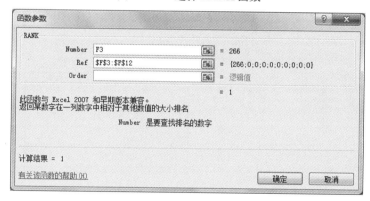

图 2-4-37　选择 RANK 函数

图 2-4-38　使用 RANK 函数

提示

Number 参数表示用来排名的数值；Ref 参数表示所有参与排名的数值范围，用一组单元格区域表示。在本例中，因为要根据总分来排名次，所以 Number 参数为每个学生的总分所对应的单元格；对于参与排名的数值范围，即 F3:F12 单元格区域，要使之固定，所以要采用单元格地址的绝对引用，在单元格地址的行号和列号之前都加上符号$即可。绝对地址和相对地址的转换也可以通过【F4】键进行。

5）选中 I3 单元格，单击"公式 | 函数库 | 插入函数"按钮，在弹出的"插入函数"对话框中选择 IF 函数，单击"确定"按钮；弹出"函数参数"对话框，在 Logical_test 文本框中输入"G3>=85"，在 Value_if_true 文本框中输入"优秀"，在 Value_if_false 文本框中输入空格（当光标在文本框中闪烁时按空格键即可），如图 2-4-39 所示，单击"确定"按钮，结果就会显示在 I3 单元格中。

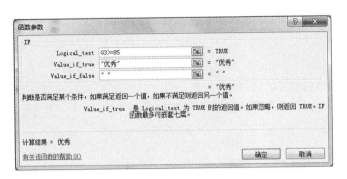

图 2-4-39　使用 IF 函数

> **提示**
>
> 　　Logical_test 参数表示用来作判断的数值或条件表达式，其中的符号必须为英文半角符号，否则不能被识别；Value_if_true 参数表示如果判断条件成立所显示的结果；Value_if_false 参数表示如果判断条件不成立所显示的结果。在本例中，G3>=85 是判断的条件，意味着平均分大于等于 85 分，如果条件成立，则在单元格中显示"优秀"字样；如果平均分在 85 分以下，则什么都不显示，所以输入空格。

　　6）选中 F3:I3 单元格区域，使指针指向单元格右下角的填充柄，向下拖动，利用自动填充功能，完成其他学生 F4:I12 单元格区域的计算，如图 2-4-40 所示。

	B	C	D	E	F	G	H	I
1	计表							
2	姓名	数学	英语	计算机	总分	平均分	名次	总评等级
3	李小明	90	85	91	266	88.66666667	2	优秀
4	张大为	85	87	92	264	88	3	优秀
5	汪平卫	76	81	56	213	71	8	
6	郭晓华	87	80	81	248	82.66666667	4	
7	陈月华	58	75	80	213	71	8	
8	刘洋	72	50	88	210	70	10	
9	胡俊	64	82	96	242	80.66666667	6	
10	李佳	68	60	89	217	72.33333333	7	
11	田奇	79	100	99	278	92.66666667	1	优秀
12	姚亮	77	66	100	243	81	5	

图 2-4-40　利用自动填充完成计算

　　7）选中 C13 单元格，在"公式｜函数库｜自动求和"下拉菜单中，选择"最大值"命令，如图 2-4-41 所示，选中 C3:C12 单元格区域，按【Enter】键确定，结果就会显示在 C13 单元格中。

　　8）选中 C14 单元格，在"公式｜函数库｜自动求和"下拉菜单中，选择"平均值"命令，选中 C3:C12 单元格区域，如图 2-4-42 所示，按【Enter】键，结果就会显示在 C14 单元格中。

　　9）选中 C13:C14 单元格区域，使指针指向单元格右下角的填充柄，向右拖动，利用自动填充功能，完成其他科目 D13:E14 单元格区域的计算。

　　10）选中 C15 单元格，单击"公式｜函数库｜插入函数"按钮，在弹出的"插入函数"对话框中选择 COUNTIF 函数（如果在常用函数中找不到，则将"或选择类别"设为"全部"，如图 2-4-43 所示），单击"确定"按钮，弹出"函数参数"对话框，在 Range 文本框中输入"C3:C12"（或者通过鼠标选中 C3:C12 单元格区域亦可），在 Criteria 文本框中输入"＂<60＂"，如图 2-4-44 所示，单击"确定"按钮，结果就会显示在 C15 单元格中。

图 2-4-41　选择最大值命令

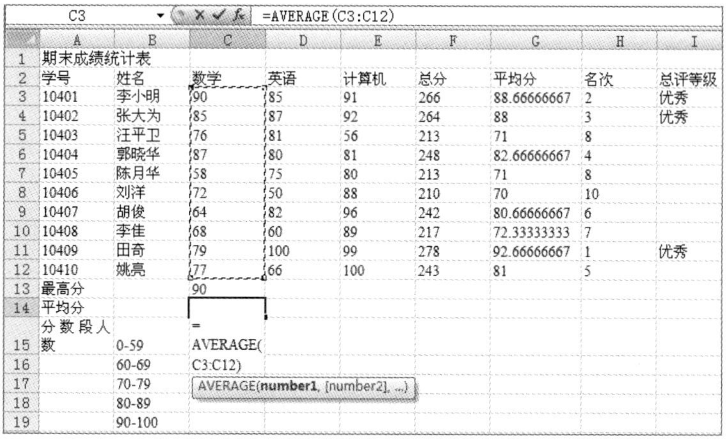

图 2-4-42　选择单元格区域

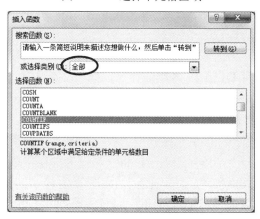

图 2-4-43　选择 COUNTIF 函数

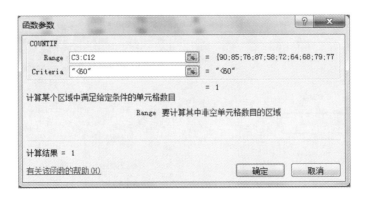

图 2-4-44   使用 COUNTIF 函数

> **提示**
>
> Range 参数表示用来进行计数的所有范围，用一组单元格区域表示；Criteria 参数表示计数条件，通常用数值或条件表达式表示，其中使用的符号必须为英文半角格式，否则不能被识别。在本例中，用来计数的范围 Range 是数学成绩列 C3:C12 单元格区域，计数条件 Criteria 是成绩为 0~59 分的人数，所以条件表达式写为<60。

11）选中 C19 单元格，单击"公式│函数库│插入函数"按钮，在弹出的"插入函数"对话框中选择 COUNTIF 函数，弹出"函数参数"对话框，在 Range 文本框中输入"C3:C12"（或者通过鼠标选中 C3:C12 单元格区域亦可），在 Criteria 文本框中输入">=90"，单击"确定"按钮，结果就会显示在 C19 单元格中。

> **提示**
>
> 在此步骤中，用来计数的范围 Range 仍然是数学成绩列 C3:C12 单元格区域，计数条件 Criteria 是成绩为 90~100 分的人数，所以其条件表达式写为>=90。

12）分别选中 C16、C17 和 C18 单元格，输入公式：

=COUNTIF(C3:C12,">=60")-COUNTIF(C3:C12,">=70")

=COUNTIF(C3:C12,">=70")-COUNTIF(C3:C12,">=80")

=COUNTIF(C3:C12,">=80")-COUNTIF(C3:C12,">=90")

即可统计出成绩在 60~69 分、70~79 分、80~89 分区间段的学生人数，如图 2-4-45 所示。

13）选中 C15:C19 单元格区域，使指针指向单元格右下角的填充柄，向右拖动，利用自动填充功能，完成其他科目 D15:E19 区域的计算，如图 2-4-46 所示。

14）选中各科成绩的 C3:E12 单元格区域，选择"开始│样式│条件格式│突出显示单元格规则│小于"命令，如图 2-4-47 所示，在弹出的"小于"对话框中将条件设置为"60"，在"设置为"下拉列表中选择"自定义格式"选项，如图 2-4-48 所示，在弹出的"设置单元格格式"对话框中首先选择"字体"选项卡，将字形设为加粗，颜色为红色；然后选择"填充"选项卡，选择图案样式中的"6.25%灰色"，如图 2-4-49 所示，单击"确定"按钮，返回"小于"对话框，再次单击"确定"按钮。

	C16	▼		f_x	=COUNTIF(C3:C12,">=60")-COUNTIF(C3:C12,">=70")			
	A	B	C	D	E	F	G	H	I
1	期末成绩统计表								
2	学号	姓名	数学	英语	计算机	总分	平均分	名次	总评等级
3	10401	李小明	90	85	91	266	88.66666667	2	优秀
4	10402	张大为	85	87	92	264	88	3	优秀
5	10403	汪平卫	76	81	56	213	71	8	
6	10404	郭晓华	87	80	81	248	82.66666667	4	
7	10405	陈月华	58	75	80	213	71	8	
8	10406	刘洋	72	50	88	210	70	10	
9	10407	胡俊	64	82	96	242	80.66666667	6	
10	10408	李佳	68	60	89	217	72.33333333	7	
11	10409	田奇	79	100	99	278	92.66666667	1	优秀
12	10410	姚亮	77	66	100	243	81	5	
13	最高分		90	100	100				
14	平均分		75.6	76.6	87.2				
15	分 数 段人数	0-59	1						
16		60-69	2						
17		70-79							
18		80-89							
19		90-100	1						

图 2-4-45　使用 COUNTIF 函数输入公式

	C15	▼		f_x	=COUNTIF(C$3:C$12,"<60")			
	A	B	C	D	E	F	G	H	I
1	期末成绩统计表								
2	学号	姓名	数学	英语	计算机	总分	平均分	名次	总评等级
3	10401	李小明	90	85	91	266	88.66666667	2	优秀
4	10402	张大为	85	87	92	264	88	3	优秀
5	10403	汪平卫	76	81	56	213	71	8	
6	10404	郭晓华	87	80	81	248	82.66666667	4	
7	10405	陈月华	58	75	80	213	71	8	
8	10406	刘洋	72	50	88	210	70	10	
9	10407	胡俊	64	82	96	242	80.66666667	6	
10	10408	李佳	68	60	89	217	72.33333333	7	
11	10409	田奇	79	100	99	278	92.66666667	1	优秀
12	10410	姚亮	77	66	100	243	81	5	
13	最高分		90	100	100				
14	平均分		75.6	76.6	87.2				
15	分 数 段人数	0-59	1	1	1				
16		60-69	2	2	0				
17		70-79	4	1	0				
18		80-89	2	5	4				
19		90-100	1	1	5				
20									

图 2-4-46　利用自动填充完成分数段人数的统计

图 2-4-47　"条件格式"下拉菜单

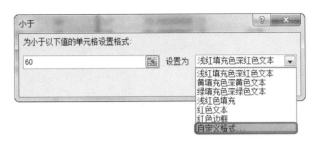

图 2-4-48 "小于"对话框

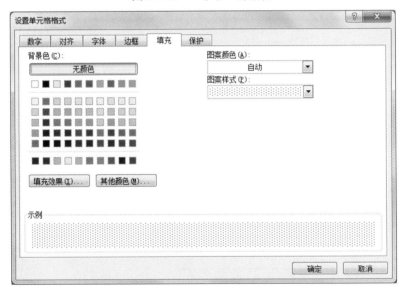

图 2-4-49 "设置单元格格式"对话框

15）选中 A1:I1 单元格区域，单击"开始 | 对齐方式 | 合并后居中"按钮，并将合并后的单元格对齐方式设置为水平居中、垂直居中，字体为黑体，字号为 18。

16）选择标题栏 A2:I2 单元格区域，字体设置为宋体、加粗，字号 14，水平居中。

17）选中姓名列 B3:B12 单元格区域、总评等级列 I3:I12 单元格区域，将其设置为水平居中；选中所有成绩列 C3:G14 单元格区域，设置为数值形式，保留 1 位小数；C3:H14 单元格区域设置为水平靠右。

18）选中 A13:B13 单元格区域，单击"开始 | 对齐方式 | 合并后居中"按钮，使合并后的单元格对齐方式为水平居中。

19）选中 A14:B14 单元格区域，单击"开始 | 对齐方式 | 合并后居中"按钮，使合并后的单元格对齐方式为水平居中。

20）选中 A15:A19 单元格区域，先单击"开始 | 对齐方式 | 合并后居中"按钮，再单击"开始 | 对齐方式 | 垂直居中"按钮，使合并后的单元格对齐方式为水平居中、垂直居中。选中 C15:E19 单元格区域，单击"开始 | 对齐方式 | 文本右对齐"按钮。

21）选中整个表格的 A2:I19 单元格区域，在"开始 | 字体 | 边框"下拉菜单中，选择"所有框线"命令，将单元格外边框和内部均设置为实线，如图 2-4-50 所示。

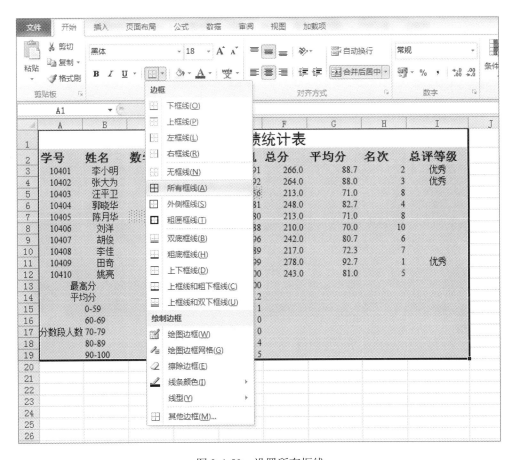

图 2-4-50　设置所有框线

22）选择"文件 | 保存"命令，在弹出的"另存为"对话框中确定保存位置，保存类型为"Excel 工作簿（*.xlsx）"，文件名为"实训 2-2"，单击"保存"按钮。

23）单击 Excel 应用程序窗口右上角的"关闭"按钮，关闭 Excel 文档，同时退出应用程序。

实训 3　图表的应用

实训目的

1）掌握图表的创建方法。

2）掌握图表的编辑方法。

3）掌握在图表中添加特殊效果的方法。

实训内容

任务 1　创建簇状柱形图

利用在实训 2 中建立的"期末成绩统计表"创建一个簇状柱形图，经编辑后如图 2-4-51所示。

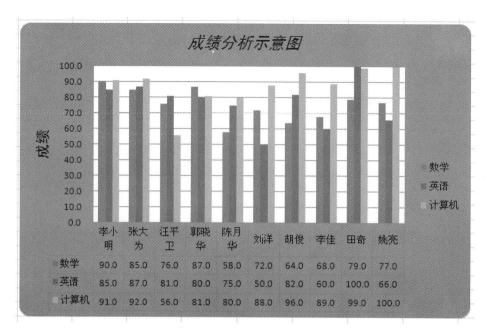

图 2-4-51　任务 1 编辑后样式

图 2-4-52　"打开"命令

任务要求：

1）打开已经保存的文件"实训 2-2"。

2）根据姓名及成绩列的数据，创建一个簇状柱形图，图表标题为"成绩分析示意图"，在图表中显示数据表。将创建的图表作为对象插入工作表 Sheet2 中。

3）图表标题字形设置为黑体、倾斜，字号为 16。显示成绩的纵坐标轴名称为"成绩"，字形设置为黑体，字号为 14，刻度的最大值设为 100。

4）图表区边框样式设为圆角，填充颜色为浅蓝。

任务步骤：

1）启动 Excel 应用程序，选择"文件｜打开"命令，如图 2-4-52 所示，在弹出的"打开"对话框中找到实训 2 中保存的文件"实训 2-2"，单击"打开"按钮。

2）选中姓名列和各科成绩列的 B2:E12 单元格区域，单击"插入｜图表｜柱形图"下拉按钮，如图 2-4-53 所示，在弹出的下拉列表中选择"簇状柱形图"选项，生成图表，如图 2-4-54 所示。

3）单击"图表工具-布局｜标签｜图表标题"下拉按钮，在弹出的下拉菜单中选择"图表上方"命令，确定图表标题所在位置，如图 2-4-55 所示。

4）输入图表标题"成绩分析示意图"，选择"开始"选项卡，在"字体"选项组中将标题设为黑体、倾斜、16。

5）选择"图表工具-布局｜标签｜模拟运算表"下拉按钮，在弹出的下拉菜单中选择"显示模拟运算表和图例项标示"命令，如图 2-4-56 所示。

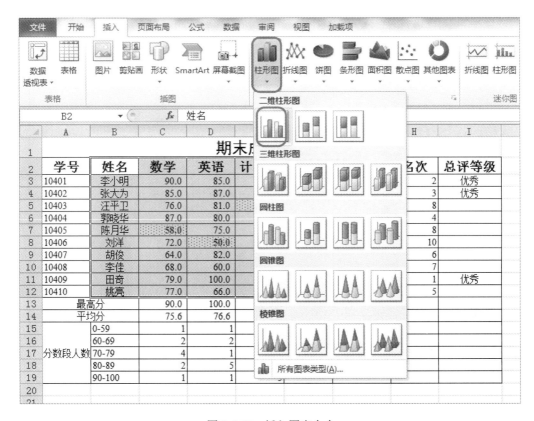

图 2-4-53　插入图表命令

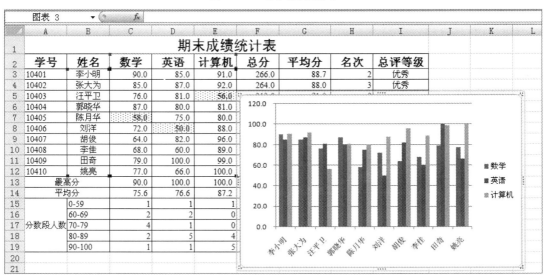

图 2-4-54　簇状柱形图

6）选择"图表工具-布局｜标签｜坐标轴标题｜主要纵坐标轴标题｜旋转过的标题"命令，如图 2-4-57 所示，输入纵坐标轴标题"成绩"，选择"开始"选项卡，在"字体"选项组中将标题设为黑体、14。

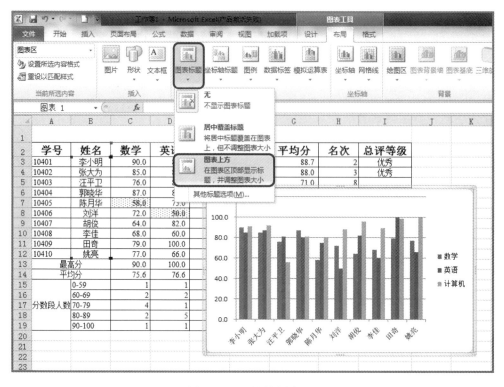

图 2-4-55　设置图表标题

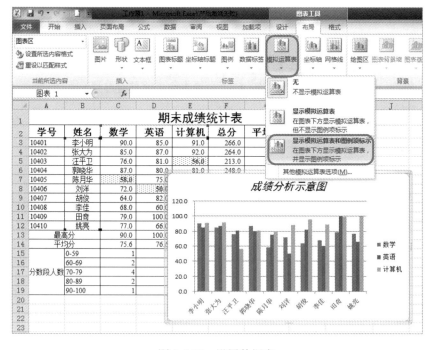

图 2-4-56　设置数据表

7）选择"图表工具-布局 | 坐标轴 | 坐标轴 | 主要纵坐标轴 | 其他主要纵坐标轴选项"命令，如图 2-4-58 所示，弹出"设置坐标轴格式"对话框。

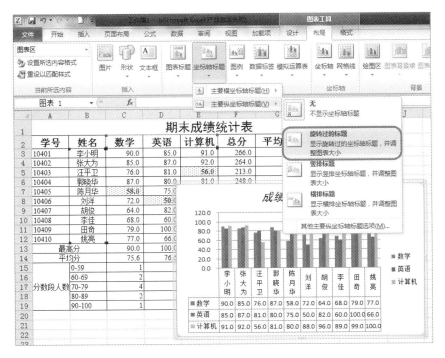

图 2-4-57 设置坐标轴标题

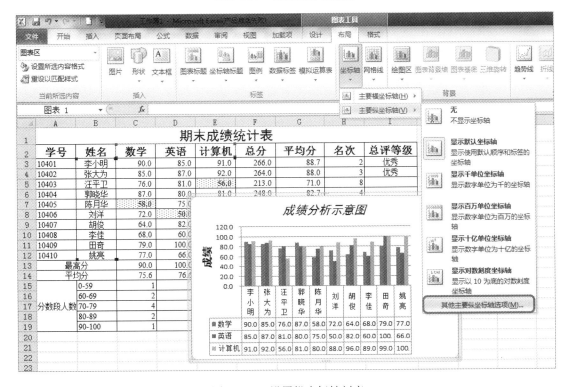

图 2-4-58 设置纵坐标轴刻度

8）在弹出的"设置坐标轴格式"对话框中，将最大值设置为固定，在右侧输入框中输入 100.0，如图 2-4-59 所示，单击"关闭"按钮。

9）在图表区域处右击，在弹出的快捷菜单中选择"设置图表区域格式"命令，在弹出的"设置图表区格式"对话框中选择"填充"选项卡，设置为"纯色填充"中的浅蓝，如图 2-4-60 所示；选择"边框样式"选项卡，选中"圆角"复选框，如图 2-4-61 所示，单击"关闭"按钮。

图 2-4-59　"设置坐标轴格式"对话框　　　　图 2-4-60　设置图表区域的填充颜色

图 2-4-61　设置图表区域的边框

10）单击"图表工具-设计｜位置｜移动图表"按钮，在弹出的"移动图表"对话框中选中"对象位于"单选按钮，在其下拉列表中选择"Sheet2"选项，如图 2-4-62 所示，单击"确定"按钮。

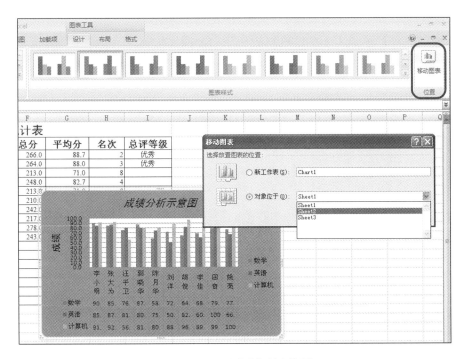

图 2-4-62 设置图表所在位置

11）选择"文件 | 另存为"命令，在弹出的"另存为"对话框中确定保存位置，保存类型为"Excel 工作簿（*.xlsx）"，文件名为"实训 3-1"，单击"保存"按钮。

任务 2 编辑已创建的图表

更改成绩分析示意图中的引用数据范围，更改图表类型为折线图，完成图表效果如图 2-4-63 所示。

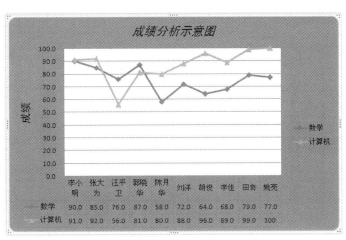

图 2-4-63 任务 2 的图表效果

任务要求：

1）删除图表中的英语成绩数据系列。

2）将图表类型更改为"带数据标记的折线图"。

任务步骤：

1）单击簇状柱形图中表示英语成绩的任意一个柱体位置，则会选中所有表示英语成绩的数据柱体，被选中的数据柱体的 4 个角上显示小圆圈符号，如图 2-4-64 所示，按【Delete】键，即可同时删除所有英语成绩柱体。

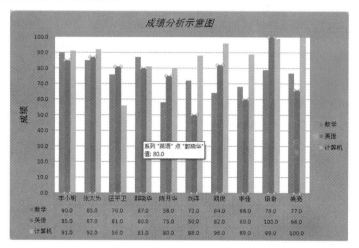

图 2-4-64　选中要删除的数据柱体

2）单击"图表工具-设计 | 类型 | 更改图表类型"按钮，在弹出的"更改图表类型"对话框中选择"折线图 | 带数据标记的折线图"选项，如图 2-4-65 所示，单击"确定"按钮。

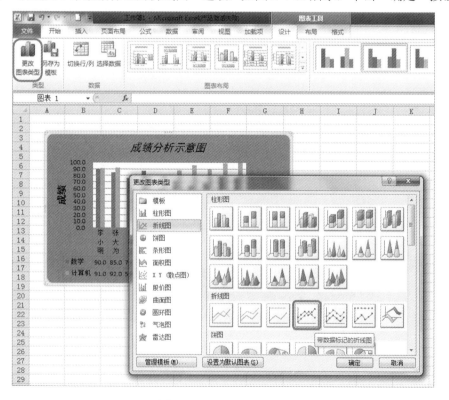

图 2-4-65　更改图表类型

任务 3 为图表添加特殊效果

利用期末成绩统计表中数学成绩分数段人数的数据，在 Sheet3 中创建三维饼图，完成效果如图 2-4-66 所示。

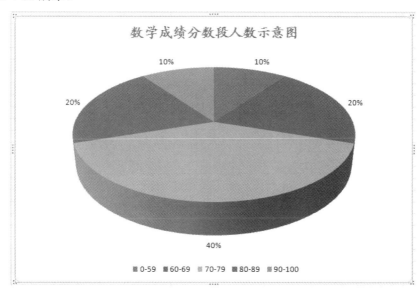

图 2-4-66 任务 3 三维饼图完成效果

任务要求：

1）选中数学成绩分数段人数单元格，创建三维饼图，标题为"数学成绩分数段人数示意图"，饼图中标有百分比数据标签，显示位置在数据标签外。创建的图表作为对象插入工作表 Sheet3 中。

2）编辑饼图，将标题字体设为楷体、加粗、蓝色，字号设为 16。

3）图例位置设为底部。

4）保存文档，并退出 Excel 应用程序。

任务步骤：

1）在"期末成绩统计表"中选中 B15:C19 单元格区域，单击"插入｜图表｜饼图"下拉按钮，在弹出的下拉菜单中选择"三维饼图"命令，如图 2-4-67 所示。

2）单击"图表工具-布局｜标签｜图表标题"下拉按钮，在弹出的下拉菜单中选择"图表上方"命令，如图 2-4-68 所示。

3）输入图表标题"数学成绩分数段人数示意图"，选择"开始"选项卡，在"字体"选项组中将标题设为楷体、加粗、蓝色、16。

4）单击"图表工具-布局｜标签｜图例"下拉按钮，在弹出的下拉菜单中选择"在底部显示图例"命令，如图 2-4-69 所示。

5）单击"图表工具-布局｜标签｜数据标签"下拉按钮，在弹出的下拉菜单中选择"其他数据标签选项"命令，如图 2-4-70 所示。

6）在弹出的"设置数据标签格式"对话框中，标签类型选择"百分比""显示引导线"，标签位置选择"数据标签外"，如图 2-4-71 所示，单击"关闭"按钮。

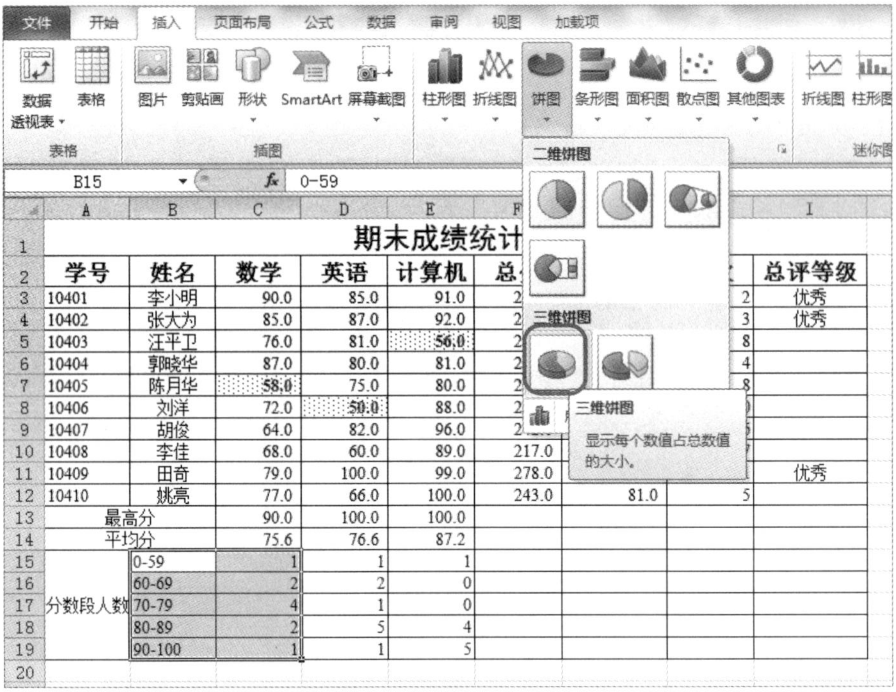

图 2-4-67　选择三维饼图

图 2-4-68　设置图表标题

7）单击"图表工具-设计 | 位置 | 移动图表"按钮，在弹出的"移动图表"对话框中选

中"对象位于"单选按钮，在其下拉列表中选择"Sheet3"选项，单击"确定"按钮。

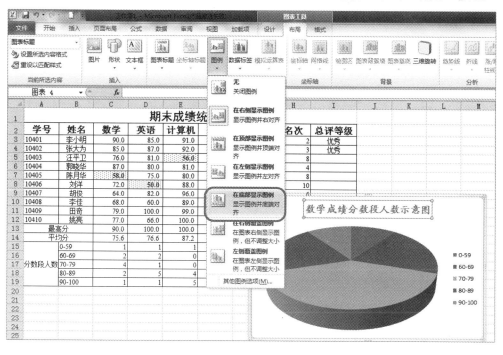

图 2-4-69　设置图例

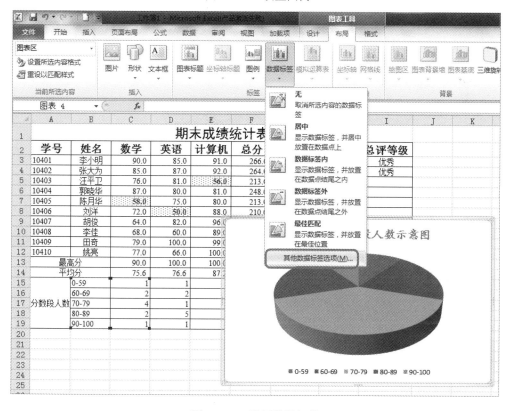

图 2-4-70　设置数据标签

图 2-4-71 "设置数据标签格式"对话框

8）单击快速访问工具栏中的"保存"按钮，如图 2-4-72 所示，将变更保存于已经建立的文件"实训 3-1"中。单击 Excel 应用程序窗口右上角的"关闭"按钮，关闭 Excel 文档，同时退出应用程序。

图 2-4-72 快速访问工具栏

实训 4 数据表管理

实训目的

1）掌握利用记录单建立数据表的方法。
2）掌握在数据表中进行排序和筛选的操作方法。
3）掌握对数据表数据进行分类汇总的方法。
4）掌握数据透视表的创建方法。

实训内容

任务 1 利用记录单建立数据表

建立空白工作簿文档，利用记录单进行输入，建立数据表如图 2-4-73 所示，并保存。

任务要求：

1）启动 Excel 应用程序，建立空白工作簿文档。
2）在默认的 Sheet1 中输入数据表的项目行。
3）在快速访问工具栏中添加"记录单"按钮。

	A	B	C	D	E	F	G	H
1	序号	姓　名	部　门	分公司	工作时间	工作时数	小时报酬	薪　水
2	1	杜永宁	软件部	南京	1986/12/24	160	36	5760
3	2	王传华	销售部	西京	1985/7/5	140	28	3920
4	3	殷　泳	培训部	西京	1990/7/26	140	21	2940
5	4	杨樟青	软件部	南京	1988/6/7	160	34	5440
6	5	段　楠	软件部	北京	1983/7/12	140	31	4340
7	6	刘朝阳	销售部	西京	1987/6/5	140	23	3220
8	7	王　雷	培训部	南京	1989/2/26	140	28	3920
9	8	楮彤彤	软件部	南京	1983/4/15	160	42	6720
10	9	陈勇强	销售部	北京	1990/2/1	140	28	3920
11	10	朱小梅	培训部	西京	1990/12/30	140	21	2940
12	11	于　洋	销售部	西京	1984/8/8	140	23	3220
13	12	赵玲玲	软件部	西京	1990/4/5	160	25	4000
14	13	冯　刚	软件部	南京	1985/1/25	160	45	7200
15	14	郑　丽	软件部	北京	1988/5/12	160	30	4800
16	15	孟晓姗	软件部	西京	1987/6/10	160	28	4480
17	16	杨子健	销售部	南京	1986/10/11	140	41	5740
18	17	廖　东	培训部	东京	1985/5/7	140	21	2940
19	18	臧天歆	销售部	东京	1987/12/19	140	20	2800
20	19	施　敏	软件部	南京	1987/6/23	160	39	6240
21	20	明章静	软件部	北京	1986/7/21	160	33	5280

图 2-4-73　任务 1 数据表样式

4）打开记录单对话框，输入数据表中的数据。

5）保存文档，并退出 Excel 应用程序。

任务步骤：

1）启动 Excel 应用程序，系统建立空白工作簿"工作簿 1.xlsx"，在当前工作表 Sheet1 中进行输入。

2）在 A1:H1 单元格区域，按照图 2-4-73 中第 1 行的标题行的内容进行输入。

3）选择"文件 | 选项"命令，弹出"Excel 选项"对话框。

4）在"Excel 选项"对话框中选择"快速访问工具栏"选项卡，在"从下列位置选择命令"下拉列表中选择"所有命令"选项，在其下方列表框中选择"记录单"命令，单击"添加"按钮，再单击"确定"按钮，如图 2-4-74 所示。

图 2-4-74　添加"记录单"按钮

5）选中数据表的列标签，即字段名 A1:H1 单元格区域，单击已经被添加在快速访问工具栏中的"记录单"按钮，如图 2-4-75 所示，在提示信息框中单击"确定"按钮。

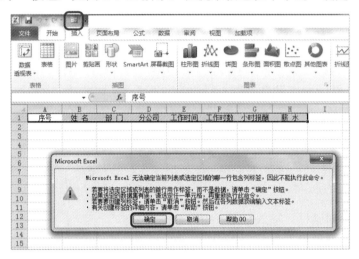

图 2-4-75　启动记录单输入

6）在如图 2-4-76 所示的记录单输入对话框中，按照要求输入每条数据的内容，完成后的数据表如图 2-4-73 所示。

> **提示**
>
> 　　数据表由若干列数据组成，列相当于字段，每一列有一个列标题，相当于数据表的字段名，如"序号""姓名"等。每一列的取值范围称为域，每一列必须是同类型同格式的数据。表中每一行构成数据表的一个记录，每个记录存放一组相关的数据。其中，第一行必须是字段名，其余每行称为一个记录。对数据的排序、检索等操作都是以记录为单位进行的。
>
> 　　在序号栏输入 1 后，要继续输入下一栏数据，则按【Tab】键；每条记录输入完毕后，按【Enter】键，表示确认，并且会出现下一条空白记录以备输入；也可以单击对话框中的"新建"按钮进行下一条记录的输入；结束输入可单击对话框中的"关闭"按钮。创建数据表的输入也可以在工作表的单元格中直接进行。

图 2-4-76　记录单输入对话框

7）选择"文件 | 保存"命令，在弹出的"另存为"对话框中确定保存位置，保存类型为"Excel 工作簿（*.xlsx）"，文件名为"实训 4-1"，单击"保存"按钮。

任务 2　在数据表中进行排序、筛选和分类汇总

对任务 1 中的数据表进行排序、筛选和分类汇总的操作。

任务要求：

1）启动 Excel 应用程序，打开任务 1 中保存的"实训 4-1"文件。

2）对此数据表按照部门升序、薪水降序进行排序。

3）对此数据表进行筛选，使其仅显示北京分公司、软件部门、薪水超过 5000 元的员工记录。

4）对此数据表进行分类汇总的操作，按部门进行分类，汇总工作时数及薪水的平均值。

5）保存文档，并退出 Excel 应用程序。

任务步骤：

1）启动 Excel 应用程序，选择"文件 | 打开"命令，在弹出的"打开"对话框中找出任务 1 中已经保存的"实训 4-1"文件，单击"打开"按钮。

2）选中数据表中任意单元格，单击"数据 | 排序和筛选 | 排序"按钮，如图 2-4-77 所示，在弹出的"排序"对话框中设置主要关键字为"部门"，默认次序为"升序"，单击"添加条件"按钮，设置次要关键字为"薪水"，次序设置为"降序"，单击"确定"按钮，如图 2-4-78 所示。排序后的数据表如图 2-4-79 所示。

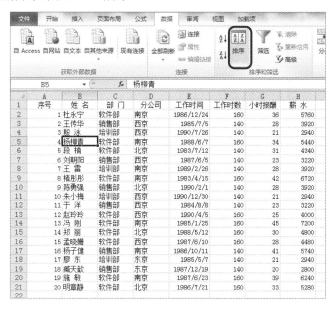

图 2-4-77　单击"排序"按钮

图 2-4-78　"排序"对话框

图 2-4-79　排序后的数据表

3）选中数据表中任意单元格，单击"数据 | 排序和筛选 | 筛选"按钮，在数据表每个字段的右边就会出现筛选控制按钮 ▾ ，如图 2-4-80 所示。

> **提示**
>
> 　　当单击功能区中的"筛选"按钮后，在数据表的每个字段右边都会自动出现筛选控制按钮 ▼，之后可以通过单击该按钮对表格进行筛选操作；如果再次单击功能区中的"筛选"按钮，则会退出筛选状态，重新显示出数据表中的全部数据。

图 2-4-80　单击"筛选"按钮

　　4）单击"分公司"字段的筛选控制按钮，选择筛选条件"北京"，如图 2-4-81 所示，单击"确定"按钮。

> **提示**
>
> 　　进行过筛选操作的字段的筛选控制按钮将会变为漏斗图标 ▼。

图 2-4-81　按照筛选条件进行设置

　　5）单击"部门"字段的筛选控制按钮，选择筛选条件"软件部"，单击"确定"按钮。
　　6）单击"薪水"字段的筛选控制按钮，选择"数字筛选"子菜单中的"大于"命令，如图 2-4-82 所示；在弹出的"自定义自动筛选方式"对话框中输入条件 5000，如图 2-4-83

所示，单击"确定"按钮。筛选之后的结果如图 2-4-84 所示。

图 2-4-82　选择"数字筛选｜大于"命令

图 2-4-83　设置筛选条件

图 2-4-84　筛选完成样图

7）单击"数据｜排序和筛选｜筛选"按钮，退出筛选状态。

8）选中 A1 单元格，单击"数据"选项卡"排序和筛选"选项组中的"升序"按钮，如图 2-4-85 所示。此操作对数据表按照序号进行升序排序，以使数据表恢复初始状态。

图 2-4-85　单击升序按钮

9）对该数据表的 A1:H21 单元格区域按照部门关键字进行升序排序。

> **提示**
>
> 　对数据表进行分类汇总的前提是，该数据表必须是一个已经按照分类字段进行了排序的数据表。

10）单击"数据｜分级显示｜分类汇总"按钮，在弹出的"分类汇总"对话框中设置分类字段为"部门"，汇总方式为"平均值"，选定汇总项为"工作时数"和"薪水"，其他选项为默认，如图 2-4-86 所示，单击"确定"按钮。分类汇总之后的数据表如图 2-4-87 所示。

图 2-4-86 设置分类汇总的条件   图 2-4-87 分类汇总之后的数据表

11）选择"文件｜另存为"命令，在弹出的"另存为"对话框中确定保存位置，保存类型为"Excel 工作簿（*.xlsx）"，文件名为"实训 4-2"，单击"保存"按钮。

12）单击 Excel 应用程序窗口右上角的"关闭"按钮，关闭 Excel 文档，同时退出应用程序。

任务 3　创建数据透视表

建立空白工作簿文档，输入数据建立数据表，在此表中创建如图 2-4-88 所示的数据透视表，并保存。

图 2-4-88 任务 3 数据透视表样式

任务要求：

1）启动 Excel 应用程序，系统建立空白工作簿"工作簿 1.xlsx"，在默认的当前工作表 Sheet1 中按照图 2-4-89 所示的内容进行输入。

2）以 A9 单元格为起始点建立数据透视表，数据区域选中 A1:F8 单元格区域，行标签字段为"部门"，列标签字段为"姓名"。数值区为"基本工资"和"奖金"，"基本工资"字段为"求和","奖金"字段为"计数"。

	A	B	C	D	E	F
1	部门	姓名	性别	基本工资	奖金	实发工资
2	工程部	李影	女	1000	100	1100
3	工程部	王刚	男	1200	100	1300
4	技术部	华小远	女	800	200	1000
5	工程部	钟玲	女	780	100	880
6	工程部	张清	女	1300	50	1350
7	技术部	仲时	男	1000	50	1050
8	财务部	郑晨	男	1000	150	1150

图 2-4-89　任务 3 数据表

3）保存文档，并退出 Excel 应用程序。

任务步骤：

1）启动 Excel 应用程序，系统建立空白工作簿"工作簿 1.xlsx"，在当前工作表 Sheet1 中按照图 2-4-89 所示的内容进行输入。

2）选中作为数据透视表起始点的 A9 单元格，单击"插入｜表格｜数据透视表"下拉 按钮，在弹出的下拉菜单中选择"数据透视表"命令，如图 2-4-90 所示；在弹出的"创建数 据透视表"对话框中将自动识别数据选定区域和数据透视表起始单元格，如图 2-4-91 所示； 单击"确定"按钮，将会出现数据透视表字段列表，如图 2-4-92 所示。

图 2-4-90　选择"数据透视表"命令

图 2-4-91　"创建数据透视表"对话框

> **提示**
>
> 　　如图 2-4-91 所示，数据表中的虚线框表示被选中的数据区域，通过鼠标拖动也可以选 中其他要使用的数据区域。在弹出的"创建数据透视表"对话框中，选中"新工作表"单 选按钮，则可以将数据透视表放置于其他工作表中。

3）将"部门"字段拖动到"行标签"框中，将"姓名"字段拖动到"列标签"框中， 如图 2-4-93 所示。

> **提示**
>
> 　　在字段列表中，被选择的字段前会出现蓝色对号，如果要取消对字段的使用，则再次 单击蓝色对号使其消失即可。

图 2-4-92　数据透视表字段列表

图 2-4-93　设置行标签和列标签

4）将"基本工资"和"奖金"字段拖动到"数值"框中。"数值"框中默认计算类型为求和，如图 2-4-94 所示。

> **提示**
>
> 　　当"数值"框中需要进行计算的字段有两个及以上时，"数值"框中的字段将默认置于"列标签"框中，可根据需要进行更改。

5）单击"求和项：奖金"下拉按钮，在弹出的下拉菜单中选择"值字段设置"命令，如图 2-4-95 所示。

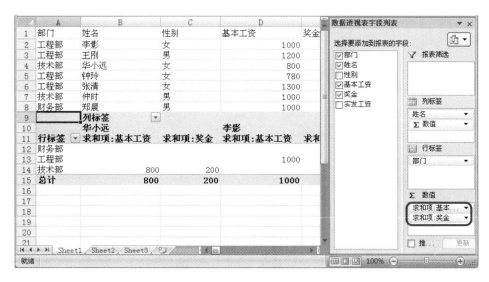

图 2-4-94　设置数值框

6）在弹出的"值字段设置"对话框中，选择计算类型为"计数"，如图 2-4-96 所示，单击"确定"按钮。

7）将"列标签"框中的"数值"字段拖动到"行标签"框中，如图 2-4-97 所示。

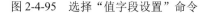

图 2-4-95　选择"值字段设置"命令

图 2-4-96　"值字段设置"对话框

8）选择"文件 | 另存为"命令，在弹出的"另存为"对话框中确定保存位置，保存类型为"Excel 工作簿（*.xlsx）"，文件名为"实训 4-3"，单击"保存"按钮。

9）单击 Excel 应用程序窗口右上角的"关闭"按钮，关闭 Excel 文档，同时退出应用程序。

图 2-4-97　改变"数值"字段的位置

实训 5　Excel 综合与提高实训

实训目的

1）掌握多种函数的综合运用方法。

2）进一步掌握条件格式的设置方法。

3）掌握数据有效性的设置方法。

4）进一步掌握使用公式时对单元格地址的绝对引用、相对引用及混合引用。

5）掌握对工作表进行保护的方法。

实训内容

任务 1　利用函数设置表格

完成如图 2-4-98 所示的表格，其中"序号"列和"市名"列均利用函数进行设置。

任务要求：

1）启动 Excel 应用程序，建立空白工作簿文档，按照图 2-4-99 所示的内容进行输入。

	A	B	C	D
1	序号	姓名	住址	市名
2	1	李小明	吉林省长春市	长春市
3	2	张大为	辽宁省沈阳市	沈阳市
4	3	汪平卫	黑龙江省哈尔滨市	哈尔滨市
5	4	郭晓华	河北省石家庄市	石家庄市
6	5	陈月华	吉林省吉林市	吉林市
7	6	刘洋	辽宁省大连市	大连市
8	7	胡俊	辽宁省铁岭市	铁岭市
9	8	李佳	吉林省梅河口市	梅河口市

图 2-4-98　任务 1 完成样式

	A	B	C	D
1	序号	姓名	住址	市名
2		李小明	吉林省长春市	
3		张大为	辽宁省沈阳市	
4		汪平卫	黑龙江省哈尔滨市	
5		陈月华	吉林省吉林市	
6		刘洋	辽宁省大连市	
7		胡俊	辽宁省铁岭市	
8		李佳	吉林省梅河口市	

图 2-4-99　任务 1 输入样式

2）利用 ROW 函数，创建"序号"列。

3）在序号 3 的下面插入一行，输入数据为"郭晓华""河北省石家庄市"，序号由自动填充产生；观察其他各行序号的变化，理解利用 ROW 函数创建序号的作用。

4）利用 MID、FIND 函数，将住址列中的城市名称抽取出来，置于"市名"列中。

5）设置表格的格式，标题行（即第 1 行）为字号 14、加粗、居中；"序号"列、"市名"列右对齐，"姓名"列居中，"住址"列左对齐；所有单元格设置细线边框。

6）保存文档，并退出 Excel 应用程序。

任务步骤：

1）启动 Excel 应用程序，系统建立空白工作簿"工作簿 1.xlsx"，在当前工作表 Sheet1 中按照图 2-4-99 所示的内容进行输入。

2）在单元格 A2 处，利用函数 ROW 产生序号 1，如图 2-4-100 所示；利用自动填充功能完成其他所有序号。

3）在序号 3 的下面插入一空白行，在"姓名"和"住址"栏分别输入数据"郭晓华""河北省石家庄市"，观察插入一行后其他行序号的变化，如图 2-4-101 所示。利用自动填充的方法产生插入行的序号 4。

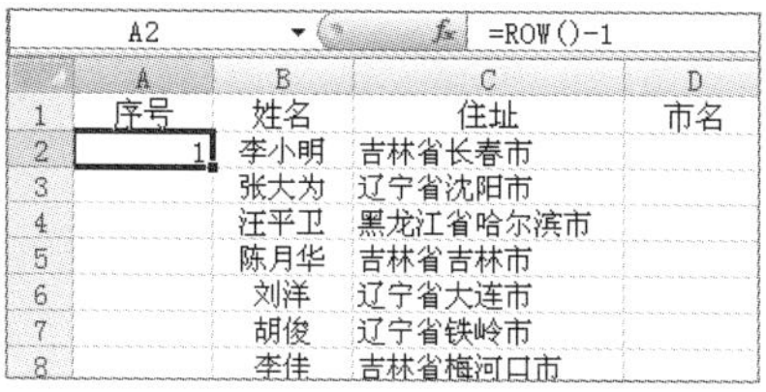

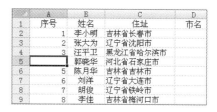

图 2-4-100　序号的设置　　　　　　　　　图 2-4-101　插入一行

4）在 D2 单元格，利用函数 MID 和 FIND 编写公式，从住址数据中仅将城市名抽取出来，如图 2-4-102 所示，利用自动填充产生其余市名。

提示

FIND 函数的作用是求出在指定单元格中某字符出现的位置，MID 函数的作用是在指定单元格中将指定位置开始的确定个数字符抽取出来。

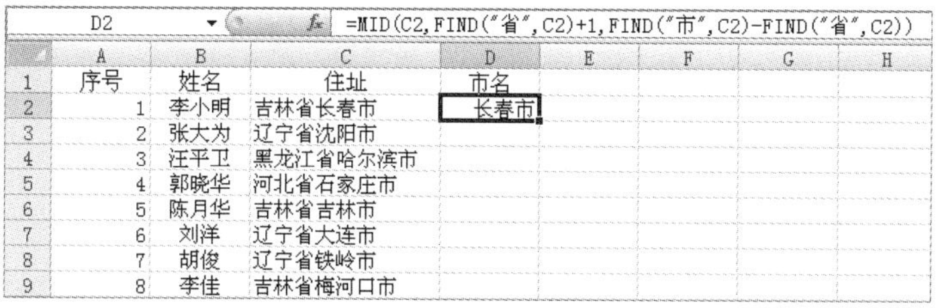

图 2-4-102　抽取单元格中的部分数据

5）按照要求设置表格的格式，其中标题行为字号 14、加粗、居中；其余单元格字号为 12；"序号"列、"市名"列右对齐，"姓名"列居中，"住址"列左对齐；所有单元格设置细线边框。

6）保存并关闭此文档，保存文件名为"实训 5-1"。

任务 2　数据有效性的设置

按照图 2-4-103 设计等额分期还款计算器，完成后对工作表进行保护，使工作表中用户能够更改的只有贷款总额、年息、贷款期限和起贷日期，其他单元格都不能被选中。

	A	B	C	D	E	F	G	H
1	固定贷款利率的等额分期还款计算器							
2								
3	贷款总额			200000				
4	年息			5%				
5	贷款期限			2				
6	起贷日期			2011-1-15				
7								
8								
9	预计月还贷			8,774.28				
10	预计还款次数			24				
11	利息总计			10,582.67				
12								
13	还款明细							
14	编号	付款日期	期初余额	月还款	本期偿还利息	本期偿还本金	期末余额	
15	1	2011-1-15	200,000.00	8,774.28	833.33	7,940.94	192,059.06	
16	2	2011-2-15	192,059.06	8,774.28	800.25	7,974.03	184,085.02	
17	3	2011-3-15	184,085.02	8,774.28	767.02	8,007.26	176,077.77	
18	4	2011-4-15	176,077.77	8,774.28	733.66	8,040.62	168,037.15	
19	5	2011-5-15	168,037.15	8,774.28	700.15	8,074.12	159,963.02	
20	6	2011-6-15	159,963.02	8,774.28	666.51	8,107.77	151,855.26	
21	7	2011-7-15	151,855.26	8,774.28	632.73	8,141.55	143,713.71	
22	8	2011-8-15	143,713.71	8,774.28	598.81	8,175.47	135,538.24	
23	9	2011-9-15	135,538.24	8,774.28	564.74	8,209.54	127,328.70	
24	10	2011-10-15	127,328.70	8,774.28	530.54	8,243.74	119,084.96	
25	11	2011-11-15	119,084.96	8,774.28	496.19	8,278.09	110,806.87	
26	12	2011-12-15	110,806.87	8,774.28	461.70	8,312.58	102,494.29	
27	13	2012-1-15	102,494.29	8,774.28	427.06	8,347.22	94,147.07	

图 2-4-103　任务 2 完成效果

任务要求：

1）启动 Excel 应用程序，建立空白工作簿文档，按照图 2-4-104 所示的内容进行输入，其中编号为 1～360。

	A	B	C	D	E	F	G
1	固定贷款利率的等额分期还款计算器						
2							
3	贷款总额			200000			
4	年息			5%			
5	贷款期限			2			
6	起贷日期			2011-1-15			
7							
8							
9	预计月还贷						
10	预计还款次数						
11	利息总计						
12							
13	还款明细						
14	编号	付款日期	期初余额	月还款	本期偿还利息	本期偿还本金	期末余额
15	1						
16	2						
17	3						
18	4						
19	5						

图 2-4-104　任务 2 初始输入格式

2）设置贷款期限，即 D5 单元格的数据有效性为 1～30 年。

3）利用函数，计算预计月还贷金额、预计还款次数。

4）确定第一次还贷的数据。

5）确定第二次还贷的数据，利用自动填充，确定第 3～360 次的数据。

6）利用 SUM 函数计算利息总计金额。

7）设置工作表格式，金额格式为货币形式，保留两位小数，不加货币符号。

8）按照样图 2-4-103 所示设置各标题项目的格式。

9）利用条件格式设置 A15:G374 单元格区域的格式。

10）设置 D3:D6 单元格区域填充颜色为浅蓝。

11）取消网格线的显示。

12）对工作表进行保护处理。

13）关闭并保存工作簿文件。

任务步骤：

1）启动 Excel 应用程序，系统建立空白工作簿“工作簿 1.xlsx”，在当前工作表 Sheet1

中按照图 2-4-104 所示的内容进行输入，其中编号为 1～360。

2）对 D5 单元格的数据进行有效性设置，单击"数据｜数据工具｜数据有效性"下拉按钮，在弹出的下拉菜单中选择"数据有效性"命令，如图 2-4-105 所示。在弹出的"数据有效性"对话框中，设置数据有效性条件及输入无效数据时的出错警告信息，分别如图 2-4-106 及图 2-4-107 所示。

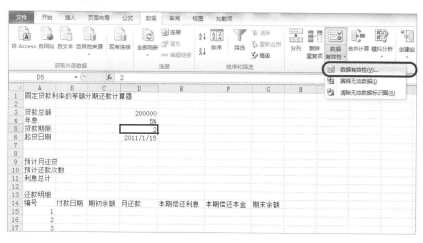

图 2-4-105　选择"数据有效性"命令

图 2-4-106　设置数据有效性条件

图 2-4-107　设置输入无效数据时的出错警告信息

3）利用财务函数中的 PMT 函数计算预计月还贷金额，如图 2-4-108 所示。

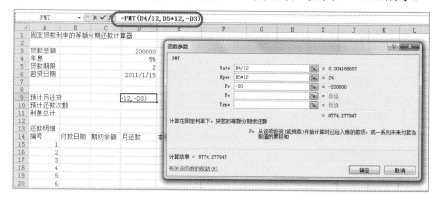

图 2-4-108　计算预计月还贷金额

4）设置预计还款次数"=贷款期限*12"。

5）利用公式确定第一次还贷的数据，其中，付款日期为起贷日期，期初余额为贷款总额，月还款利用 IF 函数进行设置，本期偿还利息"=期初余额*年息/12"，本期偿还本金"=月还款-本期偿还利息"，期末余额"=期初余额-本期偿还本金"，如图 2-4-109 所示。

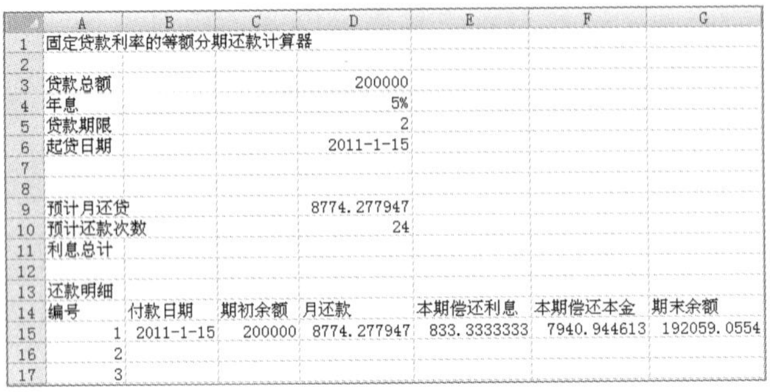

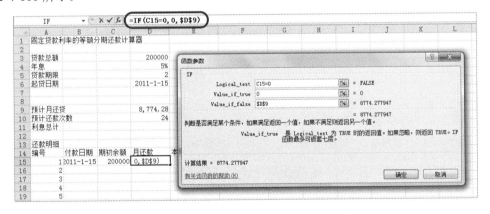

图 2-4-109　确定第一次还贷数据

提示

对第一次月还款，需要利用 IF 函数进行设置，如图 2-4-110 所示。如果第一次期初余额为 0（即贷款总额为 0），则月还款为 0，否则为预计月还贷金额，并且要对预计月还贷的单元格地址进行绝对引用，即要固定欲引用的单元格地址，方法是在要固定的单元格地址的行号和列号之前加上美元符号$即可，也可通过【F4】键进行操作。

本期偿还利息的公式中要使用单元格地址的绝对引用，即要固定年息单元格地址，如图 2-4-111 所示。

图 2-4-110　利用 IF 函数确定第一次月还款

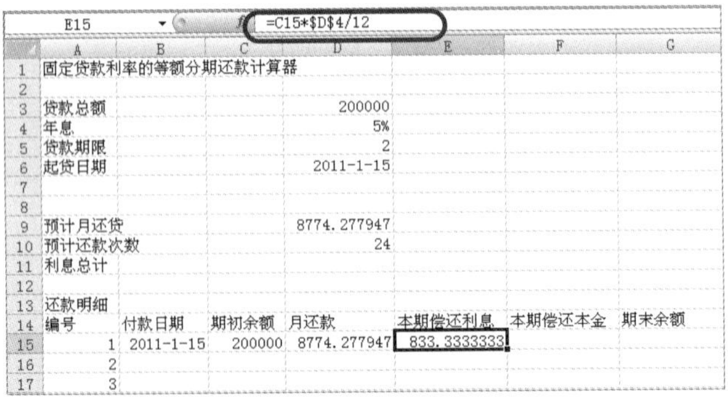

图 2-4-111　公式中对单元格地址的绝对引用

6）利用函数确定第二次还贷数据，其中，付款日期利用 IF 函数进行设置，期初余额为前一次还贷的期末余额，月还款利用 IF 函数进行设置，本期偿还利息、本期偿还本金及期末余额的设置与第一次付款的设置相同。

提示

对于第二次及以后的付款日期的设置，要求为，如果前一次付款日期的月份为 12，则本期付款日期的年份为前一次付款日期的年份加 1，月份为 1；否则，年份不变，月份为前一次付款月份加 1。利用 IF 函数设置付款日期如图 2-4-112 所示。

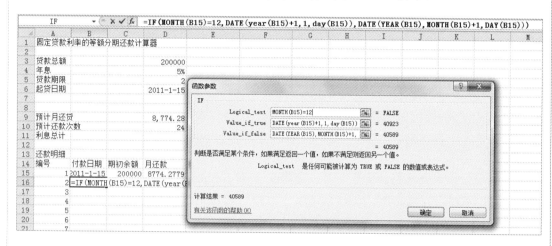

图 2-4-112　利用 IF 函数设置付款日期

提示

对第二次及以后的月还款金额的设置，要利用 IF 函数进行判断，如果期初余额小于 0.005，即认为已经还清贷款，则月还款为 0，否则为预计月还贷金额，对预计月还贷单元格地址要使用绝对引用，如图 2-4-113 所示。

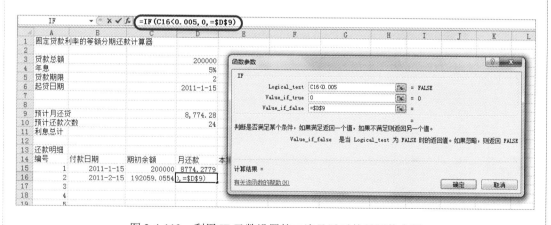

图 2-4-113　利用 IF 函数设置第二次及以后的月还款金额

7）利用自动填充的方法，完成编号为 3 的第 3 次至最大允许还款次数的第 360 次还款数据的计算。

8）利用 SUM 函数计算 D11 单元格中的利息总计金额，此金额为还款明细中所有本期偿还利息项之和，如图 2-4-114 所示。

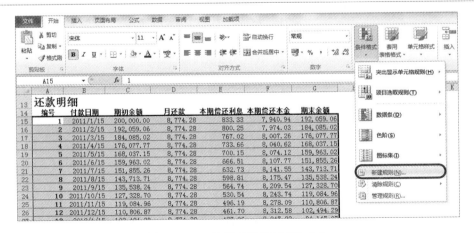

图 2-4-114　计算利息总计金额

9）设置工作表中除了贷款总额以外的金额格式为货币形式，保留两位小数，不加货币符号，右对齐。

10）标题 A1 单元格格式为字号 20、加粗、左对齐；A13 单元格格式为字号 18、加粗、左对齐；第 14 行为加粗、居中；A15:A374 单元格区域为加粗。所有文字未明确要求的均为宋体、字号 12、左对齐。

11）利用条件格式对 A15:G374 单元格区域进行设置，如果单元格对应的还款次数在最初设置的预计还款次数之内，则显示格式为下边框细线，字体颜色为自动（默认为黑色）；如果单元格对应的还款次数大于预计还款次数，则表示已经还款结束，字体颜色为白色，即不显示。单击"开始|样式|条件格式"下拉按钮，在弹出的下拉菜单中选择"新建规则"命令，如图 2-4-115 所示，弹出"新建格式规则"对话框。在此对话框中，通过两次新建规则进行设置，分别如图 2-4-116 及图 2-4-117 所示。

> **提示**
>
> 单元格对应还款次数通过"ROW()-14"进行计算。

图 2-4-115　选择"新建规则"命令

图 2-4-116　小于或等于还款次数设置

图 2-4-117　超过还款次数设置

12）将 D3:D6 单元格区域的填充颜色设置为浅蓝。

13）取消选中"页面布局｜工作表选项｜网格线"的"查看"复选框，以取消整个工作表单元格的网格线显示，如图 2-4-118 所示。

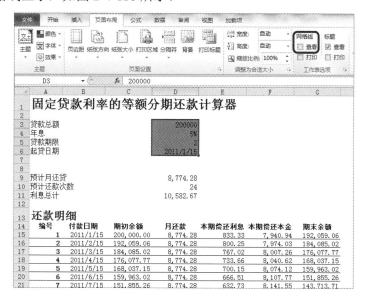

图 2-4-118　取消显示网格线

14）选中 D3:D6 单元格区域并右击，在弹出的快捷菜单中选择"设置单元格格式"命令，在弹出的"设置单元格格式"对话框的"保护"选项卡中，取消选中"锁定"复选框，以取消对单元格的锁定，如图 2-4-119 所示。

15）单击"开始｜单元格｜格式"下拉按钮，在弹出的下拉菜单中选择"保护工作表"命令，如图 2-4-120 所示，弹出"保护工作表"对话框。

16）在弹出的"保护工作表"对话框中，选中"保护工作表及锁定的单元格内容"复选框及"选定未锁定的单元格"复选框，如图 2-4-121 所示，并单击"确定"按钮，对整个工作表进行保护。

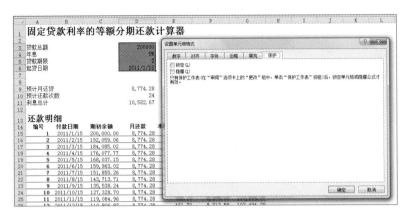

图 2-4-119　取消对单元格的锁定

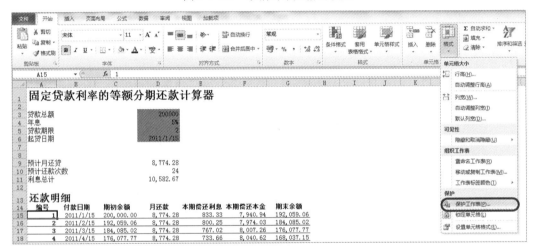

图 2-4-120　选择"保护工作表"命令

图 2-4-121　"保护工作表"对话框

17）保存并关闭此文档，保存文件名为"实训 5-2"。

项目 5 PowerPoint 应用实训

实训 1 编辑演示文稿幻灯片

实训目的

1）了解演示文稿的制作过程，掌握制作演示文稿的方法。
2）掌握在演示文稿中设置文字格式和幻灯片格式的方法。
3）掌握添加超链接和动作按钮的方法。
4）掌握更改幻灯片配色、页码、底纹的方法。

实训内容

任务 1 文字格式和幻灯片格式效果的设置

新建空白幻灯片，输入文字，并适当设置文字格式和幻灯片格式，使之形成如图 2-5-1 所示的效果。

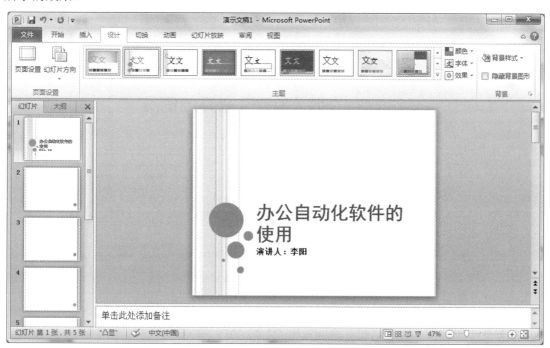

图 2-5-1 设置文字格式和幻灯片格式效果

任务要求：

1）新建空白幻灯片，版式为"标题幻灯片"，输入标题文本"办公自动化软件的使用"，格式为黑体、字号 54、加粗、蓝色；输入副标题"演讲人：李阳"，格式为宋体、字号 24、黑色。

2）第 2 张幻灯片的版式为"标题和内容"版式。

3）把第 5 张幻灯片移动到第 4 张幻灯片之前。

4）使用"凸显"主题修饰全部幻灯片。

任务步骤：

1）新建空白幻灯片，单击"单击此处添加标题"占位符，输入"办公自动化软件的使用"，然后选中这些文字，在"开始"选项卡"字体"选项组中设置格式为黑体、字号 54、加粗、蓝色。

提示

此时，上述文本仍处于选中状态，字体及其背景等显示并不正常。若想取消选中状态，只需在幻灯片空白处单击即可。

单击"单击此处添加副标题"占位符，输入"演讲人：李阳"，并选中这些文字，设置字体格式为宋体、24 号、黑色。其效果如图 2-5-2 所示。

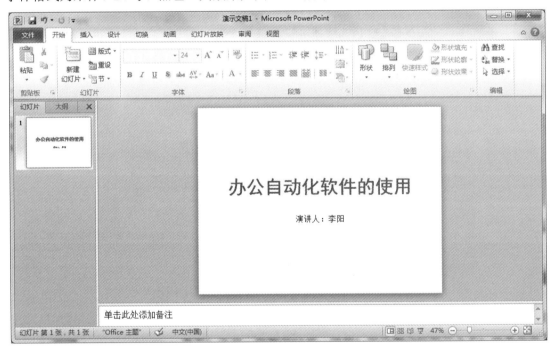

图 2-5-2　设置标题幻灯片效果

2）单击"开始｜幻灯片｜新建幻灯片"下拉按钮，在弹出的版式列表中选择"标题和内容"版式，得到第 2 张幻灯片，效果如图 2-5-3 所示，然后输入标题和文字。

3）添加 3 张幻灯片，操作方式与任务步骤 1）类似，幻灯片版式为"标题和内容"。使用鼠标左键在左侧的"幻灯片"窗格内拖动，将第 5 张幻灯片拖动至第 4 张之前。其效果如图 2-5-4 所示。

图 2-5-3　标题和内容幻灯片

图 2-5-4　更改幻灯片顺序

提示

　　实际操作中出现的细横线代表所移动的幻灯片将放置的位置。当此线出现在第 4 张幻灯片之前时，便可释放鼠标左键，完成拖动。

4）切换到"设计"选项卡，在"主题"选项组中找到"其他"按钮 ∇ 并单击，在弹出的主题列表中选择"凸显"主题。其效果如图 2-5-1 所示。

任务 2 更改幻灯片的设计风格

将任务 1 中文件另存为"实训 1 任务 2.pptx"，添加超链接和动作按钮，并设置它们的格式；更改幻灯片的配色、页码、底纹；使幻灯片具备如图 2-5-5 所示的效果。

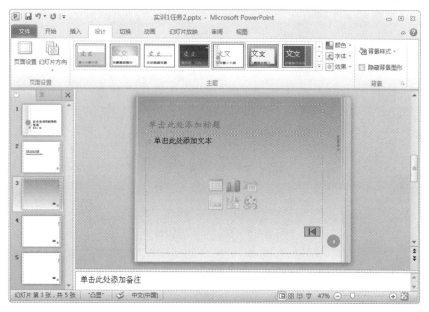

图 2-5-5　更改幻灯片的设计风格

任务要求：

1）在第 2 张幻灯片中，设置"Microsoft Word 2010"链接到第 3 张幻灯片；设置"Microsoft Excel 2010"链接到第 4 张幻灯片；设置"Microsoft PowerPoint 2010"链接到第 5 张幻灯片。

2）使用动作按钮 ◁，使第 3、4、5 张幻灯片分别返回第 2 张幻灯片。动作按钮高度为 1.1 厘米，宽度为 1.8 厘米；填充颜色为"灰色-50%，强调文字颜色 6，淡色 40%"，线条颜色为"灰色-50%，强调文字颜色 6，淡色 50%"；位置在幻灯片右下角。

3）为所有幻灯片添加幻灯片编号（蓝色）和可更新的日期（蓝色）。在标题幻灯片中不显示幻灯片编号。

4）设置第 3 张幻灯片的背景纹理为"纸莎草纸"，渐变颜色为"雨后初晴"。

任务步骤：

1）将任务 1 中文件另存为"实训 1 任务 2.pptx"。

2）第 2 张幻灯片的原有内容如图 2-5-6 所示。

选中第一行文本内容"Microsoft Word 2010"，右击所选文字，在弹出的快捷菜单中选择"超链接"命令，弹出"插入超链接"对话框。在该对话框左侧的"链接到"列表框中选择"本文档中的位置"选项，然后选择"请选择文档中的位置"列表框中的"3.幻灯片 3"选项。单击"确定"按钮后，回到主窗口，"Microsoft Word 2010"已设好超链接。采用类似方法，设置"Microsoft Excel 2010""Microsoft PowerPoint 2010"分别链接到第 4、5 张幻灯片。最终效果如图 2-5-7 所示。播放幻灯片时，单击设置了超链接的文字即可跳转到相应位置。

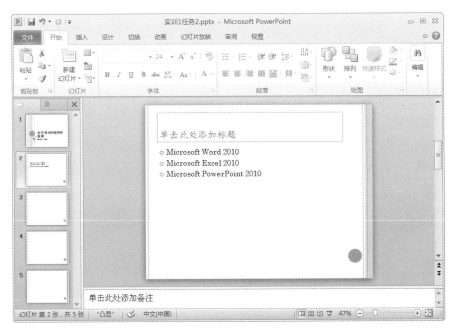

图 2-5-6　第 2 张幻灯片的原有内容

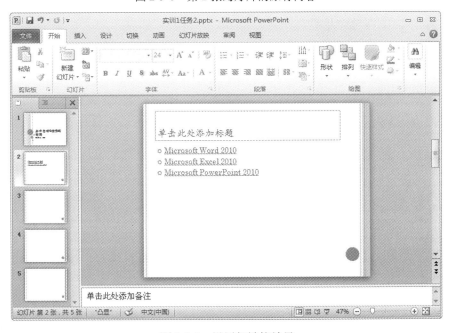

图 2-5-7　设置超链接效果

3）在第 3 张幻灯片中，单击"插入 | 插图 | 形状"下拉按钮，在弹出的形状列表中选择"动作按钮"分类中的 ◁ 按钮。在当前幻灯片中按住鼠标左键拖动，即可绘制该按钮，并弹出"动作设置"对话框。选中"超链接到"单选按钮，在其下拉列表中选择"幻灯片"选项，弹出"超链接到幻灯片"对话框，在"幻灯片标题"列表框中选择"幻灯片 2"选项。两次单击"确定"按钮后，即可为动作按钮 ◁ 设置好超链接。播放幻灯片时，单击该按钮即可跳转到第 2 张幻灯片。

右击 ◁ 按钮，在弹出的快捷菜单中选择"设置形状格式"命令，弹出"设置形状格式"

对话框，按要求设置填充颜色为"灰色-50%，强调文字颜色6，淡色40%"、线条颜色为"灰色-50%，强调文字颜色6，淡色50%"，单击"关闭"按钮。

右击该按钮，在弹出的快捷菜单中选择"大小和位置"命令，弹出"大小和位置"对话框，选择"大小"选项卡，设置高度为"1.1厘米"，宽度为"1.8厘米"。在"位置"选项卡中，设置水平为"20厘米"，垂直为"14.93厘米"，且均为自"左上角"。单击"关闭"按钮，即可完成设置。其效果如图2-5-8所示。

图2-5-8　增加动作按钮

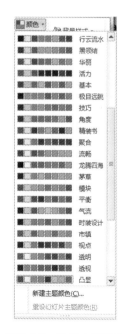

图2-5-9　设置主题颜色

与前述操作类似，再为第4张幻灯片添加动作按钮，使其跳转至第2张，并设置该动作按钮的格式；为第5张幻灯片添加动作按钮，使其跳转至第2张，并设置该动作按钮的格式。相似操作不再赘述。

4）单击"设计｜主题｜颜色"下拉按钮，在弹出的下拉菜单中选择"凸显"命令，如图2-5-9所示，设置主题颜色为"凸显"。

5）单击"插入｜文本｜插入幻灯片编号"按钮，弹出"页眉和页脚"对话框。

选中"幻灯片编号"复选框、"日期和时间"复选框和"自动更新"单选按钮，再选中对话框下方的"标题幻灯片中不显示"复选框，然后单击"全部应用"按钮即可。

单击"视图｜母版视图｜幻灯片母版"按钮，右击刚才设置好的日期和时间，在弹出的快捷菜单中选择"字体"命令，在弹出的"字体"对话框中单击"字体颜色"下拉按钮，并选择"蓝色"选项，单击"确定"按钮；在"页脚"处右击，在弹出的快捷菜单中选择"字体"命令，然后在弹出的"字体"对话框中单击"字体颜色"下拉按钮，并选择"蓝色"选项，单击"确定"按钮。此时，单击"幻灯片母版"选项卡"关闭"选项组中的"关闭母版视图"按钮，即可完成设置，结果如图 2-5-10 所示。

图 2-5-10   设置页脚

6）选中第 3 张幻灯片，单击"设计 | 背景 | 背景样式"下拉按钮，在弹出的下拉菜单中选择"设置背景格式"命令，在弹出的"设置背景格式"对话框中选中"填充"选项卡中的"图片或纹理填充"单选按钮，单击下拉按钮，在弹出的下拉列表中选择"纸莎草纸"纹理，再单击"关闭"按钮，即可完成纹理设置，效果如图 2-5-11 所示。

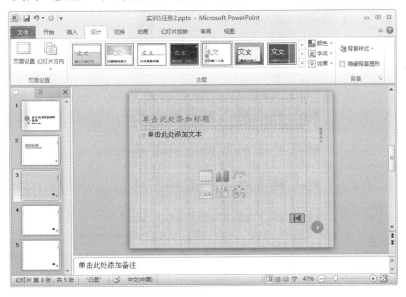

图 2-5-11   更改背景纹理

单击"设计 | 背景 | 背景样式"下拉按钮，在弹出的下拉菜单中选择"设置背景格式"命令，弹出"设置背景格式"对话框，选中"渐变填充"单选按钮，在随后出现的各项参数中单击"预设颜色"下拉按钮，在弹出的下拉列表中选择"雨后初晴"选项，单击"关闭"按钮，即可完成设置，效果如图 2-5-5 所示。

实训2 使用 Microsoft Office Online 提供的
模板创建幻灯片

实训目的

1）学会建立演示文稿，并设置模板。

2）能够插入文本框、艺术字，并设置相应格式。

3）能够插入图片，设置项目编号等格式。

实训内容

任务1 建立演示文稿并设置相应格式

建立演示文稿，并设置模板、字体、版式等，效果如图 2-5-12 所示。

图 2-5-12 设置了模板、字体和版式后的幻灯片效果

任务要求：

1）利用 Office.com 提供的模板新建项目策划商务模板演示文稿。

2）将第 1 张幻灯片的版式修改为"标题幻灯片"，在标题中输入文字"Pearl"，并设置文字格式为黑体、字号 60、加粗，为标题文字添加阴影效果"内部居中"，阴影颜色为 RGB(0,0,255)。

任务步骤：

1）打开 Microsoft PowerPoint 2010，选择"文件 | 新建"命令，在窗口下方的"Office.com 模板"列表中选择"业务计划"选项，在新的列表中选择"项目策划商务模板"选项，在右

侧单击"下载"按钮。随后，整个演示文稿的格式就会变为项目策划商务模板格式，如图 2-5-13
所示。

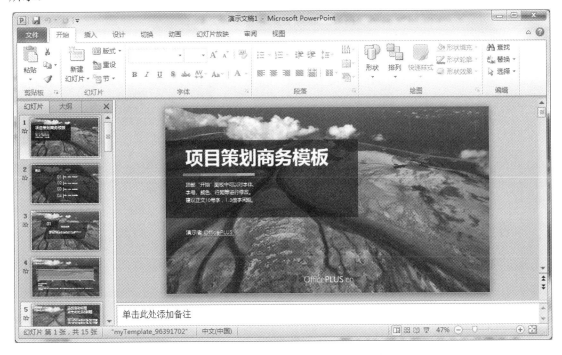

图 2-5-13　项目策划商务模板演示文稿

2）保持第 1 张幻灯片的选中状态不变，单击"开始｜幻灯片｜版式"下拉按钮，在弹
出的版式列表中选择"封面页"版式。在幻灯片的编辑窗格中，删除原有的"项目策划商务
模板"文字，输入"Pearl"。此后，选中这几个字母，侧方弹出悬浮工具栏，设置字体为"黑
体"，字号为 60，字形为加粗。保持这些字母的选中状态，右击，在弹出的快捷菜单中选择
"设置文字效果格式"命令，弹出"设置文本效果格式"对话框，在其左侧选择"阴影"选
项卡。单击"预设"下拉按钮，在弹出的下拉列表中选择"内部居中"选项；单击"颜色"
下拉按钮，在弹出的"颜色"下拉菜单中选择"其他颜色"命令，弹出"颜色"对话框；选
择"自定义"选项卡，进行如下设置：颜色模式为 RGB，红色数值为 0，绿色数值为 0，蓝
色数值为 255，依次单击"确定""关闭"按钮，效果如图 2-5-12 所示。

任务 2　插入文本框、艺术字并设置格式

将任务 1 中文件另存为"实训 2 任务 2.pptx"，插入文本框、艺术字，并设置相应格式，
效果如图 2-5-14 所示。

任务要求：

1）在完成任务 1 的基础上，在其第 2 张幻灯片中插入垂直文本框，在文本框中输入文
字"值得拥有"，并设置文本框的高为 5 厘米，宽为 1.4 厘米，字体颜色为 RGB(204,255,255)，
字号为 30，放置在幻灯片的右侧，文本框填充颜色为蓝色，并添加阴影效果"内部居中"。

2）将第 3 张幻灯片文本部分所有段落的行距设置为双倍行距，段前间距设置为 0.1 磅，
段后间距设置为 0.1 磅。

3）在第 3 张幻灯片下方添加竖排艺术字"汽车"，样式为第 2 行第 5 个，设置艺术字的

阴影效果为"内部上方",阴影颜色为 RGB(102,153,0)。

图 2-5-14　插入并修改格式的幻灯片

4）在第 3 张幻灯片右上角插入形状"笑脸",填充颜色为 RGB(255,204,0),线条颜色为 RGB(255,102,0)。

任务步骤:

1）打开任务 1 所完成的演示文稿,选择第 2 张幻灯片。单击"插入|文本|文本框"下拉按钮,在弹出的下拉菜单中选择"垂直文本框"命令。此时鼠标指针变成横线形。在幻灯片内右侧单击,该位置将出现一个可编辑的垂直文本框,在该框内会出现闪烁的小横线,即光标。在光标处输入中文"值得拥有"。

> **提示**
>
> 　　要选中文本框,可单击文本框某文字,则会出现文本框边框,此时可单击以选中该文本框。选中文本框后右击,弹出快捷菜单和字体格式设置框。

在字体格式设置框中,设置文本框的字号为 30。同时,单击"字体颜色"下拉按钮,在弹出的下拉菜单中选择"其他颜色"命令,在弹出的"颜色"对话框中选择"自定义"选项卡,进行如下设置:颜色模式为 RGB,红色数值为 204,绿色数值为 255,蓝色数值为 255,单击"确定"按钮。

在保持文本框的选中状态的前提下,继续右击,在弹出的快捷菜单中选择"大小和位置"命令,弹出"设置形状格式"对话框,设置高为"5 厘米",宽为"1.4 厘米",然后单击"关闭"按钮即可。继续保持文本框的选中状态,在右击弹出的快捷菜单中选择"设置形状格式"命令,弹出"设置形状格式"对话框。选择"填充"选项卡,在右侧选中"纯色填充"单选按钮,选择蓝色填充;再选择"阴影"选项卡,单击右侧的"预设"下拉按钮,在弹出的下拉列表中选择"内部居中"选项,单击"关闭"按钮。

设置好的效果如图 2-5-15 所示。

图 2-5-15　在第 2 张幻灯片插入并修改格式

2）单击第 3 张幻灯片，通过拖动操作，将除标题以外的文字部分选中。单击"开始 | 段落 | 行距"下拉按钮，在弹出的下拉列表中选择"行距选项"命令，弹出"段落"对话框。

在"缩进和间距"选项卡"间距"选项组中进行如下设置："段前"数值框中输入"0.1 磅"，"段后"数值框中输入"0.1 磅"，在"行距"下拉列表中选择"双倍行距"，单击"确定"按钮。效果如图 2-5-16 所示。

图 2-5-16　编辑模式的幻灯片

此时，在幻灯片空白处单击，便可回到正常编辑状态，效果如图 2-5-17 所示。

图 2-5-17　修改结果

提示

要实现鼠标的拖动操作，可在拖动的起点按住鼠标左键，拖动鼠标至终点，此时可释放鼠标左键，此操作即可完成。

3）单击"插入｜文本｜艺术字"下拉按钮，在弹出的下拉列表中选择第 2 行第 5 个艺术字样式。此时，主编辑窗格中出现"请在此放置您的文字"文本框，通过鼠标的拖动功能将此文本框拖至窗格下方，单击该文本框后出现光标。

首先，删除原有文字"请在此放置您的文字"，输入"汽车"。

提示

要实现删除功能，若按【Delete】键，则会删除光标后的文字；若按【Backspace】键，则会删除光标前的文字。

然后，选中"汽车"二字并右击，在弹出的快捷菜单中，选择"设置文字效果格式"命令，在弹出的"设置文本效果格式"对话框中选择"阴影"选项卡，单击"预设"下拉按钮，在弹出的下拉列表中选择"内部上方"选项；单击"颜色"下拉按钮，在弹出的下拉菜单中选择"其他颜色"命令，在弹出的"颜色"对话框中选择"自定义"选项卡，进行如下设置：颜色模式为 RGB，红色数值为 102，绿色数值为 153，蓝色数值为 0，依次单击"确定""关闭"按钮即可。

完成后，效果如图 2-5-18 所示。

此时，在幻灯片空白处单击，便可回到正常编辑状态，效果如图 2-5-19 所示。

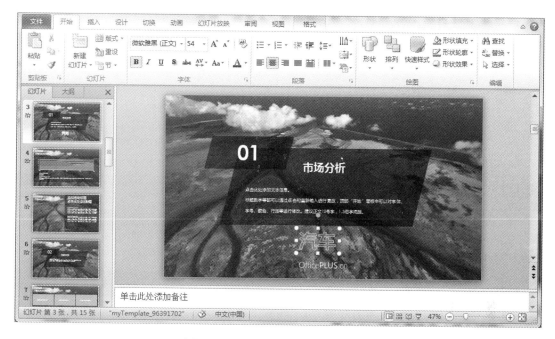

图 2-5-18　插入艺术字（插入过程）

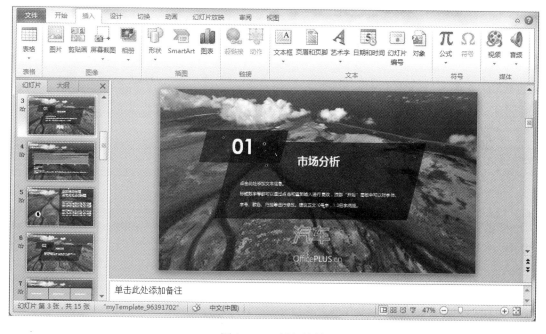

图 2-5-19　插入结果

4）选择第 3 张幻灯片，单击"插入丨插图丨形状"下拉按钮，在弹出的下拉列表中选择"基本形状"选项中的"笑脸"图标☺，此时鼠标指针变为十字形，在幻灯片右上角单击后形成"笑脸"图案。右击该图案，在弹出的快捷菜单中选择"设置形状格式"命令，弹出"设置形状格式"对话框。在该对话框的"填充"选项卡中选中"纯色填充"单选按钮，单击"颜色"下拉按钮，在弹出的下拉菜单中选择"其他颜色"命令，弹出"颜色"对话框，选择"自定义"选项卡，进行如下设置：颜色模式为 RGB，红色数值为 255，绿色数值为

204，蓝色数值为 0，单击"确定"按钮。

在"线条颜色"选项卡中，选中"实线"单选按钮，单击"颜色"下拉按钮，在弹出的下拉菜单中选择"其他颜色"命令，弹出"颜色"对话框，选择"自定义"选项卡，并进行如下设置：颜色模式为 RGB，红色数值为 255，绿色数值为 102，蓝色数值为 0。

依次单击"确定""关闭"按钮，即可完成设置，效果如图 2-5-14 所示。

任务 3 插入图片并进行相关设置

插入图片、设置项目编号等，效果如图 2-5-20 所示。

图 2-5-20 插入图片、设置项目编号的幻灯片

任务要求：

1）在第 4 张幻灯片的右上角插入任意一张素材图片（扩展名为.jpg），设置图片的高和宽为原来的 30%（取消纵横比），设置图片线条颜色为 RGB(0,0,255)，粗细为 1 磅。在图片上插入超链接，地址为 http://www.sina.com/。

2）将第 5 张幻灯片文本部分的所有项目符号颜色更改为 RGB(0,153,0)。

3）保存幻灯片，名称为"汽车杂志.pptx"。

任务步骤：

1）选择第 4 张幻灯片后，单击"插入 | 图像 | 图片"按钮，弹出"插入图片"对话框：在"库"下拉菜单中的"图片"文件夹内任意选中一幅图片，单击"插入"按钮即可。

提示

上述"图片"文件夹存在的前提是使用 Windows 7 系统，"图片"文件夹会作为一个标签显示在"库"下拉菜单中。

右击该图片，在弹出的快捷菜单中选择"大小和位置"命令，弹出"设置图片格式"对话框，在"大小"选项卡"缩放比例"选项组中，设置高和宽为原来的30%，并取消选中"锁定纵横比"复选框。再单击"关闭"按钮，即可完成大小的设置。

接下来，用鼠标拖动该图片以改变其位置。

最后，右击该图片，在弹出的快捷菜单中选择"设置图片格式"命令，弹出"设置图片格式"对话框。选择"线条颜色"选项卡，选中"实线"复选框，单击"颜色"下拉按钮，在弹出的下拉菜单中，选择"其他颜色"命令，在弹出的"颜色"对话框中选择"自定义"选项卡，进行如下设置：颜色模式为 RGB，红色数值为 0，绿色数值为 0，蓝色数值为 255。单击"确定"按钮后，设置"线型"选项卡的宽度为"1 磅"，单击"关闭"按钮。

将文件另存为"实训 2 任务 3.pptx"，设置完成后的效果如图 2-5-21 所示。

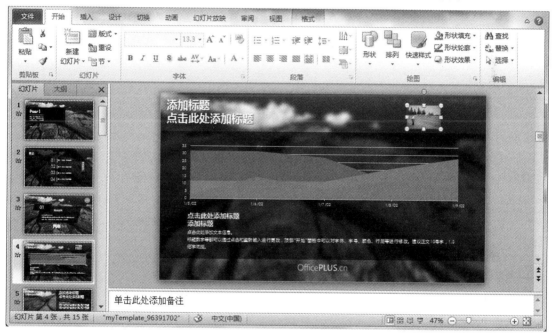

图 2-5-21　设置格式的幻灯片

保持图片的选中状态，单击"插入｜链接｜超链接"按钮，弹出"插入超链接"对话框，在"地址"文本框中输入 http://www.sina.com/，单击"确定"按钮，即可完成设置。回到幻灯片编辑页面，效果与上相同，但图片已具有超链接性质。

2）单击第 5 张幻灯片，并选中所有除标题外的文本部分后，保持选中状态不变，单击"开始｜段落｜项目符号"下拉按钮，在弹出的下拉菜单中选择"项目符号和编号"命令，弹出"项目符号和编号"对话框。选择第 2 行第 1 列的项目符号，单击"颜色"下拉按钮，在弹出的下拉菜单中选择"其他颜色"命令，弹出"颜色"对话框。选择"自定义"选项卡，进行如下设置：颜色模式为 RGB，红色数值为 0，绿色数值为 153，蓝色数值为 0。

单击"确定"按钮，即可回到"项目符号和编号"对话框，再单击"确定"按钮，完成设置，效果如图 2-5-22 所示。

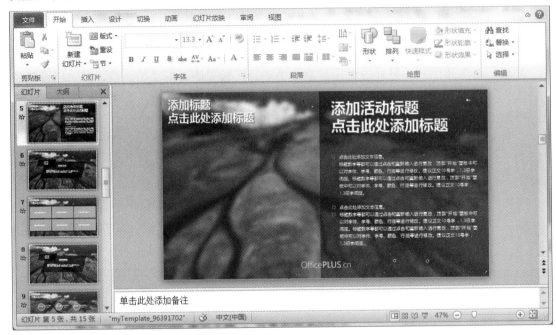

图 2-5-22　按要求设置编号

3）选择"文件 | 另存为"命令，弹出"另存为"对话框：保存位置为"库"类目下的"文档"，设置文件名为"汽车杂志"，保存类型也由系统默认为"PowerPoint 演示文稿"，如图 2-5-23 所示。

图 2-5-23　"另存为"参数设置

单击"保存"按钮，完成幻灯片的保存。保存后，效果如图 2-5-20 所示。

实训 3　多媒体幻灯片的制作

▬ 实训目的

1）能够在当前幻灯片中的适当位置插入文字、图片、声音和影片，能够按要求设置其放映方式和幻灯片的切换方式。

2）能够为幻灯片添加图片、背景音乐等素材。

▬ 实训内容

任务 1　插入图片、文字及设置切换效果

将文件命名为"实训 3 任务 1.pptx"，插入图片和文字，并设置幻灯片的切换效果，效果如图 2-5-24 所示。

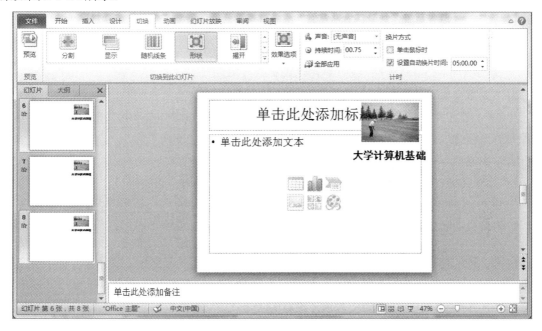

图 2-5-24　插入图片、文字及设置切换效果

任务要求：

插入空白幻灯片，共 8 张。

1）在第 1 张幻灯片右上方插入任意 1 张示例图片。图片的位置如图 2-5-25 所示。

2）在第 2 张幻灯片中插入任意 1 张图片，并添加文本"大学计算机基础"。文本部分的字体格式参考最终效果设置。设置图片的动画在上一动画之后开始，动画效果为"出现"。动画的顺序是先图片后文本。

3）添加幻灯片，并使各幻灯片具有如下切换效果。

① 第 2 张幻灯片：效果为"淡出"，设置持续时间为 00.50，自动换片时间为 10:00.00。

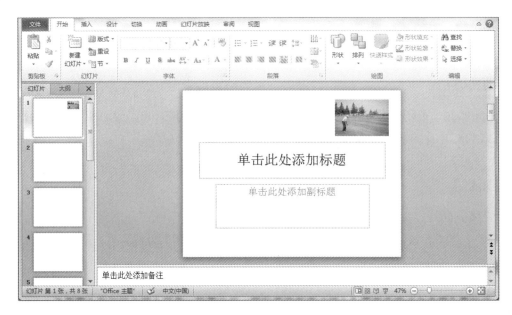

图 2-5-25　插入图片

② 第 3、5、7 张幻灯片：效果为"形状"，设置持续时间为 00.75，自动换片时间为 05:00.00，声音为"无声音"。

③ 第 4、6、8 张幻灯片：效果为"形状"，设置持续时间为 00.75，自动换片时间为 05:00.00，声音为"无声音"。

任务步骤：

1）新建 PowerPoint 2010 演示文稿，命名为"实训 3 任务 1.pptx"。

2）单击"插入｜图像｜图片"按钮，在弹出的"插入图片"对话框中选择任意 1 张图片，单击"插入"按钮，拖动图片和图片框，以改变其位置和大小，效果如图 2-5-25 所示。

在第 2 张幻灯片中插入任意 1 张图片后，再次单击"插入｜文本｜文本框"下拉按钮，在弹出的下拉菜单中选择"横排文本框"命令，鼠标指针变成竖线状。此时，在幻灯片的任意位置单击，即可在该位置处添加文本框，输入"大学计算机基础"文字，选中这些文字，弹出悬浮工具栏，如图 2-5-26 所示。进行如下设置：字号为 32，字形为加粗，中文字体为黑体。

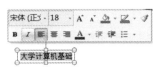

图 2-5-26　弹出悬浮工具栏

完成后，效果如图 2-5-27 所示。

选中图片，单击"动画｜高级动画｜添加动画"下拉按钮，弹出如图 2-5-28 所示的下拉菜单。

选择"进入"方式中的"出现"命令，可以在屏幕上看到添加了的动画效果，此时在"动画｜计时｜开始"下拉列表中选择"上一动画之后"，即可设置该图片在前一个事件后出现。

此时，"计时"参数设置的各个选项如图 2-5-29 所示。

此时，选定全部文字"大学计算机基础"，为其添加与上边相同的动画效果，但"延迟"改为 00.50，如图 2-5-30 所示。

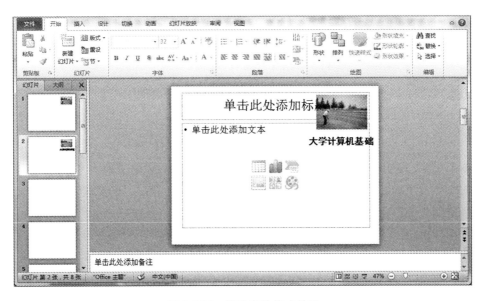

图 2-5-27　修改字体格式效果

图 2-5-28　"添加动画"下拉菜单　　　　　图 2-5-29　"计时"参数设置的各个选项

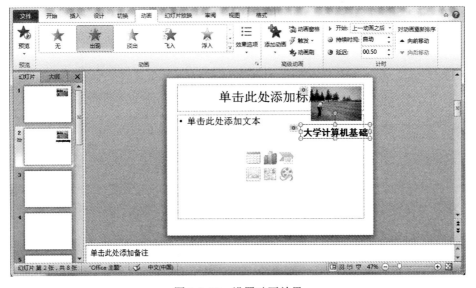

图 2-5-30　设置动画效果

3）选择第 2 张幻灯片，选择"切换"选项卡，"切换到此幻灯片"选项组里面有各种幻灯片切换方式，如图 2-5-31 所示。

图 2-5-31　幻灯片切换方式

单击"淡出"按钮 ，在"计时"选项组"持续时间"数值框内输入 00.50，取消选中"单击鼠标时"复选框，选中"设置自动换片时间"复选框，输入 10:00.00，效果如图 2-5-32 所示。

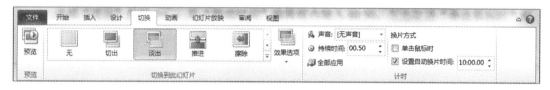

图 2-5-32　设置换片方式

插入 6 张幻灯片并对其进行同样操作，效果如图 2-5-33 所示。

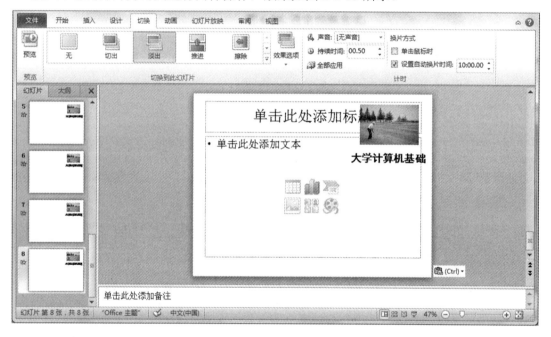

图 2-5-33　插入幻灯片

此时，按住【Ctrl】键的同时，单击第 3、5、7 张幻灯片。保持这些幻灯片的选中状态的同时，单击"切换 | 切换到此幻灯片 | 形状"按钮，在"切换"选项卡"计时"选项组的"持续时间"数值框中输入 00.75，在"声音"下拉列表中选择"无声音"选项；在"换片方式"对应的"设置自动换片时间"数值框内输入 05:00.00，并选中"设置自动换片时间"复选框，取消选中"单击鼠标时"复选框，效果如图 2-5-34 所示。

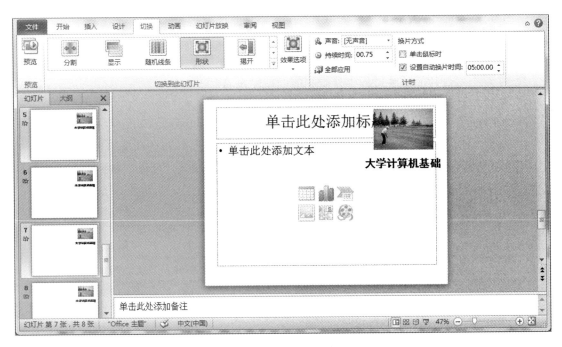

图 2-5-34　第 3、5、7 张幻灯片设置切换方式

按住【Ctrl】键的同时，单击第 4、6、8 张幻灯片。与第 3、5、7 张幻灯片的设置方法相同，这里不再赘述。

任务 2　添加图片、背景音乐等

为任务 1 中的演示文稿添加图片、背景音乐等，效果如图 2-5-35 所示。

图 2-5-35　添加效果

任务要求：

1）在每张幻灯片左下角同一位置添加任意剪贴画。每张幻灯片使用"样式 6"背景样式。

2）在整个幻灯片的放映过程中伴有相应的剪贴画音频。

3）观察幻灯片的放映效果。

任务步骤：

1）单击"视图｜母版视图｜幻灯片母版"按钮，出现幻灯片母版的编辑页面。单击"插入｜图像｜剪贴画"按钮，在右侧展开的"剪贴画"窗格中单击"搜索"按钮，然后选择任意剪贴画插入。插入剪贴画之后的窗口如图 2-5-36 所示。

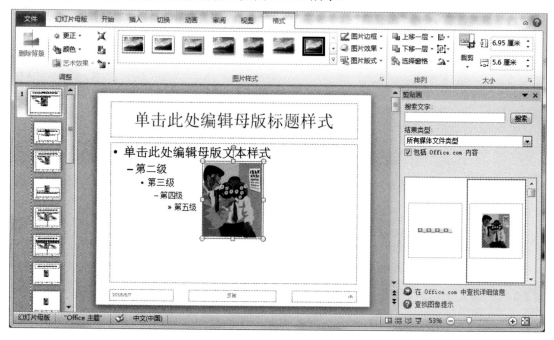

图 2-5-36　插入剪贴画之后的窗口

拖动剪贴画以改变其位置，调整图片四周的小圆圈以改变其大小，将其放置在当前母版的左下角，如图 2-5-37 所示。

单击"幻灯片母版｜背景｜背景样式"下拉按钮，在弹出的下拉菜单中选择"样式 6"选项。而后单击"关闭母版视图"按钮，回到幻灯片编辑状态，效果如图 2-5-38 所示。

2）单击"视图｜母版视图｜幻灯片母版"按钮，出现幻灯片母版的编辑页面。单击"插入｜媒体｜音频"下拉按钮，在弹出的下拉列表中选择"剪贴画音频"选项，插入任意一个音频。单击"关闭母版视图"按钮后，可以看到插入声音后的效果，如图 2-5-35 所示。

此时，单击"视图｜母版视图｜幻灯片母版"按钮，回到幻灯片母版状态，选择"动画"选项卡，选中该声音效果，单击"动画｜计时｜开始"下拉按钮，在弹出的下拉列表中选择"单击时"选项；"持续时间"数值框默认为"自动"，在"延迟"数值框中输入 00.50。播放效果的参数设置如图 2-5-39 所示。

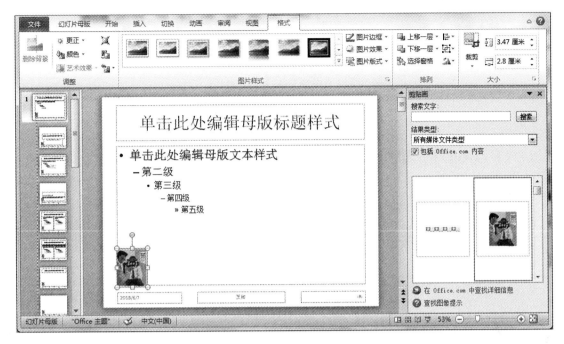

图 2-5-37　调整插剪贴画的大小和位置

图 2-5-38　改变母版

3）单击"关闭母版视图"按钮，单击"幻灯片放映｜开始放映幻灯片｜从头开始"按钮，可以看到幻灯片的放映效果。

图 2-5-39　播放效果的参数设置

项目6 多媒体基础实训

实训1 Windows 中多媒体工具的基本操作

实训目的

掌握 Windows 中常用的多媒体工具的使用。

实训内容

任务1 使用解压缩软件压缩文件

任务要求：

使用 WinRAR 或 WinZip 压缩文件生成分卷自解压文件。

任务步骤：

1）右击要压缩的文件夹或文件，在弹出的快捷菜单中选择"添加到压缩文件"命令，弹出"压缩文件"对话框。

2）在弹出的"压缩文件"对话框的"常规"选项卡中，进行设置压缩分卷的大小、指定压缩文件名等操作。

任务2 使用照片查看器查看图片

任务要求：

以各种方式（如大图标、放映幻灯片及照片查看器）查看图片。

任务步骤：

1. 以大图标方式查看图片

按图 2-6-1 所示操作，在该视图方式下可以拖放图片，重新排列图片的顺序。

图 2-6-1 以大图标方式查看图片

2．以放映幻灯片方式查看图片

在窗口工具栏中单击"放映幻灯片"按钮，可以放映幻灯片的方式查看图片，如图 2-6-2 所示。

图 2-6-2　以放映幻灯片方式查看图片

3．以照片查看器方式查看图片

双击图片，打开照片查看器。单击下方的工具按钮可以对文件夹内的图片进行顺时针或逆时针旋转、放大或缩小操作。单击"放映幻灯片"按钮，也可以自动播放文件夹内的图片。

实训 2　认识图像处理软件 Photoshop

实训目的

1）安装 Adobe Photoshop CS6 软件。
2）熟悉 Adobe Photoshop CS6 软件的工作环境，提高图像处理能力。
3）通过实例操作，培养平面图像处理的创意思维。

实训内容

任务 1　安装 Adobe Photoshop CS6 软件

任务要求：
了解 Adobe Photoshop CS6 软件的配置要求，并独立完成软件安装。
任务步骤：

1．Adobe Photoshop CS6 软件的配置要求

1）Intel Pentium 4 或 Athlon 64 位处理器。
2）Microsoft Windows XP（带有 Service Pack 3），Windows Vista Home Premium、Business、

Ultimate 或 Enterprise（带有 Service Pack 1，推荐 Service Pack 2），还可以是 Windows 7。

3）1GB 内存。

4）1GB 可用硬盘空间用于安装，安装过程中需要额外的可用空间（无法安装在基于闪存的可移动存储设备上），1024×768 像素屏幕（推荐 1280×800 像素），配备符合条件的硬件加速 OpenGL 图形卡、16 位颜色和 256MB VRAM。

5）某些 GPU 加速功能需要 Shader Model 3.0 和 OpenGL 2.0 图形卡支持。

2. Adobe Photoshop CS6 软件的安装过程

1）双击安装程序，打开安装欢迎界面，如图 2-6-3 所示。

图 2-6-3　安装欢迎界面

2）选择"安装"选项，同意软件许可协议，打开安装选项界面，如图 2-6-4 所示。

图 2-6-4　安装选项界面

3）选择安装选项，设置安装位置，进行至安装完成。安装完成界面如图 2-6-5 所示。

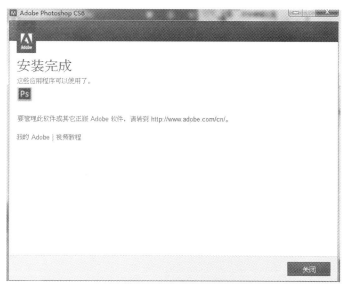

图 2-6-5 安装完成界面

任务 2 文件的创建与标尺的使用

任务要求：

掌握 Adobe Photoshop CS6 软件的"新建"命令和标尺的使用方法，学会新建图像和在图像中显示标尺。

任务步骤：

1）选择"文件｜新建"命令，弹出"新建"对话框，设置参数如图 2-6-6 所示。设置完成后，单击"确定"按钮，即可新建一个图像文件。

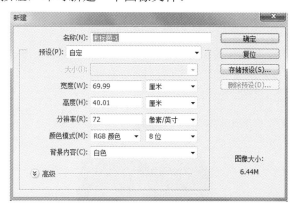

图 2-6-6 "新建"对话框

2）选择"视图｜标尺"命令，在图像中显示标尺，如图 2-6-7 所示。

3）单击"图层"面板底部的"创建新图层"按钮，创建一个新的图层。

4）用鼠标从标尺的边缘拖出两条相互垂直的参考线，如图 2-6-8 所示。

5）单击工具箱中的"椭圆选框工具"按钮，按住【Shift+Alt】快捷键，将鼠标指针"+"的中心与参考线的交点对齐，然后拖动鼠标绘制正圆选区。

图 2-6-7　显示标尺

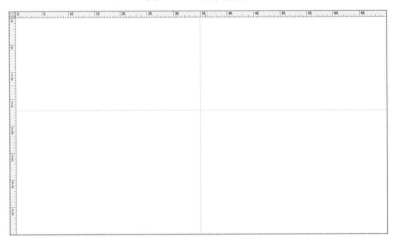

图 2-6-8　设置参考线

6）按【D】键，将前景色和背景色设置为默认，按【Alt+Delete】快捷键将选区填充为前景色，然后按【Ctrl+D】快捷键取消选区，绘制出外圆，如图 2-6-9 所示。

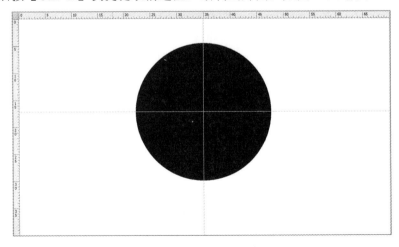

图 2-6-9　绘制外圆

7）使用相同的方法在同一中心位置绘制一个小圆，然后按【Delete】键删除选区内的黑色图像，效果如图 2-6-10 所示。

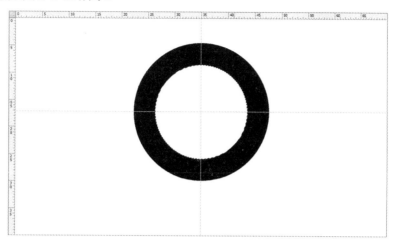

图 2-6-10　删除小圆选区内黑色图像效果

8）按【Ctrl+D】快捷键取消选区，按【Ctrl+R】快捷键隐藏标尺，按【Ctrl+H】快捷键隐藏参考线。最终效果如图 2-6-11 所示。

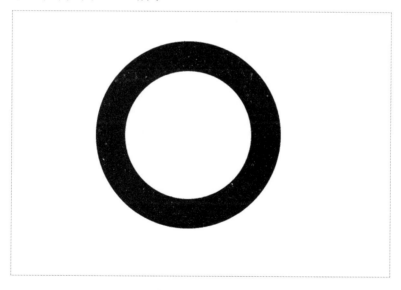

图 2-6-11　最终效果

任务 3　选取和编辑图像

任务要求：

掌握图像中选区的创建方法，学会对创建的选区进行编辑。

任务步骤：

1）按【Ctrl+O】快捷键，打开一幅图像，单击工具箱中的"椭圆选框工具"按钮，在图像中绘制出如图 2-6-12 所示的选区。

2）按【Ctrl+Shift+I】快捷键将选区反选。选择"选择｜修改｜羽化"命令，弹出"羽化选区"对话框，设置羽化半径为 25 像素，然后单击"确定"按钮。按【Delete】键，弹出"填充"对话框，单击"使用"下拉按钮，在弹出的下拉列表中选择"白色"选项，单击"确定"按钮，删除被羽化的选区，如图 2-6-13 所示。

图 2-6-12　绘制选区　　　　　　　　　　图 2-6-13　羽化选区并删除羽化的选区

3）设置前景色为红色。选择"编辑｜描边"命令，弹出"描边"对话框。将宽度设置为 2 像素，模式设置为溶解，不透明度设置为 50%，然后单击"确定"按钮，效果如图 2-6-14 所示。

4）按【Ctrl+D】快捷键，取消选区，最终效果如图 2-6-15 所示。

图 2-6-14　描边效果　　　　　　　　　　图 2-6-15　最终效果

任务 4　描绘和编辑图像

任务要求：
掌握撕裂图像效果的制作方法，学会使用多边形套索工具选取图像。

任务步骤：
1）选择"文件｜打开"命令，打开一幅图像，如图 2-6-16 所示。
2）在"图层"面板中，双击"背景"层，弹出"新建图层"对话框，如图 2-6-17 所示，设置参数，单击"确定"按钮，即将背景图层转换为普通图层。

图 2-6-16 打开的图像

图 2-6-17 "新建图层"对话框

3）在"图层"面板中，单击"创建新图层"按钮，创建一个名为"图层 1"的新图层，右击"图层 1"，在弹出的快捷菜单中选择"无颜色"命令，将其填充为无色，用鼠标拖动"图层 1"至"图层 0"的下面。

4）单击"图层 0"，选择"编辑 | 自由变换"命令，将图像缩小，如图 2-6-18 所示。

5）单击工具箱中的"多边形套索工具"按钮，绘制选区，如图 2-6-19 所示。

图 2-6-18 缩小图像

图 2-6-19 在图像中绘制多边形选区

6）单击工具箱中的"移动工具"按钮，按几下键盘上的上键【↑】，将选区向上移动，效果如图 2-6-20 所示。

7）按【Ctrl+D】快捷键，取消选区，得到最终效果如图 2-6-21 所示。

图 2-6-20 移动选区效果

图 2-6-21 最终效果

实训 3 多媒体基础综合与提高实训

实训目的

了解图层、通道、路径工具、文字工具及滤镜的概念，会使用图层、通道、路径工具、文字工具及滤镜制作特殊图片效果。

实训内容

任务 1　使用图层及图层蒙版制作特殊效果

任务要求：

掌握烟雾效果的制作方法，学会灵活地应用图层及图层蒙版制作特殊的图像效果。

任务步骤：

1）选择"文件｜打开"命令，打开一幅图像，如图 2-6-22 所示。

2）单击"图层"面板底部的"创建新图层"按钮，新建"图层 1"。选择"滤镜｜渲染｜云彩"命令，在"图层 1"得到如图 2-6-23 所示的云彩效果。

图 2-6-22　打开的图像

图 2-6-23　云彩效果

3）单击"图层"面板底部的"添加图层蒙版"按钮，为"图层 1"添加图层蒙版。

4）单击图层蒙版将其选中，按【Ctrl+F】快捷键，在图层蒙版应用刚使用过的云彩滤镜，此时"图层"面板如图 2-6-24 所示。图像效果如图 2-6-25 所示。

图 2-6-24　"图层"面板

图 2-6-25　图像效果

5）在"图层"面板中，单击"图层 1"缩览图，返回图层编辑状态。选择"图像｜调整｜亮度/对比度"命令，弹出"亮度/对比度"对话框，如图 2-6-26 所示，设置参数。完成后单击"确定"按钮，得到最终效果如图 2-6-27 所示。

图 2-6-26　"亮度/对比度"对话框　　　　　　　图 2-6-27　最终效果

任务 2　使用通道制作特殊效果

任务要求：

掌握霓虹灯效果的制作方法，学会使用通道制作特殊的图像及文字效果。

任务步骤：

1）选择"文件｜新建"命令，弹出"新建"对话框，设置参数如图 2-6-28 所示，单击"确定"按钮，即可新建一个图像文件。

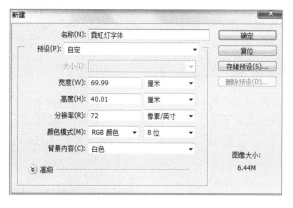

图 2-6-28　新建霓虹灯字体

2）单击工具箱中的"横排文字工具"按钮，其属性栏如图 2-6-29 所示，将文本颜色设置为黑色。

图 2-6-29　"横排文字工具"属性栏

3）设置完成后，在图像中单击输入文字"霓虹灯"，然后按住【Ctrl】键的同时，单击"图层"面板中的"指示文本图层"按钮，载入文字选区，如图 2-6-30 所示。在"通道"面板中，单击底部的"将选区存储为通道"按钮，将文字区域保存到"Alpha 1"通道中，按【Ctrl+E】快捷键合并文字于"背景"图层。

4）选择"选择｜修改｜收缩"命令，弹出"收缩选区"对话框，设置参数如图 2-6-31 所示，单击"确定"按钮，效果如图 2-6-32 所示。

图 2-6-30　文字选区　　　　　　　　　　　　图 2-6-31　"收缩选区"对话框

5）单击"通道"面板底部的"将选区存储为通道"按钮，将文字区域保存到"Alpha 2"通道中。按【Delete】键，弹出"填充"对话框，单击"使用"下拉按钮，在弹出的下拉列表中选择"白色"选项，单击"确定"按钮，删除所选区域内容，按【Ctrl+D】快捷键取消选区。

6）在"通道"面板中，按【Ctrl】键的同时单击"Alpha 1"通道，得到"Alpha 1"通道的选区，选择"选择｜载入选区"命令，弹出"载入选区"对话框，设置参数如图 2-6-33 所示，单击"确定"按钮，效果如图 2-6-34 所示。

图 2-6-32　收缩选区效果　　　　　　　　　　图 2-6-33　"载入选区"对话框

7）单击"通道"面板底部的"将选区存储为通道"按钮，将文字区域保存到"Alpha 3"通道中，按【Ctrl+D】快捷键取消选区，按【Ctrl+I】快捷键翻转图像色彩，如图 2-6-35 所示。

图 2-6-34　修改文字选区效果　　　　　　　　图 2-6-35　翻转图像色彩效果

8）选择"滤镜｜模糊｜高斯模糊"命令，弹出"高斯模糊"对话框，设置参数如图 2-6-36 所示，单击"确定"按钮，效果如图 2-6-37 所示。

图 2-6-36　"高斯模糊"对话框

图 2-6-37　应用高斯模糊滤镜效果

9）在"通道"面板中，按住【Ctrl】键的同时，单击"Alpha 3"通道，得到"Alpha 3"通道选区，选择"滤镜｜模糊｜高斯模糊"命令，在弹出的"高斯模糊"对话框中将半径设为 5 像素，单击"确定"按钮，效果如图 2-6-38 所示。

10）选择"图像｜调整｜亮度/对比度"命令，弹出"亮度/对比度"对话框，设置参数如图 2-6-39 所示，单击"确定"按钮，效果如图 2-6-40 所示。按【Ctrl+D】快捷键取消选区。

图 2-6-38　模糊通道"Alpha 3"效果

图 2-6-39　设置霓虹灯亮度/对比度

11）按【Ctrl+U】快捷键，弹出"色相/饱和度"对话框，设置参数如图 2-6-41 所示。

图 2-6-40　利用"亮度/对比度"调整图像效果

图 2-6-41　"色相/饱和度"对话框

12）单击"确定"按钮，最终效果如图 2-6-42 所示。

图 2-6-42　最终效果

任务 3　使用路径工具绘制特殊效果

任务要求：

掌握双胞胎的制作方法，学会使用路径工具绘制各种形状的复杂路径。

任务步骤：

1）按【Ctrl+O】快捷键，打开一幅图像，如图 2-6-43 所示。

图 2-6-43　打开的图像

2）单击工具箱中的"自由钢笔工具"按钮，其属性栏如图 2-6-44 所示。

图 2-6-44　"自由钢笔工具"属性栏

3）沿着图像的边缘拖动鼠标创建路径，最后封闭路径，如图 2-6-45 所示。

4）在"路径"面板中，将"工作路径"拖放到"将路径作为选区载入"按钮上，将路径作为选区，如图 2-6-46 所示。

5）选择"图层｜新建｜通过拷贝的图层"命令，将选区内的图像复制到一个新的图层中，"图层"面板如图 2-6-47 所示。

6）选择"编辑｜变换｜水平翻转"命令，效果如图 2-6-48 所示。

7）单击工具箱中的"移动工具"按钮，利用该工具将其移动到合适位置，最终效果如图 2-6-49 所示。

图 2-6-45　创建封闭路径

图 2-6-46　将路径作为选区

图 2-6-47　"图层"面板

图 2-6-48　翻转效果

图 2-6-49　最终效果

任务4　使用文字工具制作艺术字

任务要求：

掌握砖墙美术文字的制作方法，学会使用文字工具制作其他艺术效果的文字。

任务步骤：

1）选择"文件丨打开"命令，打开一幅砖墙图像，如图 2-6-50 所示。

图 2-6-50　砖墙图像

2）按【Ctrl+A】快捷键选中整幅图像，然后按【Ctrl+C】快捷键将其复制到剪贴板。

3）单击"通道"面板底部的"创建新通道"按钮，建立一个新的通道"Alpha 1"，按【Ctrl+V】快捷键将剪贴板中的图像文件粘贴到"Alpha 1"中，效果如图 2-6-51 所示。

图 2-6-51　复制的图像文件

4）选择"图像丨调整丨阈值"命令，弹出"阈值"对话框，设置参数如图 2-6-52 所示，单击"确定"按钮，效果如图 2-6-53 所示。

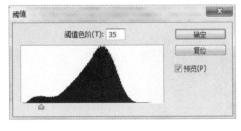

图 2-6-52　"阈值"对话框

图 2-6-53　阈值效果

5）选择"图像丨调整丨反相"命令，将通道"Alpha 1"反相，效果如图 2-6-54 所示。

图 2-6-54　反相后效果

6）在"通道"面板中单击"RGB"通道返回图像中，单击工具箱中的"横排文字工具"按钮，其属性栏如图 2-6-55 所示，在其中将文本颜色设置为白色。

图 2-6-55 "横排文字工具"属性栏

7）设置完成后，在图像中输入文字"禁倒垃圾"，然后按【Ctrl+Enter】快捷键确认，效果如图 2-6-56 所示。

图 2-6-56 输入文字效果

8）在"图层"面板中单击文字图层，选择"图层｜栅格化｜图层"命令，将文字图层转换为普通图层。按住【Ctrl】键的同时，单击"通道"面板中的"Alpha 1"通道，将其作为选区载入，如图 2-6-57 所示。

图 2-6-57 载入选区

9）按【Delete】键将选区中的文字删除，然后按【Ctrl+D】快捷键取消选区，最终效果如图 2-6-58 所示。

图 2-6-58 最终效果

任务 5 使用滤镜制作特殊效果

任务要求：

掌握鳞状纹理效果的制作方法，学会应用滤镜制作各种特殊效果的图像。

任务步骤：

1）选择"文件｜打开"命令，打开一幅图像文件，如图 2-6-59 所示。

2）在"图层"面板中，新建"图层 1"，将其填充为黑色（单击"图层 1"按钮，选择

"编辑 | 填充"命令，在弹出的"填充"对话框中单击"使用"下拉按钮，在弹出的下拉列表中选择"黑色"选项，单击"确定"按钮），并设置混合模式为"柔光"（右击"图层 1"按钮，在弹出的快捷菜单中选择"混合选项"命令，弹出"图层样式"对话框，单击"混合模式"下拉按钮，在弹出的下拉列表中选择"柔光"选项，单击"确定"按钮），效果如图 2-6-60所示。

图 2-6-59　打开的图像文件

图 2-6-60　调整后的图像

3）选择"滤镜 | 杂色 | 添加杂色"命令，弹出"添加杂色"对话框，设置参数，单击"确定"按钮，效果如图 2-6-61 所示。

4）选择"滤镜 | 像素化 | 点状化"命令，弹出"点状化"对话框，设置参数，单击"确定"按钮，效果如图 2-6-62 所示。

图 2-6-61　应用添加杂色滤镜后的效果

图 2-6-62　应用点状化滤镜后的效果

5）选择"滤镜 | 模糊 | 高斯模糊"命令，弹出"高斯模糊"对话框，设置半径为"5.0像素"，单击"确定"按钮，效果如图 2-6-63 所示。

6）选择"滤镜 | 滤镜库"命令，在弹出的对话框中选择"纹理 | 染色玻璃"选项，在打开的相应面板中设置参数，单击"确定"按钮，效果如图 2-6-64 所示。

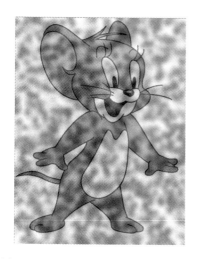

图 2-6-63 应用高斯模糊滤镜后的效果

图 2-6-64 应用染色玻璃滤镜后的效果

7）选择"滤镜 | 风格化 | 浮雕效果"命令，弹出"浮雕效果"对话框，设置参数，单击"确定"按钮，最终效果如图 2-6-65 所示。

图 2-6-65 最终效果

参 考 文 献

曹淑艳, 2007. 计算机应用基础[M]. 杭州: 浙江大学出版社.

高万萍, 吴玉萍, 2013. 计算机应用基础教程（Windows 7, Office 2010）[M]. 北京: 清华大学出版社.

郭松涛, 2010. 大学计算机基础实验指导（Windows 7+Linux）[M]. 北京: 清华大学出版社.

郝卫东, 王志良, 刘宏岚, 等, 2014. 云计算及其实践教程[M]. 西安: 西安电子科技大学出版社.

刘志成, 林东升, 彭勇, 2017. 云计算技术与应用基础[M]. 北京: 人民邮电出版社.

汤兵勇, 李瑞杰, 陆建豪, 等, 2014. 云计算概论[M]. 北京: 化学工业出版社.

王艳玲, 2008. 大学计算机基础[M]. 北京: 中国铁道出版社.

王移芝, 罗四维, 2007. 大学计算机基础[M]. 2版. 北京: 高等教育出版社.

吴宁, 2013. 大学计算机基础实验教程（Windows 7+Office 2010）[M]. 2版. 北京: 电子工业出版社.

羊四清, 2013. 大学计算机基础实验教程（Windows 7+Office 2010版）[M]. 北京: 中国水利水电出版社.

于晓鹏, 2010. 计算机应用基础[M]. 北京: 清华大学出版社.

袁方, 王兵, 李继民, 2009. 计算机导论[M]. 北京: 清华大学出版社.

PARSONS J J, OJA D, 2009. 计算机文化[M]. 吕云翔, 傅尔也, 译. 北京: 机械工业出版社.